图1-10　大而下垂的耳朵

图1-11　小而平伸的耳朵

图1-12　大而朝前的耳朵

图1-13　大而螺旋的角

图1-14　大而直立的角

图1-15　小而直立的角

图 1-16　头部浅肤色　　图 1-17　头部肤色深浅嵌合　　图 1-18　头部深肤色

图 2-5　开放式肉羊舍　　　　图 2-6　封闭式肉羊舍

图 2-13　羊舍运动场

图 3-1　小尾寒羊公羊　　　　　图 3-2　小尾寒羊母羊

图 3-7　西藏羊公羊　　　　　图 3-8　西藏羊母羊

图 3-36　波尔山羊公羊　　　　图 3-37　波尔山羊母羊

图 7-1　电动剪羊毛

图 7-10　肺部病变

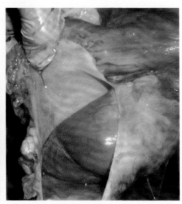

图 7-11　胸膜炎症状

图 7-14　羔羊痢疾

图 7-15　羔羊痢疾（黄色）

畜禽规模化养殖丛书

肉羊规模化养殖技术图册

主编　赵金艳

河南科学技术出版社

·郑州·

图书在版编目(CIP)数据

肉羊规模化养殖技术图册/赵金艳主编.—郑州:河南
科学技术出版社,2022.1
ISBN 978-7-5349-9936-9

Ⅰ.①肉… Ⅱ.①赵… Ⅲ.①肉用羊-饲养管理-图集
Ⅳ.①S826.9-64

中国版本图书馆 CIP 数据核字(2020)第 190447 号

出版发行:河南科学技术出版社
　　　　地址:郑州市郑东新区祥盛街 27 号　　邮编:450016
　　　　电话:(0371)65737028　65788613
　　　　网址:www.hnstp.cn
策划编辑:陈　艳　陈淑芹
责任编辑:陈　艳
责任校对:丁秀荣
封面设计:张德琛
责任印制:朱　飞
印　　刷:河南省环发印务有限公司
经　　销:全国新华书店
开　　本:850 mm×1 168 mm　1/32　印张:11.25　彩插:4 面　字数:300 千字
版　　次:2022 年 1 月第 1 版　　2022 年 1 月第 1 次印刷
定　　价:42.00 元

如发现印、装质量问题,影响阅读,请与出版社联系并调换。

前　言

中国是养羊大国，羊的存栏量、出栏量和羊肉产量均居世界第一位。近年来，随着我国城乡居民生活水平的不断提高、生活方式和饮食方式的不断转变，我国羊肉消费市场快速发展，羊肉消费需求稳步增加，羊肉已不仅仅是部分边疆牧区和少数民族地区居民的重要肉类食品，目前几乎是全民消费。羊肉在改善我国城乡居民膳食结构、提高国民身体素质、满足人们饮食消费需求等诸多方面已不可或缺。随着羊肉价格的增长，肉羊养殖呈现出规模化发展的新趋势，总体养殖效益呈现稳中有增的态势，伴随国家加大"秸秆畜牧业""节粮型畜牧业"等产业政策的实施，肉羊产业在畜牧业中的地位不断上升，肉羊产业的迅猛发展对优化农业供给侧结构、增加农民与牧民收入、满足羊肉消费需求、促进社会和谐稳定具有重要作用。

编者结合目前肉羊养殖行业的特点和各个肉羊生产环节的相关技术需求，从肉羊产业发展现状、趋势和肉羊生产中存在的问题着手，编写了《肉羊规模化养殖技术图册》一书。本书重点介绍了肉羊生产概况、肉羊场的建设及生产设施与设备、肉羊的品种与选育、肉羊的繁殖、肉羊的饲料与营养、肉羊的饲养管理、肉羊的安全生产与疫病控制技术等，希望本书能够作为肉羊养殖场（户）的从业人员和肉羊行业相关技术人员的参考资料。

由于编者水平有限，若有不当和错漏之处，请同行专家、学者批评指正。

编者

2021 年 1 月

目　　录

第一章　肉羊生产概况

第一节　肉羊生产现状

一、世界肉羊生产现状

羊肉肉质细嫩，容易消化吸收，是人们食用的主要肉类之一。多吃羊肉，有助于提高身体免疫力，所以羊肉历来被当作秋冬御寒和进补的重要食品之一。伴随人们生活水平的提升，对饮食的要求也随之提高，羊肉作为营养价值较高的食物，深受人们的欢迎和喜爱，近年来，国内外羊肉市场发生了一些变化，为肉羊产业的发展提供了巨大空间。由于市场对羊毛和羊肉的需求关系发生了变化，养羊业由毛用为主转向肉毛兼用，进而发展到以肉羊为主——肉羊生产发展迅速。养羊业已成为一些国家国民经济能够可持续发展的支柱产业，使世界羊生产特别是肉羊生产得到较快的发展。养羊业在草地畜牧业中有着重要的地位，对社会和经济发展起着积极的作用。养羊业为人类提供了大量的肉、奶、纺织原料、皮革等。随着科技的发展，人类社会的进步，养羊业的发展令人瞩目。现在，世界养羊业正发生着巨大的变化。

（一）世界羊存栏数的变化趋势

目前世界各国都很重视肉羊生产和肉羊业的发展，羊肉的消费需求增加更快，为顺应日益增长的国际市场需求，英国、法国、美国、新西兰等养羊大国现今养羊业主体已转变为肉用羊的生产，历来以产毛为主的澳大利亚、阿根廷等国，其肉羊生产也已居重要地位。世界养羊业出现了由毛用转向肉毛兼用甚至肉用的趋势，一些国家将养羊业的重点转移到羊肉生产上，用先进的科学技术建立起自己的羊肉生产体系。世界肉羊产业总体保持平稳增长的趋势，无论是从绝对量还是相对指标的变动趋势上看，发展中国家肉羊生产的发展速度要远快于发达国家，世界肉羊生产的重心已由发达国家转向了发展中国家。表1-1为1993~2014年全球羊存栏量。

表1-1 1993~2014年全球羊存栏量（只）

年份	存栏量	同比增长
1993	1 729 303 139	—
1994	1 748 157 591	1.1%
1995	1 741 875 680	−0.4%
1996	1 731 074 120	−0.6%
1997	1 736 808 780	0.3%
1998	1 762 112 005	1.5%
1999	1 789 751 858	1.6%
2000	1 810 714 739	1.2%
2001	1 811 084 759	0.0%
2002	1 825 634 527	0.8%
2003	1 862 430 603	2.0%
2004	1 929 509 757	3.6%
2005	1 998 735 070	3.6%
2006	2 016 798 814	0.9%
2007	2 065 469 855	2.4%
2008	2 070 306 014	0.2%

续表

年份	存栏量	同比增长
2009	2 070 525 833	0.0%
2010	2 073 522 454	0.1%
2011	2 108 320 107	1.7%
2012	2 137 081 525	1.4%
2013	2 138 678 798	0.1%
2014	2 149 526 384	0.5%

注：资料来源于 FAO 发布的统计数据，公开资料。

（二）世界羊肉生产分析

据统计：1993 年以来全球羊肉产量基本保持了增长态势
（1996 年、2011 年下滑），到 2013 年底全球羊肉年产量达到
1 396.2 万 t，产量同比增长 3.0%。世界羊肉产量已连续多年出
现略微增长，增长乏力主要是由于各主产国都进入了畜群重建阶
段。2015 年底，全球羊肉产量达到 1 432.6 万 t，同比增长 0.9%。
从羊肉产量上看，中国是绝对的世界第一。2016 年世界羊肉的
产量是 1 457 万 t，第一位中国 459 万 t，第二位印度 149 万 t，第
三位澳大利亚，第六位才是新西兰。表 1-2 为 1993~2015 年全
球羊肉产量统计表。

表 1-2 1993~2015 年全球羊肉产量统计（t）

年度	产量	同比增长
1993	10 051 397.23	—
1994	10 288 644.97	2.4%
1995	10 538 636.92	2.4%
1996	10 209 533.15	-3.1%
1997	10 571 528.01	3.5%

续表

年度	产量	同比增长
1998	10 993 542. 82	4.0%
1999	11 235 491. 04	2.2%
2000	11 541 733. 92	2.7%
2001	11 547 229. 48	0.0%
2002	11 591 354. 97	0.4%
2003	11 864 152. 05	2.4%
2004	12 216 244. 56	3.0%
2005	12 679 967. 96	3.8%
2006	12 815 499. 99	1.1%
2007	13 214 044. 44	3.1%
2008	13 286 445. 01	0.5%
2009	13 332 278. 19	0.3%
2010	14 764 294. 93	10.7%
2011	13 244 240. 98	−10.3%
2012	13 555 471. 82	2.3%
2013	13 961 664. 32	3.0%
2014	14 312 563. 23	2.5%
2015	14 326 152. 73	0.9%

注：资料来源于 FAO 发布的统计数据，公开资料。

二、中国肉羊生产现状

（一）中国羊的存栏数变化趋势

中国一直是养羊大国，养羊业是我国畜牧业中的重要支柱产业之一，也是现代农业中优势产业之一，羊肉更是我国穆斯林群众的生活必需品和城乡居民重要的菜篮子产品。近年来，随着羊肉价格稳步增长，肉羊养殖呈现出规模化发展新趋势，总体养殖效益呈现稳中有增的态势。随着国家加大"秸秆畜牧业""节粮型畜牧业"等产业政策的实施，全国肉羊产业得到迅猛发展，全国羊存栏量由1980年的1.87亿只，迅猛扩增至2014年的3.03亿只。表1-3列出了2001~2014年中国羊的存栏量。

表1-3 2001~2014年中国羊存栏量统计（万只）

年度	羊存栏总量	山羊存栏量	绵羊存栏量
2001年	27 625.03	14 562.27	13 062.76
2002年	28 240.88	14 841.2	13 399.68
2003年	29 307.42	14 967.9	14 339.52
2004年	30 425.96	15 195.5	15 230.46
2005年	29 792.67	14 658.96	15 133.71
2006年	28 369.81	13 768.02	14 601.8
2007年	28 564.71	14 336.47	14 228.25
2008年	28 084.92	15 229.22	12 855.74
2009年	28 452.16	15 050.09	13 402.07
2010年	28 087.89	14 203.93	13 883.97
2011年	28 235.78	14 274.24	13 961.55
2012年	28 504.13	14 136.15	14 367.98
2013年	29 036.26	14 034.54	15 001.72
2014年	30 314.93	14 465.92	15 849.00

注：资料来源于智研数据中心。

我国2000~2014年羊存出栏的变化情况如图1-1所示。

2005~2014年我国存栏羊总数及山羊、绵羊规模变化趋势如图1-2所示，总体上绵羊、山羊存栏数的增长趋势和羊存栏总数增长趋势基本一致。

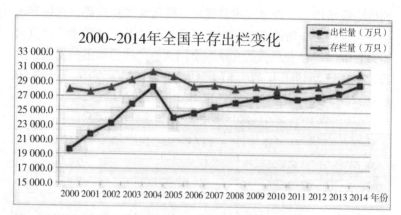

图1-1 2000~2014年中国羊存出栏变化情况

（资料来源：中国产业信息网）

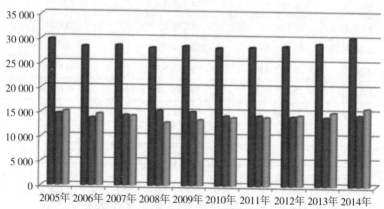

图1-2 2005~2014年我国存栏羊总数及山羊、绵羊规模变化趋势

（资料来源：中国产业信息网）

（二）中国羊肉产量及消费变化趋势

中国肉羊生产快速发展，生产水平不断提高，肉羊产业在畜

牧业中的地位不断上升，1990年，我国羊肉年总产量仅106万t，2000年增至274万t，占世界羊肉年总产量的24.4%，首次超越印度和澳大利亚，使中国跃升为世界上第一羊肉生产国。2000~2007年，我国羊肉产量持续上涨，增至383万t，处于增长较快的阶段。2007年之后羊肉产量增长乏力。2009~2013年，我国羊肉产量基本在400万t左右波动。2013年羊肉年产量408万t，2015年羊肉产量441万t，在世界羊肉年总产量中占到30%，保持在世界第一的水平。我国1980~2014年羊肉年产量变化趋势见图1-3。

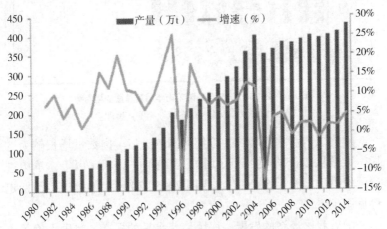

图1-3　1980~2014年我国羊肉年产量及增速

（数据来源：中农数据研究中心据《中国统计年鉴》整理）

近年来，随着我国城乡居民生活水平的不断提高、生活方式和饮食方式的不断转变，我国羊肉消费市场快速发展，羊肉消费需求稳步增加，羊肉已不仅仅是部分边疆牧区和民族地区居民的重要肉类食品，目前几乎已是全民消费，其在改善我国城乡居民膳食结构、提高国人身体素质、满足人们饮食消费需要等诸多方面已不可或缺，发挥着越来越重要的作用。据统计，我国国内羊肉需求量从 2005 年的 351.24 万 t 增长至 2015 年的 462.91 万 t。
我国 2005~2015 年羊肉年消费总量变化趋势见图 1-4。

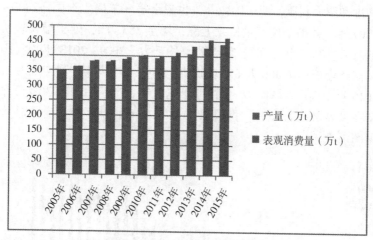

图 1-4　2005~2015 年我国羊肉年消费总量变化趋势

（数据来源：根据《中国统计年鉴》整理）

随着国内需求的增长，近年来国内进口羊肉数量增长较为迅猛，数量从 2005 年的 4 万 t 增长至目前的 20 万 t 以上，羊肉进口消费占比上升至 5%左右，我国 2005~2015 年羊肉进口消费走势见图 1-5。

随着我国经济的发展，居民消费水平的提高，我国人均羊肉消费量呈现出稳定上升的态势，从羊肉的人均消费来看，2000 年我国人均羊肉消费量仅为 2.03kg，到 2014 年我国人均羊肉消费量达到 3.2kg，世界人均消费羊肉 2kg，比世界人均消费水平高 1kg 多。预测到 2020 年，我国羊肉产量将达到 518 万 t，在保持目前羊肉人均消费水平情况下，大约有 50 万 t 羊肉出口，那时我国羊肉的出口量可以占到目前世界羊肉出口量的 50%左右。我国 2000~2014 年人均消费羊肉量变化情况见图 1-6。

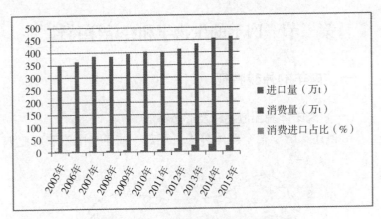

图 1-5　2005~2015 年我国羊肉进口消费走势

（数据来源：根据《中国统计年鉴》整理）

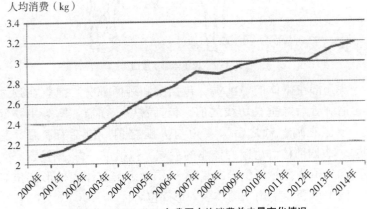

图 1-6　2000~2014 年我国人均消费羊肉量变化情况

（数据来源：根据《中国统计年鉴》整理）

第二节 肉羊的生物学和经济学特性

一、肉羊的外貌特征

（一）肉羊体貌部位名称及形态特征

1. 概述 肉羊整个躯体分为头颈部、前躯、中躯和后躯四大部分（图1-7）。

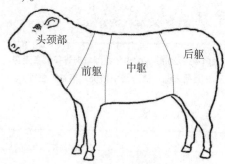

图1-7 肉羊体躯示意图

头颈部在躯体的最前端，包括头和颈两部分。前躯在颈之后、肩胛骨后缘垂直切线之前，包括鬐甲、前肢、胸等主要部位。中躯在肩、臂之后，腰角与大腿之前，包括背、腰、胸（肋）、腹四部位。后躯为体躯的后端，包括尻、臀、后肢、尾、乳房和生殖器官等部位。图1-8所示为绵羊的体表外形部位名称，图1-9所示为山羊的体表外形部位名称。

2. 肉羊外形部位的一般要求

（1）头部。不同用途的羊，头部结构稍有差异，一般来说肉用为主的羊头短而宽。羊头部耳朵形状、犄角的有无与形状、肤色、被毛的长短与颜色、胡须、肉垂等构成了不同肉羊品种的头部特征。

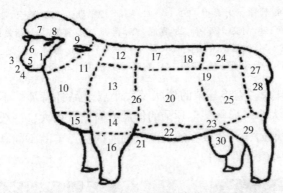

图1-8 绵羊的外形部位

1. 脸 2. 口 3. 鼻孔 4. 唇 5. 鼻 6. 鼻梁 7. 额 8. 眼 9. 耳 10. 颈
11. 肩前沟 12. 鬐甲 13. 肩 14. 胸 15. 前胸 16. 前肢 17. 背 18. 腰
19. 腰角部 20. 肋骨部 21. 前肋 22. 腹 23. 后肋 24. 荐部 25. 股 26. 胸
带部 27. 尾根 28. 尻部 29. 后肢 30. 生殖器官

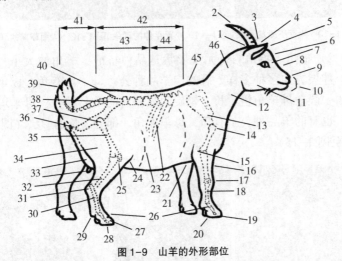

图1-9 山羊的外形部位

1. 角 2. 角尖 3. 头部 4. 额头 5. 耳朵 6. 前额 7. 眼睛 8. 鼻梁 9. 鼻子
10. 嘴巴 11. 下颌 12. 喉部 13. 肩端前缘 14. 肩端 15. 肘关节 16. 前腿

17. 膝盖　18. 管骨　19. 蹄甲　20. 蹠　21. 胸部　22. 肋骨　23. 躯干　24. 侧腹　25. 后膝关节　26. 骨交　27. 蹄　28. 蹄底　29. 悬蹄　30. 管骨　31. 跗关节　32. 胫骨　33. 乳房　34. 大腿　35. 股骨　36. 臀　37. 髋关节　38. 髋部　39. 尾巴　40. 髂骨　41. 臀部　42. 背部　43. 腰部　44. 胸部　45. 鬐甲　46. 颈部

　　1）耳朵。肉羊耳朵的形状及大小属于品种特征，不同品种肉羊耳朵大小、形状甚至耳朵的伸展方向差异很大，一般耳朵较大的垂向地面，耳朵较小的朝前或朝向两侧。羊的不同耳形及朝向（图1-10至图1-12）。

图1-10　大而下垂的耳朵　图1-11　小而平伸的耳朵　图1-12　大而朝前的耳朵

　　2）犄角。犄角的有无及形状是品种特征，羊角的大小、形状、伸展方向多种多样。有的肉羊品种公、母羊均有角，成年公羊角一般较母羊角粗、长，螺旋明显；有的羊品种公、母羊均无角，也有的羊品种公羊有角，母羊无角。部分羊角的形状（图1-13至图1-15）。

图1-13　大而螺旋的角　图1-14　大而直立的角　图1-15　小而直立的角

　　3）头部肤色。羊头部肤色一般与羊的被毛颜色有关，被毛深色头脸部肤色相对较深，被毛白色头脸部肤色一般为肉粉色，也有的品种在口鼻部呈深色，其他部位呈肉粉色。羊头部肤色（图1-16至图1-18）。

图1-16 头部浅肤色　　图1-17 头部肤色深浅嵌合　　图1-18 头部深肤色

4）须髯。绵羊均无须，山羊的须髯因品种而异，有的品种仅有须，有的品种有须又有髯。

5）肉垂。有的山羊品种颈下部有两个肉垂，如萨能奶山羊群体中有部分个体有肉垂，吐根堡山羊也有肉垂。

（2）颈部。颈部因羊的种类、品种、性别及生产类型的不同而有长短、粗细、平直、凹陷与有无皱纹之分。一般要求颈与躯干连接要自然，结合部位不应有凹陷，颈部的长短与厚薄发育适度。肉用羊的颈部短、宽、深，呈圆形。肉羊的颈部过长、过薄则表示过度发育，大头小颈是严重的"失格"。

（3）鬐甲。鬐甲亦称肩峰，是连接颈、前肢和躯干的枢纽，有长短、宽窄、高低和分岔等几个类型，它连接的好坏，对能否保证前肢自由运动至关重要。一般要求鬐甲高长适度，厚而结实，并和肩部相接紧密。肉用羊鬐甲宽，与背部呈水平。

（4）胸部。胸部是呼吸、循环系统所在地，其容积的大小是心、肺发育程度的标志，对羊的健康和生产性能影响较大。肉用羊的胸部要求宽而深，但较短。狭胸平肋或胸短而浅属于严重的缺点。

（5）背部。背部有长、短、宽、窄、凹、凸和平直等几个类型。良好的背应该是长、直、平、宽，与腰结合良好，由鬐甲到"十"字部成一水平线，不可有凹陷或拱起。一般来说，肉用羊的背部要求宽而平，如果羊背部过长，且伴有狭胸平肋，则为体质衰弱的表现。

（6）腰部。腰部要求宽广平直，肌肉发达。一般要求肉用羊的腰部平直，宽而多肉。如果腰椎过长，同时两侧肌肉又不发达，则形成锐腰。腰椎体结合不良导致凹腰与凸腰，使得腰部软弱无力。肉羊的腰部过窄和凸凹都是"损征"。

（7）腹部。腹部是消化器官和生殖器官的所在地，一般要求肉用羊的腹部大而圆，腹线与背线平行。"垂腹""卷腹"属于不良性状。垂腹也叫"草腹"，多由于幼年期营养不良，采食大量质量低劣的粗料，瘤胃扩张，腹肌松弛导致腹部左侧显得特别膨大而下垂，垂腹多与凹背相伴随，是体质衰弱、消化力不强的标志。尤其对于公羊，垂腹妨碍交配（采精），不宜选作种用。卷腹与垂腹相反，是由于幼时长期采食体积小的精料导致腹部两侧扁平，下侧向上收缩成犬腹状态。

（8）尻部。尻部要求长、宽、平直，肌肉丰满。母羊尻部宽广，有利于繁殖和分娩，而且两后肢相距也宽，有利于乳房的发育，产肉量也多。这对于肉用羊尤为重要。尖尻和斜尻都是尻部的严重缺点，往往会造成后肢软弱和肌肉发育不良。

（9）臀部。臀部位于尻的下方，臀的宽窄取决于尻的宽窄。宽大的臀对各种用途的羊都适合，特别是对肉羊更要求臀部宽大，肌肉丰满多表示优质肉产量高。

（10）四肢。羊的四肢要求肢势端正，即由前面观察，前肢覆盖后肢，由侧面观察，一边的前后肢覆盖另一边的前后肢，由后面观察也是同样。肉用羊的四肢应具有宽而端正的肢势，四肢较短而细，结实有力，关节明显，蹄质致密，管部干燥，筋腱明显。忌"X"形和"O"形肢势（图1-19）。

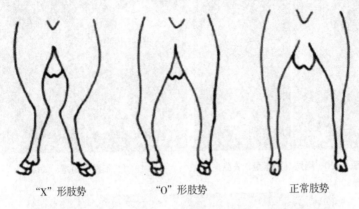

  "X"形肢势   "O"形肢势   正常肢势

图1-19 羊的肢势

（11）乳房。乳房是母羊的重要器官，肉用种母羊要求乳房形状巨大，乳腺发达，结缔组织不宜过分发达。

（12）生殖器官。种公羊要求有成对的发育良好的睾丸，两侧大小、长短一致，阴囊紧缩不松弛，包皮干燥不肥厚，单睾和隐睾不能留作种用。母羊要有发育良好的阴门，外形正常，以利分娩。

（13）尾。羊尾的长短、粗细肥瘦，因品种、性别、体质而不同。山羊尾一般较小，并且大部分上翘。绵羊尾有四种：细短尾，尾细无明显的脂肪沉积，尾端在飞节以上，如西藏羊；细长尾，尾细、尾端达飞节以下，如新疆细毛羊；脂尾，脂肪在尾部积聚成垫状，形状和大小不一，尾端在飞节以上的称短脂尾羊，如小尾寒羊、蒙古羊、卡拉库尔羊等；尾端在飞节以下的称长脂尾羊，如大尾寒羊等；肥臀，脂肪在臀部积聚成垫状，尾椎数少，尾短，呈"W"形，如哈萨克羊。无论哪种尾形，一般要求尾根不宜过粗，要着生良好。几种常见的羊尾形状（图1-20至图1-23）。

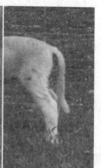

图1-20　脂尾（短脂尾，长脂尾）　　图1-21　细尾（短尾，长尾）

图1-22　肥臀

图1-23　山羊尾

（14）皮肤和被毛。羊的皮肤分为厚、薄、紧密和疏松四类；一般羊，皮厚生长的毛粗，皮薄生长的毛细，紧密的皮肤生长的毛稠密，疏松的皮肤生长的毛稀疏而软。不同品种、用途的羊皮肤差异很大，肉用羊的皮肤大多数薄而疏松。同一头羊在身体的不同部位，皮肤厚度也不相同，一般颈部、背部、尾根部的皮肤较厚，肋部、腹部、阴囊基部的皮肤较薄。年龄对皮肤品质也有影响，幼龄羊的皮肤薄、柔软、疏松，年老的羊皮肤失去了柔软性、弹性和坚实性。

羊被毛的类型很多，总体来说，大多数绵羊的毛密、长，只有杜泊羊的毛稀而短。被毛的颜色是羊的品种特征之一，大部分羊的毛色是白色的，也有黑色、灰色、褐色、杂色的品种，有的品种羊在幼年时期，毛色尚未固定，羔羊初生后毛色较深，以后随着年龄的增长，毛色逐渐变浅，如卡拉库尔羊的毛色就是如此。

（二）羊的体尺指标及测量

羊的体重和体尺都是衡量羊只生长发育的主要指标，羊称重一般多采用地磅，没有地磅可采用移动磅秤或者估重。长度、宽度、高度和角度，凡用数字表示其大小者均称为体尺。一般在羊称重的同时进行羊的体尺测量，体尺测量所用的仪器有测杖、卷尺、圆形测定器。

1. 体重　体重是检查饲养管理好坏的主要依据，称量体重应在早晨空腹情况下进行。称重的具体项目包括羔羊的初生重、断奶重、育成羊配种前体重，以及成年羊的 1 岁重、1.5 岁重、2 岁重、产羔前重、产羔后重、3 岁重、4 岁重等。若无磅秤称测，可根据 Shaeffer 方程来估计羊的体重。下列公式中体重单位为 kg，体长和胸围单位为 cm。体长为体斜长，即肩胛骨前缘到坐骨结节后突起的长度。胸围为肩胛后缘围绕胸廓一周的长度。

$$羊体重 = （胸围^2 \times 体长）/10\ 815.45$$

2. 用测杖测量的项目

羊的体尺测量项目见图 1-24。

（1）体高（鬐甲高），是指用测杖测量鬐甲最高点至地面的垂直距离。先使主尺垂直竖立在羊体左前肢附近，再将上端横尺平放于鬐甲的最高点（横尺与主尺须成直角），即可读出主尺上的高度。

（2）背高，是指用测杖测量背部最低点至地面的垂直距离。

（3）尻高（荐高），是指用测杖测量荐部最高点至地面的垂

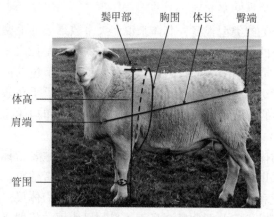

图 1-24　羊的体尺测量项目

直距离。

（4）胸深，是指用杖尺量取鬐甲至胸骨下缘的垂直距离。测量时沿肩胛后缘的垂直切线，将上下两横尺夹住背线和胸底，并使之保持垂直位置。

（5）胸宽，是指将杖尺的两横尺夹住两端肩胛后缘下面的胸部最宽处，便可读出其宽度。

（6）体长（体斜长），是指肩端前缘到臀端后缘的直线距离。用杖尺和卷尺都可量取，前者得数比后者略小一些，故在此体尺后面，应注明所用何种量具。

（7）臀端高（坐骨端高），是指用测杖测量臀端上缘到地面的垂直距离。

3. 用卷尺测量的项目

（1）身长，是指用卷尺量取羊的两耳联线中点到尾根的水平距离。

（2）颈长，是指用卷尺量取由枕骨脊中点到肩胛前缘下 1/3 处的距离。

（3）胸围，是指用卷尺在肩胛后缘处测量的胸部垂直周径。

（4）腹围，是指用卷尺量取腹部最大处的垂直周径。

（5）管围，是指用卷尺量取管部最细处的水平周径，其位置一般在掌骨的上 1/3 处。

（6）腿臀围（半臀围），是指用卷尺由左侧后膝前缘突起，绕经两股后面，至右侧后膝前缘突起的水平半周。该体尺一般多用于肉用羊，表示腿部肌肉的发育程度。

4. 用圆形测定器测量的项目

（1）头长，是指用圆形测定器测量额顶至鼻镜上缘的直线距离。

（2）额宽，有两种测量方法，较多测量的是最大额宽。

1）最大额宽：是指用圆形测定器量取两侧眼眶外缘间的直线距离。

2）最小额宽：是指用圆形测定器量取两侧颞颥外缘间的直线距离。

（3）腰角宽，是指用圆形测定器量取两腰角外缘间的水平距离。

（4）臀端宽（坐骨结节宽），是指用圆形测定器量取两臀端外缘间的水平距离。

（5）尻长，是指用圆形测定器量取腰角前缘到臀端后缘的直线距离。

二、肉羊的生物学特性

羊属于食草反刍家畜，哺乳纲、偶蹄目、牛科、羊亚科，是牛科分布最广、成员最复杂的一个亚科，羊为六畜之一。绵羊和山羊有很多相似的生物学特性，又有较大差别，总的来说，两者的相同点多于相异点。

（一）行为特点

绵羊性情温驯，行动较迟缓，缺乏自卫能力，合群性较强，警觉机灵，觅食力强，适应性广，全身覆盖毛绒，属沉静型小型反刍动物。山羊则性格勇敢活泼，动作灵活，合群性不及绵羊，善于攀登陡峭的山岩，有一定抵御兽害的能力。山羊比绵羊分布广，适应性更强，其被毛较稀短，多为发毛，较绵羊耐热、耐湿而不耐寒，属活泼型小型反刍动物。

（二）生活习性

1. 采食力强　绵羊和山羊具有薄而灵活的嘴唇和锋利的牙齿，能啃食短草，采食能力强。嘴较窄，喜食细叶小草，如羊茅和灌木嫩枝等。四肢强健有力，蹄质坚硬，能边走边采食。能利用的饲草饲料广泛，包括多种牧草、灌木、农副产品及禾谷类籽实等。

2. 合群性强　羊的合群性强于其他家畜，绵羊又强于山羊，地方品种强于培育品种。驱赶时，只要有"头羊"带头，其他羊只就会紧紧跟随，如进出羊圈、放牧、起卧、过河、过桥或通过狭窄处等。羊的合群性有利于放牧管理，但羊群之间距离太近时，往往容易混群。

3. 喜干燥、怕湿热　羊喜干燥，最怕潮湿的环境。放牧地和栖息场所都以高燥为宜。潮湿环境易感染各种疾病，特别是肺炎、寄生虫病和腐蹄病，也会使羊毛品质降低。山羊比绵羊更喜干燥，对高温、高湿环境适应性明显高于绵羊。绵羊因品种不同对潮湿环境的适应性也不同，肉用羊和肉毛兼用羊则喜欢湿润、温暖的气候。

4. 爱清洁　遇到有异味、污染、沾有粪便或腐败的饲料和饮水，甚至连自己践踏过的饲草，宁可忍饥挨饿也不食用。因此，舍饲的羊要有草架，料槽、水槽要清洁，饮水要勤换，放牧草场要定期更换，实行轮牧。

5. 性情温驯，胆小易惊　绵羊、山羊性情温驯，胆小，自卫能力差。突然的惊吓容易造成"炸群"，所以要加强放牧管理，保持羊群安静。

6. 母性强　羊的嗅觉灵敏，母羊主要凭嗅觉鉴别自己的羔羊，而视觉和听觉起辅助作用。羔羊出生后与母羊接触几分钟，母羊就能通过嗅觉鉴别出自己的羔羊。在大群的情况下，母子也能准确相识。利用这一点可解决孤羔代乳的问题。

7. 抗病力强　羊对疫病的耐受力比较强，在发病初期或遇小病时，往往不像其他家畜表现那么敏感。

8. 善游走　绵羊、山羊均善游走，有很好的放牧性能。但由于品种、年龄及放牧地的不同，也有差别。地方品种比培育品种游走距离大，肉用羊游走距离小，年龄小的和年龄大的比成年羊游走距离小，在山区游走比平地上的距离小。在游牧地区，从春季草场至夏季草场的距离大于200km，都能顺利进行转移。

（三）适应性

羊宜在干燥通风的地方采食和卧息，湿热、湿冷的棚圈和低湿草场对羊不利。北方多在舍内勤换垫土，以保持圈舍干燥。羊蹄虽已角质化，但遇潮湿易变软，行走硬地，易磨露蹄底，影响放牧。绵羊蹄叉之间有一趾腺，易被淤泥堵塞而引起发炎，导致跛行。不同品种的绵羊对潮湿气候的适应性也不一样，肉用羊和肉毛兼用羊喜温暖湿润，全年温差不大的气候。怕热耐寒，绵羊全身披覆羊毛较长且密，能更好地保温抗寒，但在炎夏时，羊体内的热能不易散发，出现呼吸紧迫，心率加快，并相互低头于他羊的腹下簇拥在一起，呼呼气喘，俗称"扎窝子"，尤其细毛羊最为严重，这样就须每隔半小时哄动驱散一次，以免发生"热射病"。由于绵羊不怕冷，气候适当季节，羊只喜露宿舍外。群众把这种羊在露天过夜的方式叫"晾羊"。一般山羊比绵羊耐热而较怕冷，原因是山羊体较轻小，毛粗短，皮下脂肪少，散热性好，所以，当绵羊扎窝子时，山羊行动如常。

（四）耐饿耐渴

羊抗灾度荒能力很强，在绝食绝水的情况下，可存活 30d 以上。

（五）喜净厌污

羊的嗅觉灵敏，食性清洁，绵羊、山羊都喜欢干净的水、草和用具等，因此，应设置草架投喂。可把长草切短些，拌料喂给，以免浪费。羊喜饮清洁的流水和井水，一般习惯在熟悉的地方饮水。放牧时间过长，羊饥渴时也会喝污水，这时应加以控制，以免感染寄生虫病，故在放牧前后，应让羊饮足水。

（六）繁殖力高

肉用品种羊多四季发情，常年配种多胎多产，高繁殖力是它兼有的优良特性之一。中国大、小尾寒羊、湖羊及山羊中的济宁青山羊、成都麻羊、陕南白山羊等母羊都是常年发情，一胎多产，最高达一胎产 7～8 只羔羊。小尾寒羊多少年来，常是父配女、母配子，虽高度近交，却很少发生严重的近亲弊病。

三、肉羊的经济学特性

1. 羊肉营养价值高，美味健康　羊肉是我国人民食用的主要肉类之一，羊肉肉质细嫩，脂肪、胆固醇含量相对较少，容易消化吸收，多吃羊肉有助于提高身体免疫力，而且羊肉温补，十分美味，历来被当作冬季进补的重要食品之一，寒冬常吃羊肉可益气补虚，促进血液循环，增强御寒能力，尤其适合老年人、体虚者和产后妇女进补。

2. 羊饲料来源广泛，不与人类争粮　羊是草食性动物，并且采食力极强，能够充分利用辽阔的天然草原的鲜草。据中华人民共和国自然资源部全国土地变更调查主要数据结果显示，截至 2016 年底，全国 31 个省（区、市）牧草地 32.90 亿亩，我国的内蒙古、西藏、四川、新疆、青海、甘肃六大牧区天然草原草量丰富，主要通过春夏放牧、秋冬储草养殖牛羊。中国农区的农作物秸秆产量由 2004 年的 8.25 亿 t 到 2014 年已增加到 9.81 亿 t，作为非竞争性饲料资源，农区秸秆资源丰富、廉价，具有一定的饲用价值，是农区养殖牛、羊等草食性动物不可忽视的粗饲料来源。

3. 肉羊养殖带动产区经济，增加农牧民收入　肉羊业是草食畜牧业的重要组成部分，是投资少、见效快、适宜面广的产业。目前肉羊在养殖业中经济效益突出，养羊利润比较稳定，养殖利润大小跟品种质量有直接的关系，较好的肉羊品种有杜泊羊、萨福克羊、夏洛莱羊等特种肉羊。育肥和繁殖的效益也不一样，肉羊育肥的利润在 200～300 元/只，一只母羊一年的利润在 1 200～1 500 元。

4. 羊粪积肥，提高农作物产量　羊粪通过发酵是一种很好的有机肥，用途极广，用它当作肥料可以改善土质，防止土地板结，经济价值很好。可以用来养花，种牧草，种茶。新鲜的羊粪含磷 0.46%，含钾 0.23%，与一般畜粪相差无几，但氮素含量达 0.66%，有机质含量高达 30% 左右，远远超出了其他畜粪，氮素含量比牛粪多一倍。因此，同样数量的羊粪施到土壤中，肥效远高于其他畜粪。

5. 肉羊的副产品能够被充分利用，附加值高　肉羊屠宰后的羊毛是优质纺织原料，羊皮能够制革，羊血和内脏如心、肝、肾是优等食材，羊肠除了做食材用，还可以做羊肠线，价格不菲。

第三节　肉羊产业发展

一、肉羊产业存在的主要问题

（一）肉羊生产过于分散，单位规模较小，生产方式仍显落后

我国当前肉羊养殖的主要模式是农户小规模散养（饲养规模在 100 只以下），占全国年出栏量的 80% 以上。这种千家万户式的分散饲养，受资金约束不能形成规模，羊肉产品质量安全和品质也无法保证，同时农户散养模式也严重影响着畜禽良种、动物营养等先进肉羊生产技术的推广普及，主要表现为肉羊良种化程度不高、羊肉生产时间长、商品率低、饲养成本高、个体胴体重小、羊肉品质较差等。

（二）肉羊产业发展日益受到资源、环境的约束

作为畜牧业中的一个子产业，肉羊产业的发展与资源环境的承载力密切相关，我国是一个人口大国，人均资源占有率较低，肉羊产业增长首先受到客观资源条件的制约。传统草原畜牧业的过度发展，导致草原沙化严重，承载力严重下降，牧区超载过牧已是普遍现象，从可持续发展角度来看，牧区肉羊的产业规模将会逐步压缩或降低。而传统农业产区可提供大量的植物秸秆或青贮饲料，既可避免资源浪费又可产生较高的经济价值，因此农区肉羊业正逐步向高附加值的集约化、规模化养殖转变。

（三）现代化屠宰加工水平较低，现代加工业常常竞争不过私屠乱宰

肉羊产业的发展有赖于肉羊加工业的发展，但农户的小规模生产、肉羊加工业的原料——专门化肉羊品种的缺乏、优质肥羔供应的严重不足，使加工业"巧妇难为无米之炊"，不仅严重制约了羊肉加工的专业化和规模化，也使现有的规模加工业开工不

足、设备闲置，阻碍了优质肉羊生产及其产业的发展。其原因在于私屠乱宰现象严重，作坊式屠宰的成本远远低于工厂化屠宰。由于政府监管不足，导致屠宰市场混乱，羊肉产品品质无法保证，经济附加值不高。

（四）羊肉及其制品在整个畜产品消费中比例偏低

牛羊肉消费份额偏小对节粮型畜牧业的发展产生了不利影响，反映到生产上就是与农业发达国家相比，我国畜牧业生产结构不尽合理且调整缓慢。从近年来的肉类消费结构数据来看，猪肉消费比例逐步下降，畜禽肉、奶类消费比例大幅上升，与发达国家畜禽肉消费结构相比，我国牛羊肉消费比重明显偏低，这样既不利于居民身体健康，也加剧了粮食供应压力。从我国畜牧业可持续发展的长期趋势来看，牛羊肉产业存在着巨大的增长空间。

二、肉羊产业化发展的建议与对策

（一）争取国家、省市产业发展的政策和项目支持，加快肉羊产业设施化、集约化、规模化发展进程

实施中央现代农业发展资金肉牛、肉羊产业项目及草食畜牧业贴息贷款等政策，引导各类企业及养殖能人积极投身于标准化养殖园区、规模化养殖企业和国家现代农业示范区建设，严格按照标准化养殖园区、规模养殖企业建设标准，科学规划建设标准化养殖圈舍、配套建设管理房、消毒池、更衣消毒室、运动场、青贮池等，培育扶持肉羊养殖大场（户）扩大养殖规模、提升养殖水平，全面推进肉羊养殖产业设施化、规模化发展和集约化经营。

（二）加强肉羊养殖技术培训和推广应用，全力提升肉羊产业的标准化水平，提升肉质水平与经济效益

养羊业发达的国家基本实现了品种良种化、草原改良化、放

牧围栏化和育肥工厂化，养羊水平很高，经济效益显著。我国养羊业应加强肉羊养殖技术培训和技术推广，邀请国内外知名畜牧兽医专家进行技术讲座，指导、培训肉羊养殖从业技术人员，生产中广泛采用多元杂交，充分利用杂种优势，同时利用现代繁殖技术，调节光照，使用提早发情、早配、早期断奶、诱发分娩等措施来缩短非繁殖期的时间。搞两年三胎的频率繁殖方式，通过同期发情技术，统一配种，集中产羔，规模育肥。在育肥手段上充分利用羔羊的生理特点和营养理论，配制营养全面的日粮，以便于用最短育肥时间使羔羊达到上市体重。提升肉羊养殖水平，加强疾病诊断治疗及防疫检疫技术，促进肉羊养殖科学化和生产标准化。

（三）充分利用育种新技术，科学选育和利用优秀肉羊种质资源

在当今世界畜禽遗传资源日趋贫乏的情况下，科学技术的发展尤其是生物技术的发展使遗传资源变得更为重要，因此，保存绵羊、山羊的遗传资源对世界绵羊、山羊的育种工作将产生极大的影响，具有难以估量的作用。在确保绵羊、山羊品种资源得到有效保护的同时，进行科学合理的开发利用，改良、培育出优秀高产的绵羊、山羊品种，使之为提高人民群众的生活水平服务。还有很多优良的绵羊、山羊地方品种未被重视和利用，它们具有独特的生产性能和对当地环境良好的适应性，积极开发利用这些优良地方品种，将为新品种开发和现有品种性能的提高提供优秀的遗传资源。在未来较长一段时期里，常规育种技术仍是畜禽遗传改良的主要手段，但分子生物技术及基因工程技术的发展，DNA分子遗传标记在遗传育种中的应用，将为羊遗传改良提供新的途径和方法，创造携带优良基因的新品种，识别和分析主基因的工作已成为绵羊育种研究的重要特征，影响排卵率的类似基因也已报道，而且已经尝试探索这种变异的机制并使其渗入到其

他品种和羊群中，对影响免疫机能、畜产品品质遗传基础的进一步认识，将使畜禽育种不再停留在单纯的提高个体生产性能上，品质育种、抗病育种将成为畜禽育种的重要内容。

（四）改良天然草场，建立人工草地，结合农区秸秆资源的充分利用，实现肉羊业可持续发展

随着食草畜牧业的发展和草地载畜量的增加，过度放牧和草地沙漠化愈来愈严重，这将给肉羊养殖业今后的发展和牧草资源的可持续利用带来严重的影响。为了提高草地载畜量，降低肉羊生产成本，可改良天然草场，建设人工草地，并采用围栏分区轮牧技术，对原有的可利用草场，运用科学方法进行大范围的改良工作，提高单位面积的载畜量和牧草质量，在缺少或草场资源匮乏的地区建立人工草地，从而解决或缓解牧草短缺与饲养之间的矛盾，同时科学利用秸秆等丰富的农副产品资源积极发展养羊业，发展舍饲、半舍饲与天然草场的划区轮牧相结合的饲养模式，保护我国草原生态环境，实现养羊业的可持续发展。

（五）加强羊肉生产的下游工程，带动肉羊业发展

随着国际和国内市场对羊肉需求的不断增加和人们对羊肉食品的认同，羊肉的深加工业发展也得以促进，新的羊肉烹调方法和各种羊肉食品的成品及半成品的不断研制、开发，将进一步促进羊肉的消费，有利于增加羊肉产品的附加价值。大力发展羊肉深加工业的产业化生产，形成初具规模的羊肉加工产业结构，达到养殖业和下游深加工业相互促进的良性循环，带动整个养羊业的发展。

第二章 肉羊场的建设及
生产设施与设备

肉羊场的建设是肉羊养殖的基础，在规划建设肉羊场时需要适应当地气候环境，结合肉羊的生理、生产特点，以最小的投资成本建设最适合肉羊生产的羊场是肉羊养殖盈利的关键因素。肉羊场养殖设施与设备的现代化是现代肉羊产业的重要特征，良好的设施和设备有利于肉羊生产、卫生防疫、环境条件控制，有助于提高劳动生产效率和改善劳动环境。

第一节 肉羊场的选址与规划

一、肉羊场的选址

羊场场址的选择是养肉羊的重要环节，也是肉羊养殖成败的关键，无论是新建羊场，还是在现有的基础上进行改建或扩建羊场，选址时必须综合考虑自然环境条件、社会经济状况、羊群的生理和行为需求、卫生防疫条件、生产流通及组织管理等各种因素，因地制宜地处理好相互之间的关系。

（一）场址选择需要考虑的自然因素

1. 地形地势 地形是指场地的形状、范围及地物，包括山岭、河流、道路、草地、树林、居民点等的相对平面位置状况；

地势是指场地的高低起伏状况。羊场的场地应选在地势较高、干燥平坦、排水良好和向阳背风的地方。

（1）平原地区一般场地比较平坦、开阔，场址应选择在较周围地段稍高的地方，以利于排水。地下水位要低，以低于建筑物地基深度 0.5m 为宜。

（2）靠近河流、湖泊的地区，场地要选在较高的地方，应比当地水文资料中最高水位高 1~2m，以防止涨水时被水淹没。

（3）山区建场应尽量选择在背风向阳、面积较大的缓坡地带，坡面向阳，总坡度不超过 25%，建筑区坡度应在 2.5% 以内。坡度过大增加工程投资，投产后也会造成场内运输和管理不便。山区建场还要注意地质构造情况，避开断层、滑坡、塌方的地段，也要避开坡底、谷地及风口，以免遭受山洪和暴风雪的袭击。

羊喜干燥、厌潮湿，忌将羊场建在低洼地、山谷、朝阴、冬季风口等处。土质黏性过重、透气透水性差、不易排水的地方也不适宜建羊场。地下水位应在 2m 以下，土质以沙壤土为好，且舍外运动场具有 5°~10° 的小坡度，既有利于防洪排涝又不致发生断层、陷落、滑坡或塌方。

2. 水源水质　清洁而充足的水源是建羊场必须考虑的基本条件。水资源应符合 NY 5027—2008《无公害食品　畜禽饮用水水质》标准，羊场要求四季供水充足，取用方便，最好使用自来水、泉水、井水和流动的河水；并且水质良好，水中大肠杆菌数、固形物总量、硝酸盐和亚硝酸盐的总含量应低于规定指标。

羊场选址时需要了解水源的情况，供水能力能否满足羊场生产、生活、消防用水要求。如地面水（河流、湖泊）的流量，汛期水位；地下水的初见水位和最高水位，含水层的层次、厚度和流向。对水质情况需了解酸碱度、硬度、透明度，有无污染源和有害化学物质等，并应提取水样做水质的物理、化学和生物污染等方面的化验分析。在仅有地下水源的地区建场，第一步应先打一眼井，打井时如出现水流速慢、泥沙量大或水质问题，最好另选场址，这样可减少损失。

3. 土壤 要了解施工地段的地质状况，主要是收集工地附近的地质勘察资料，了解地层的构造状况，如断层、陷落、塌方及地下泥沼地层。对土层土壤的了解也很重要，如土层土壤的承载力，是否是膨胀土或回填土。膨胀土遇水后膨胀，导致基础破坏，不能直接作为建筑物基础的受力层；回填土土质松紧不均，会造成建筑物基础不均匀沉降，使建筑物倾斜或遭到破坏。遇到这样的土层，需要做好加固处理，不便处理的或投资过大的则应放弃选用。此外，了解拟建地段附近土质情况，对施工用材也有意义，如砂层可以作为砂浆、垫层的骨料，可以就地取材节省投资。

4. 气候因素 主要指与建筑设计有关和影响肉羊场小气候的气候气象资料，如当地气温、风力、风向及灾害性天气的情况。拟建地区常年气象变化包括平均气温、绝对最高与最低气温、土壤冻结深度、降水量与积雪深度、最大风力、常年主导风向、风频率、日照情况等。

（二）场址选择需要考虑的社会因素

1. 环境生态因素 了解国家羊生产相关政策、地方生产发展方向和资源利用情况，遵循国家 GB 14554—1993《恶臭污染物排放标准》和 NY/T 388—1999《畜禽场环境质量标准》，在羊场开始建设以前，应获得市政、建设、环保等有关部门的批准，此外，还必须取得实用法规的施工许可证。

选择场址必须符合本地区农牧业生产发展总体规划、土地利用发展规划和城乡建设发展规划的用地要求。必须遵守十分珍惜和合理利用土地的原则，不得占用基本农田，尽量利用荒地和劣地建场。大型肉羊企业分期建设时，场址选择应一次完成，分期征地。近期工程应集中布置，征用土地满足本期工程所需面积。远期工程可预留用地，随建随征。以下地区或地段的土地不宜征用：①规定的自然保护区、生活饮用水水源保护区、风景旅游区；②受洪水或山洪威胁及有泥石流、滑坡等自然灾害多发地带；③自然环境污染严重的地区。

2. 水电资源 羊场的供水及排水要统一考虑，拟建场区附近如有地方自来水公司供水系统，可以引用。对羊场而言，也可以本场打井修建水塔建立自己的水源，确保供水是十分必要的。如羊场附近有排放污水的工厂，应将羊场建于其上游。切忌在严重缺水或水源严重污染的地方建设羊场。

羊场内要求有可靠的供电条件以满足生产和生活用电，所以需要了解供电源的位置，与羊场的距离，最大供电允许量，是否经常停电，有无可能双路供电等。通常，建设羊场要求有Ⅱ级供电电源。在Ⅲ级以下供电电源时，则需自备发电机，以保证场内稳定可靠的供电。为减少供电投资，应尽可能靠近输电线路，以缩短新线路敷设距离。

3. 交通 为了便于饲草和羊只的运输，羊场要求建在交通便利又不紧邻交通要道的地方。距离公路、铁路交通要道远近适宜，同时考虑交通运输的便利和防疫两个方面的因素。一般要与村落保持150m以上的距离，并尽量处在村落下风和低于农舍、水井的地方。为了防疫的需要，羊场应距离村镇不少于500m，离交通干线1 000m、一般道路500m以上。同时考虑充足的能源和方便的电讯条件，这是现代养羊生产对外交流、合作的必备条件，也便于商品流通。应根据国家畜牧业发展规划和各地畜禽品种发展区划，将羊场选在适合当地主要发展品种的中心。

4. 防疫 羊场选址时要充分了解当地和周围的疫病情况，羊场及周围地区必须为无疫病区，放牧地和打草场均未被污染过。羊场周围的畜群和居民宜少，应尽量避开附近单位的羊群转场通道，便于一旦发生疫病时容易隔离和封锁。切忌将养羊场建在羊传染病和寄生虫病流行的疫区，也不能将羊场建于化工厂、屠宰场、制革厂等易造成环境污染的企业的下风向。同时羊场也不能污染周围环境，应处于居民点的下风向。

5. 饲草饲料来源 饲草饲料是羊赖以生存的最基本条件，草料缺乏或附近无牧地的地方不适合建设羊场。在以放牧为主的牧场，必须有足够的牧地和草场，以舍饲为主的农区、垦区和比较集中的肉羊育肥产区，必须要有足够的饲草、饲料基地或便利的饲料原料来源。羊场周围及附近饲草如花生秧、甘薯秧、大蒜秆、大豆秆等优质农副秸秆资源必须丰富。建羊场时要考虑有稳定的饲料供给，如放牧地、饲料生产基地、打草场等。

二、肉羊场场区规划

场区各种建筑物的布局合理与否直接影响肉羊场的经营管理、生产组织、劳动生产率和经济效益，并且影响场区的环境状况和防疫卫生。因此应科学合理地做好肉羊场的分区规划。

(一) 肉羊场的功能分区

肉羊场通常分为生活管理区、辅助生产区、生产区和隔离区。生活管理区和辅助生产区应位于场区常年主导风向的上风处和地势较高处，隔离区位于场区常年主导风向的下风处和地势较低处（图2-1）。

(二) 羊场的规划布置

1. 生活管理区 主要包括管理人员办公室、技术人员业务用房、接待室、会议室、技术资料室、化验室、食堂、职工值班宿舍、厕所、传达室、警卫值班室、围墙和大门、外来人员第一次更衣消毒室和车辆消毒设施等（图2-2）。

对生活管理区的具体规划因羊场规模而定。生活管理区一般应位于场区全年主导风向的上风处或侧风处，并且应在紧邻场区

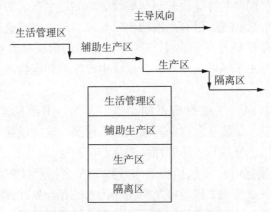

图 2-1 按地势、风向的分区规划图

图 2-2 肉羊场布局示意图

大门内侧集中布置。羊场大门应位于场区主干道与场外道路连接处，设施布置应使外来人员或车辆经过强制性消毒，并经门卫放行才能进场。

生活管理区应和生产区严格分开，与生产区之间有一定缓冲地带，生产区入口处设置第二次人员更衣消毒室和车辆消毒设施。

2. 辅助生产区 主要包括供水、供电、供热、设备维修、物资仓库、饲料贮存等设施，这些设施应靠近生产区的负荷中心布置，与生活管理区没有严格的界限要求。对于饲料仓库，则要求仓库的卸料口开在辅助生产区内，仓库的取料口开在生产区内，杜绝外来车辆进入生产区，保证生产区内外运料车互不交叉使用。

3. 生产区 主要设置不同类型的羊舍、剪毛间、采精室、人工授精室、羊装车台、选种展示厅等建筑。这些设施都应设置两个出入口，分别与生活管理区和生产区相通。

4. 隔离区 主要包括兽医室、隔离羊舍、尸体解剖室、病尸高压灭菌或焚烧处理设备及粪便和污水贮存与处理设施。隔离区应位于全场常年主导风向的下风处和全场场区最低处，与生产区的间距应满足兽医卫生防疫要求。绿化隔离带、隔离区内部的粪便污水处理设施和其他设施也需有适当的卫生防疫间距。隔离区内的粪便污水处理设施与生产区有专用道路相连，与场区外有专用大门和道路相通。

第二节 肉羊舍建设

羊舍是羊只生活的主要环境之一，羊舍的建设要满足肉羊生活和生产的需求，在一定程度上是养羊成败的关键。

一、肉羊舍建设的基本要求

羊舍的规划建设必须结合地域和气候环境进行：第一，要结合当地气候环境，南方地区由于天气较热，羊舍建设主要以防暑降温为主，而北方地区则以保温防寒为主；第二，尽量降低建设成本，要经济实用；第三，创造有利于羊生活、生产的环境；第四，圈舍的结构要有利于防疫；第五，方便人员出入、饲喂羊群、清扫栏圈；第六，圈内光线充足、空气流通、羊群居住舒适。同时，主要圈舍应选择南北朝向，后备羊舍、产羔舍、羔羊舍要合理布局，而且要留有一定间距。

（一）地点要求

根据羊的生物学特性，应选地势高燥、排水良好、背风向阳、通风干燥、水源充足、环境安静、交通便利、防疫方便的地点建造羊舍。羊舍要充分利用冬季阳光采暖，朝向一般为坐北朝南，位于在办公室和住房的下风向，屋角对着冬春季的主导风向。用于冬季产羔的羊舍，要选择避风、冬春季容易保温的地方。

（二）面积要求

各类羊只所需羊舍面积，取决于羊的品种、性别、年龄、生理状态、数量、气候条件和饲养方式。一般以冬季防寒、夏季防暑、防潮、通风和便于管理为原则。羊舍应有足够的面积，使羊在舍内不感到拥挤，可以自由活动。羊舍面积过大，既浪费土地，又浪费建筑材料；面积过小，舍内拥挤潮湿、空气污染严重有碍于羊体健康，管理不便，生产效率低。各类羊舍所需面积见表2-1。

表2-1　各类羊舍所需面积

羊别	面积（m²/只）	羊别	面积（m²/只）
单饲公羊	4.0~6.0	育成母羊	0.7~0.8
群饲公羊	1.5~2.0	去势羔羊	0.6~0.8
春季产羔母羊	1.2~1.4	3~4月龄羔羊	0.3~0.4
冬季产羔母羊	1.6~2.0	育肥羯羊、淘汰羊	0.7~0.8
育成公羊	1~1.5		

农区多为传统的公、母、大、小羊混群饲养，其平均占地面积应为0.8~1.2m²/只。产羔室可按基础母羊数的20%~25%计算面积。运动场面积一般为羊舍面积的2~2.5倍。成年羊运动场面积可按4m²/只计算。

（三）高度要求

羊舍高度要依据羊群大小、羊舍类型及当地气候特点而定。羊数越多，羊舍可越高些，以保证足量的空气，但过高则保温不良，建筑费用高，一般高度为2.5m，双坡式羊舍净高（地面至天棚的高度）不低于2m。单坡式羊舍前墙高度不低于2.5m，后墙高度不低于1.8m。南方地区的羊舍防暑防潮重于防寒，羊舍高度应适当增加（图2-3）。

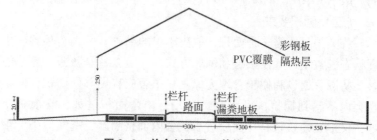

图2-3　羊舍剖面图（单位：cm）

（四）通风采光要求

为了保持空气新鲜和羊舍干燥，必须有良好的通气设备。羊舍的通气装置，既要保证有足够的新鲜空气，又需要避免贼风。可以在屋顶上设置通气孔，孔上有活门，必要时可以关闭。在安设通气装置时要考虑每只羊每小时需要 $3\sim4m^3$ 的新鲜空气，南方地区的羊舍，要特别注意夏季的通风要求，以降低舍内的高温。

羊舍内应有足够的光线，以保证舍内卫生。窗户面积一般占地面面积的1/15，冬季阳光可以照射到室内，既能消毒又能增加室内温度；夏季敞开，增大通风面积，降低室温。在农区，绵羊舍主要注重通风，山羊舍要兼顾保温（图2-4）。

图 2-4　羊舍的通风采光

（五）造价要求

羊舍的建筑材料以就地取材、经济耐用为原则。土坯、石头、砖瓦、木材、芦苇、树枝等都可以作为建筑材料。在有条件的地区及重点羊场内应利用砖、石、水泥、木材等修建一些坚固的永久性羊舍，这样可以减少维修的劳力和费用。

（六）内外高差

羊舍内地面标高应高于舍外地面标高 0.2~0.4m，并与场区道路标高相协调。场区道路设计标高应略高于场外路面标高。场区地面标高除应防止场地被水淹没外，还应与场外标高相协调。场区地形复杂或坡度较大时，应做台阶式布置，每个台阶高度应能满足行车坡度要求。

二、肉羊舍类型

肉羊舍类型按其封闭程度可以分为开放式（图 2-5）、半开放式和封闭式（图 2-6）。从屋顶结构来分有单坡式、双坡式及圆拱式。单坡式羊舍的跨度小，自然采光好，适用于小规模羊群和简易羊舍选用；双坡式羊舍跨度大，保暖能力强，但自然采光、通风差，适合于寒冷地区采用，是最常用的一种类型。在寒冷地区，还可选用拱式、双折式、平屋顶等类型；天气炎热地区可选用钟楼式。

在选择羊舍类型时，应根据不同类型羊舍的特点，结合当地的气候特点、经济状况及建筑习惯全面考虑，选择适合本地、本场实际情况的羊舍形式。

图 2-5　开放式肉羊舍　　　　图 2-6　封闭式肉羊舍

三、肉羊舍的布局

（一）羊舍布局原则

羊舍修建宜坐北朝南，东西走向。羊场布局以产房为中心，周围依次为羔羊舍、青年羊舍、母羊舍与带仔母羊舍。公羊舍建在母羊舍与青年母羊舍之间，羊舍与羊舍相距保持 15m，中间种植树木或草。隔离病房建在远离其他羊舍地势较低的下风向。羊场内分设清洁通道与排污通道。办公区与生产区隔开，其他设施则以方便防疫、方便操作为宜。

（二）羊舍的排列

1. 单列式 单列式布置羊舍使场区的净道、污道分工明确，但会使道路和工程管线线路过长。此种布局是小规模羊场和因场地狭窄限制的一种布置方式，地面宽度足够的大型羊场不宜采用（图 2-7）。

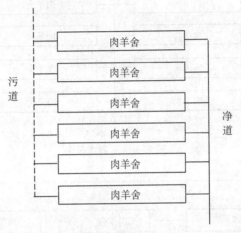

图 2-7 单列式羊舍

2. 双列式 双列式布置羊舍是羊场最经常使用的布置方式，其优点是既能保证场区净污道路分流明确，又能缩短道路和工程管线的长度（图 2-8）。

3. 多列式 多列式布置羊舍在一些大型羊场使用，此种布置方式应重点解决场区道路的净污分道，避免因线路交叉而引起互相污染（图 2-9）。

（三）羊舍朝向

羊舍的朝向与当地的地理纬度、地段环境、局部气候特征及建筑用地条件等因素有关。适宜的朝向，一方面可以合理地利用太阳辐射能，避免夏季过多的热量进入舍内，而冬季则最大限度

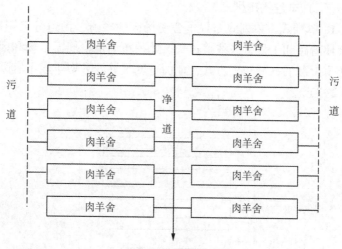

图 2-8　双列式羊舍

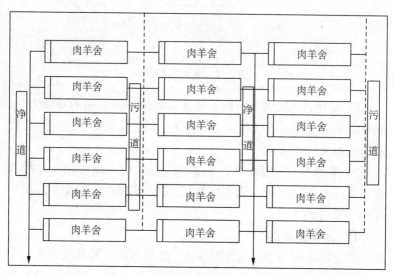

图 2-9　多列式羊舍

地允许太阳辐射能进入舍内以提高舍温；另一方面可以合理利用主导风向，改善通风条件，以获得良好的羊舍环境。

羊舍要充分利用场区原有的地形、地势，在保证建筑物具有合理的朝向，满足采光、通风要求的前提下，尽量使建筑物长轴沿场区等高线布置，以最大限度减少土石方工程量和基础工程费用。生产区羊舍朝向一般应以其长轴南向，或南偏东或偏西40°以内为宜。

(四) 羊舍间距

具有一定规模的肉羊场，在羊舍排列时注意羊舍间距要求，距离过大，占地太多、浪费土地，同时增加了道路、管线等基础设施的投资；距离过小，羊舍间的干扰增多，影响羊舍的采光、通风，并且不利于防疫。现代规模化肉羊场所修建的羊舍间距一般在15m左右。

四、肉羊舍基础建设

肉羊舍的基础建设包括：基础和地基、地面、墙、门窗、屋顶和运动场。

(一) 基础和地基

肉羊舍基础应具备坚固、耐久、防潮、防震、抗冻和抗机械作用的能力，在北方地区通常用毛石做基础，埋在冻土层以下，埋深厚度为30~40cm，防潮层应设在地面以下6cm处。

地基是基础下面承受负载的土层，有天然地基、人工地基之分。天然地基的土层应具备一定的厚度和足够的承重能力，沙砾、碎石及不易受地下水冲刷的沙质土层是良好的天然地基。

(二) 地面

地面是羊躺卧休息、排泄和生产的地方，是羊舍建筑中的重要组成部分，直接影响羊的健康。通常情况下羊舍地面要高出舍外地面20cm以上。由于中国南方和北方气候差异很大，地面的选材必须因地制宜，就地取材。羊舍地面有以下几种类型。

1. 土质地面 土质地面柔软，富有弹性，属于暖地面（软地面）类型，优点是易于保温，造价低廉。缺点是不够坚固，容易出现小坑，不便于清扫消毒，容易形成潮湿的环境，只能在干燥地区采用。用土质地面时，可混入石灰增强黄土的黏固性，粉状石灰和松散的粉土按3∶7或4∶6的比例加适量水拌和而成灰土地面。也可用石灰、黏土与碎石、碎砖或矿渣按1∶2∶4或1∶3∶6拌制成三合土，一般石灰用量为三合土总重的6%~12%，石灰含量越大，强度和耐水性越高。

2. 砖砌地面 砖砌地面属于冷地面（硬地面）类型，砖的孔隙较多，导热性小，具有一定的保温性能。由于砖砌地面容易吸收大量水分，破坏其导热性，地面容易变冷变硬，对于成年母羊舍来说，粪尿相混的污水较多容易造成不良环境。砖地吸水后，如经过冬季低温冷冻致破碎频繁，再加上本身不耐磨损的特点，特别容易形成坑穴或者翻起，既不便于清扫消毒又容易崴腿夹蹄。所以用砖砌地面时，砖宜立砌，不宜平铺。

3. 水泥地面 水泥地面属于硬地面，优点是结实、不透水、便于清扫消毒；缺点是造价高，地面太硬，导热性强，保温性差。为防止地面湿滑，可将表面做成麻面。水泥地面的羊舍内最好设木床，供羊休息、宿卧。

4. 漏缝地面 漏缝地面能给羊提供干燥的趴卧环境，羊粪尿不直接接触羊体，利于卫生防疫，常用的漏缝地面有木条漏缝地板（图2-10）、水泥漏缝地板（图2-11）、塑料漏缝地板（图2-12）。羊场应用漏缝地板既要满足羊场自动清粪工艺要求，又要从羊群的生长需求出发兼顾羊群的肢蹄健康。国外典型漏缝地面使用的木条宽50mm，厚25mm，缝隙22mm。中国有的地区采用活动的漏缝木条地面，木条宽32mm，厚36mm，缝隙宽15mm。水泥漏缝地面一般用厚38mm、宽60~80mm的水泥条筑成，间距为 15~20mm。塑料漏缝地板近些年采用的也较多，为单块（50~70）cm×70cm 拼接而成。采用漏缝地板的羊舍需配以污水处理设备，造价较高。国外大型羊场和中国南方一些羊场已普遍采用。这类羊舍为了防潮，可隔日抛撒木屑，同时应及时清理粪便，以免污染舍内空气。在南方天气较热、较潮湿地区采用吊楼式羊舍，羊舍高出地面 1~2m，吊楼上为羊舍，下为承粪斜坡，后与粪池相接，楼面为木条漏缝地面。

通常情况下，饲料间、人工授精室、产羔室可用水泥或砖铺地面，以便于消毒。

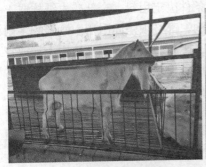

图 2-10　木条漏缝地板

图 2-11　水泥漏缝地板

图 2-12　塑料漏缝地板

（三）墙

墙是基础以上露出地面将羊舍与外部隔开的外围结构，墙要坚固保暖。中国多采用土墙、砖墙和石墙等。

1. 土墙　造价低，导热小，保温好，但易湿不易消毒，小规模简易羊舍可采用。

2. 砖墙　砖墙是最常用的一种，其厚度有半砖墙、一砖墙、一砖半墙等，墙越厚保暖性能越强。

3. 石墙　坚固耐久，但导热性大，寒冷地区效果差。

国外采用金属铝板、胶合板、玻璃纤维材料建成保温隔热墙，效果很好。墙壁根据经济条件决定用料，全部砖木结构或土木结构均可。无论采用哪种结构，都必须坚固耐用。潮湿和多雨地区可采用墙基和边角用石头，砖垒一定高度，上边用土坯或打土墙建成。木头紧缺地区也可用砖建拱顶羊舍，既经济又实用。

在北方墙对羊舍保温起着重要作用，一般墙厚度为 24～37cm，单坡式羊舍后墙高度约 1.8m，前墙高约 2.2m。南方羊舍可适当提高高度，以利于防潮防暑。一般农户饲养量较少时，圈舍高度可略低些，但不得低于 2.0m。地面应高出舍外地面 20～30cm，铺成斜垮台以利排水。

（四）门窗

羊舍门、窗的设置要保证足够的光照并有利于舍内通风干燥，要使舍内硫化氢、氨气、二氧化碳等气体尽快排出，同时地面还要便于积粪出圈。羊舍窗户的面积一般占地面面积的 1/15，距地面的高度一般在 1.5m 以上。门的宽度为 2.5～3m，高度为 2m。运动场与羊床连接的小门，宽度为 0.5～0.8m，高度为 1.2m。

（五）屋顶

屋顶具有防雨雪和保温隔热的作用，要求结构简单，经久耐用，保温隔热性能良好，防雨雪、防火，并有一定厚度，便于清扫消毒。屋顶选材主要考虑隔热保温性能，常用的材料有陶瓦、石棉瓦、木板、塑料薄膜、稻（麦）草、油毡等，也可采用彩色钢板和聚苯乙烯夹心板等新型材料。在寒冷地区可加天棚，其上可贮冬草，能增强羊舍保温性能。棚式羊舍多用木椽、芦席。半封闭式羊舍屋顶多用水泥板或木椽、油毡等。羊舍净高（地面至天棚的高度）2.0~2.4m，寒冷地区可适当降低净高。羊舍屋顶形式有单坡式、双坡式等，其中以双坡式最为常见。

（六）运动场

运动场是舍饲或半舍饲规模羊场必须具备的基础设施（图2-13）。运动场面积一般为羊舍面积的2~2.5倍，成年羊运动场面积可按4m²/只计算。运动场可位于羊舍的侧面或背面，规模较大的羊舍可将运动场建在两个背面。运动场地面低于羊舍地面60cm以下，地面以沙质土壤为宜，也可以采用三合土或者砖地面，便于排水和保持干燥。运动场周边可用木板、木棒、竹子、石板、砖等做成高2.0~2.5m的围栏。运动场中间可分隔成多个小运动场，便于分群管理。运动场周边应有排水沟，保持干燥和便于清扫。并有遮阳棚或者绿植，以抵挡夏季烈日。

图2-13 羊舍运动场

第三节　肉羊场的设施与设备

一、肉羊场的设施

(一) 隔离、消毒设施

良好的隔离、消毒设施能够保证羊群受到有效的保护，健康地生长和生产，设置必要的隔离、消毒设施可以减少羊群疾病发生的概率，对羊场的持续发展影响深远。隔离、消毒设施主要包括隔离墙（或防疫沟）、消毒池、消毒室、隔离绿化带。对肉羊场的卫生防护设施，必须建立严格的检查制度，必须保证切实执行，否则会流于形式，造成隐患。

1. 隔离墙（或防疫沟）　肉羊场以围墙和防疫沟与外界隔离，围墙距一般建筑物3.5m以上，距肉羊舍6m以上。规模较大的肉羊场，四周应建较高的围墙（2.5~3m）或较深的防疫沟（1.5~2.0m），以防止场外人员及其他动物进入场区，为了更有效地切断外界的污染因素，必要时可往沟内放水。围墙周围设绿化隔离带，靠墙绿化隔离带宽度一般不应小于1m，绿植高度不应低于1m，否则起不到应有的隔离作用。注意用刺网隔离达不到安全隔离的目的，最好采用密封墙，以防止野生动物侵入。

在场内各区域间，设置较小的防疫沟或围墙，或结合绿化培植隔离林带。设置防疫沟时，一般深1m、宽1.5~2m；设置绿化隔离带时，绿化隔离带宽最小为1m，绿植高度最小为1m；设置围墙时，围墙高为1.5~2.0m，并应使它们之间留有100~200m的卫生防疫距离。

2. 消毒池和消毒室　养殖场大门设置消毒池和消毒室（或淋浴消毒室），供进入人员、设备和用具的消毒。生产区中每栋建筑物门前都要有消毒池。

（1）消毒池、消毒室。在肉羊场大门口可设置长 4m、宽 3m、深 0.2m 的车辆消毒池（图 2-14），内装氢氧化钠（火碱）溶液消毒剂，外来来访车辆、运送饲料货车、运羊车等在此处消毒车轮，上方如安装有全自动喷雾消毒装置同时开启，对车体其他部分进行喷雾消毒（图 2-15）。如无此设备可以用喷雾器人工喷雾消毒全部车体。

图 2-14　场区门口消毒池

图 2-15　场区门口全自动车辆消毒设施

（2）大门口门卫房工作人员及外来人员进入场区时要通过"S"型消毒通道，消毒通道内装设紫外线杀菌灯，消毒 3~5min。地面上设置脚踏消毒槽或消毒湿垫，用氢氧化钠溶液消毒。消毒通道末端设置喷雾消毒室、更衣换鞋间等（图 2-16）。

（3）在生产区入口处设置第二次更衣消毒室和车辆消毒设施（图 2-17）。工作人员从管理区进入生产区要通过人员消毒通道、更衣消毒室，运送饲料车辆进入生产区要经过车辆消毒池（图 2-18）。此处的车辆消毒池长 3~3.5m、宽 2~2.5m、深度 0.2m，内装氢氧化钠溶液消毒剂。这些设施一端的出入口开在生活管理区内，另一端的出入口开在生产区内。

图 2-16　场区门口人员消毒室

图 2-17　生产区门口消毒室

图 2-18　生产区门口人员
消毒通道

3. 羊场道路及绿化

（1）羊场道路。肉羊场道路包括场外主干道和场内道路。场外主干道保证货物、产品和人员的运输，路面最小宽度要保证两辆中型运输车辆的顺利错车，为 6.0~7.0m。场内道路兼具运输和卫生防疫作用，场区内道路要求在各种气候条件下能顺利通车，防止扬尘。羊场道路规划要满足分流与分工、联系、绿化防疫等要求。

1）场内道路建设。场内道路按功能分为人员出入、运输饲料用的清洁道（净道）和运输粪污、病死羊只的污物道（污道），有些羊场还设供羊只转群和装车外运的专用通道。道路设计标准净道一般是场区的主干道，路面最小宽度要保证饲料运输车辆的通行，宽 3.5~6.0m，宜用水泥混凝土路面，也可选用整齐石块或条石路面，路面横坡 1.0%~1.5%，纵坡 0.3%~8.0%。污道宽 3.0~3.5m，路面宜用水泥混凝土路面，也可用碎石、砾石、石灰渣土路面，路面横坡为 2.0%~4.0%，纵坡 0.3%~8.0%。与肉羊舍、饲料库、产品库、兽医建筑物、贮粪场等连接的次要干道，宽度一般为 2.0~3.5m。

2）场内道路建设注意事项。场内道路一是要净污分开、分流明确，尽可能互不交叉，兽医建筑物须有单独的道路；二是要路线简捷，保证羊场各生产环节联系方便；三是路面要坚实、排水良好，保证晴雨通车顺畅和防尘；四是道路的设置不能妨碍场内排水，路两侧要有排水沟，要绿化。道路一般与建筑物长轴平行或垂直布置，在无出入口时，道路与建筑物外墙应保持 1.5m 的最小距离，有出入口时则为 3.0m。

（2）场区绿化。肉羊场绿化应根据当地气候、土壤和环境等条件，选择适合当地生长的、对人畜无害的花草树木进行场区绿化。肉羊场搞好绿化不仅可以起到调节小气候、减弱噪声、净化空气、防疫和防火等作用，而且可以美化环境，提高生活质量。

一般场区绿化率不低于30%，绿化的主要地段及形式：生活管理区种植具有观赏价值和美化效果的花草及树木；场内卫生防疫隔离用地及粪便污水处理设施周围种植绿化隔离带；场区全年主风向的上风侧围墙一侧或两侧应种植防风林带，围墙的其他部分种植绿化隔离带。生产区与生活管理区和辅助生产区应设置围墙或树篱严格分开，树篱带的宽度一般在 5m 左右。树木与建筑物外墙、围墙、道路边缘及排水明沟边缘的最小距离不应小于 1m。

1）绿化带（防疫、隔离、景观）。场区周边种植乔木和灌木混合林带，特别是场界的北、西侧，应加宽这种混合林带（宽度达 10m 以上，一般至少应种 5 行），以起到防风阻沙的作用。场区内隔离林带主要用于分隔场内各区及防火，如在生产区、住宅及生产管理区的四周都应有这种隔离林带。中间种乔木，两侧种灌木（种植 2~3 行，总宽度为 3~5m）。

道路两旁，一般种 1~2 行树冠整齐的乔木或亚乔木，在靠近建筑物的采光地段，不应种植枝叶过密、过于高大的树种，以免影响肉羊舍的自然采光，最好采用常青树种（图 2-19）。

图 2-19　绿化隔离带

2）运动场遮阳林。运动场的南侧及西侧，种植 1~2 行遮阳林（图 2-20）。一般可选枝叶开阔、生长势强、冬季落叶后枝条稀少的树种，如北京杨、加拿大杨、辽杨、槐、枫等。也可利用爬墙虎或葡萄树来达到同样目的。运动场内种植遮阳树木时，可选用枝条开阔的果树类，以增加遮阳、观赏及经济价值，但必须采取保护措施，防止羊啃食损坏。

图 2-20 运动场内遮阳林

（二）供水、供料设施

1. 供水设施 供水设施由取水、净水、输配水三部分组成，包括水源、水处理设施与设备、输水管道、配水管道（图 2-21）。大部分肉羊场的建设位置均远离城镇，不能利用城镇给水系统，所以都需要独立的水源，一般是自己打井和建设水泵房、水处理车间、水塔、输配水管道等。铺设供水管道要科学计算用水量，肉羊场用水包括生活用水、生产用水及消防和灌溉等其他用水。

图 2-21 羊舍供水系统

（1）生活用水。指平均每一职工每日所消耗的水，包括饮用、洗衣、洗澡及卫生用水，其水质要求较高，要满足人日常生活用水的各项标准。用水量因生活水平、卫生设备、季节与气候等而不同，一般可按每人每日 40~60L 计算。

（2）生产用水。包括羊群饮用、饲料调制、羊体清洁、饲槽与用具刷洗、肉羊舍清扫等所消耗的水。圈养状态下每头成年绵羊每日需水量为 10L，羔羊为 3L。放牧状态下平均每只羊的日耗水量为 3~8L。肉羊圈舍很少用高压水冲洗粪便，一般都是干清粪，耗水量很少。

（3）其他用水。其他用水包括消防、灌溉、不可预见等用水。消防用水是一种突发用水，可利用肉羊场内外的江河湖塘等水面，也可停止其他用水，保证消防。绿地灌溉用水可以利用经过处理后的污水，在管道计算时也可不考虑。不可预见用水包括给水系统损失、新建项目用水等，可按总用水量的 10%~15% 考虑。

（4）总水量估算。总用水量为上述用水量总和，但用水量并非是均衡的，在每个季度、每天的各个时间内都有变化。夏季用水量远比冬季多；上班后清洁肉羊舍与畜体时用水量骤增，夜间用水量很少。因此，为了充分地保证用水，在计算肉羊场用水量及设计给水设施时，必须按单位时间内最大用水量来计算。

肉羊场管网布置可以采用树枝状管网。干管布置方向应与给水的主要方向一致，以最短距离向用水量最大的肉羊舍供水；管线长度尽量短，减少造价；管线布置时充分利用地形，利用重力自流；管网尽量沿道路布置。

2. 仓库、饲料库　仓库和饲料库设在生活区、生产区交界处，两面开门，墙上部有小通风窗（图 2-22）。一般仓库或饲料库旁边建设有地磅，方便运料车称重（图 2-23）。仓库内可放置备用饲喂器械、加工机械、备用垫料等，按照取用方便的原则分区放置。垫料买回来后直接卸到仓库内，使用时从内侧取出即可，垫料强调用木屑，吸湿性好，又减少与外界感染的机会；饲料库存放粗饲料、精饲料、饲料添加剂等。羊场内如果建设有自动料线，则会分为中心料塔和分料塔，中心料塔在生活区、生产区交界处；分料塔在各栋羊舍旁边。料罐车将原料混合均匀后直接打入中心料塔，生产区内的料罐车再将中心料塔的饲料转运到各分料塔。

图 2-22　饲料库

图 2-23　地磅

3. 青贮塔（窖、池）　规模化羊场可以建设青贮池（窖）或青贮塔（图 2-24、图 2-25），青绿多汁饲料收获后，直接切碎，贮存于密封的青贮容器（窖、池）内，在厌氧环境中，通过乳酸菌发酵调制成能长期贮存的饲料。

图 2-24　青贮池

图 2-25　青贮塔

（三）羊场电力、电讯设施

1. 电力设施 电力是肉羊场不可缺少的基础设施，基本要求是经济、方便、清洁。供电系统由电源、输电线路、配电线路、用电设备构成，应科学估算羊场用电负荷，合理选择电源与电压，建设专用变压器（图 2-26）、电源管理用房，安全布置输配电线路。

羊场用电负荷包括办公、职工宿舍、食堂等辅助建筑和场区照明等，以及饲料加工、清粪、挤奶、给排水、粪污处理等生产用电。照明用电量根据各类建筑照明用电定额和建筑面积计算，用电定额与普通民用建筑相同；生活电器用电根据电器设备额定容量之和，并考虑同时系数求得。生产用电根据生产中所使用的电力设备的额定容量之和，并考虑同时系数、需用系数求得。在规划初期可以根据已建的同类肉羊场的用电情况来类比估算。

图 2-26 变压器

肉羊场应尽量利用周围已有的电源，若没有可利用的电源，需要远距离引入或自建。为了确保肉羊场的用电安全，一般场内还需要自备发电机，防止外界电源中断使肉羊场遭受巨大损失。肉羊场的使用电压一般为 220V/380V，变电所或变压器的位置应尽量居于用电负荷中心，最大服务半径要小于 500m。

2. 电讯设施 随着经济和技术的发展，信息在经济与社会各领域中的作用越来越重要，电讯工程也成为现代肉羊场的必需设施。顺畅的通信系统，保证肉羊场正常生产运营和与外界市场的紧密联系，肉羊场根据生产与经营需要配置电话、电视和网络。

（四）粪污收集、排放处理设施

肉羊场的粪污量大，极容易对周边环境造成污染。因此，肉羊场的粪污无害化处理与资源化利用是一项关系着全场经济、社会和生态效益的关键工程。羊场粪污处理系统包括粪、尿、污水的收集、转移、贮存及施肥等方面的问题，必须全面分析研究。规划粪污处理设施时，应根据不同地区的气象条件及土壤类型、管理水平等进行不同的设计，以便使粪污处理工程能发挥最佳的工作效果。

1. 粪污处理设施

（1）粪污处理量的估算。粪污处理设施除了满足处理羊群每日粪便排泄量外，还需将全场的污水排放量一并加以考虑。肉羊大致的粪尿产量见表2-2。按照目前城镇居民污水排放量一般与用水量一致的计算方法，肉羊场污水量估算也可按此法进行。

表2-2 肉羊粪尿排泄量（原始量）

饲养期（d）	每只日排泄量（kg）			每只饲养期排泄量（t）		
	粪量	尿量	合计	粪量	尿量	合计
365	2.0	0.66	2.66	0.73	0.24	0.97

（2）粪污处理工程规划的内容。处理工程设施是现代集约化肉羊场建设必不可少的项目，从建场伊始就要统筹考虑。其规划设计依据是粪污处理与综合利用工艺设计，其前项工程的联系是肉羊场的排水工程，一般应综合考虑。规划的主要内容包括粪污收集（即清粪）、粪污运输（管道和车辆）、粪污处理场的选址及其占地规模的确定、处理场的平面布局、粪污处理设备选型与配套、粪污处理工程构筑物（池、坑、塘、井、泵站等）的

形式与建设规模。规划原则是：首先考虑将羊粪便作为农田肥料的原料；充分考虑劳动力资源丰富的国情，不要一味追求全部机械化；选址时避免对周围环境的污染。其次充分考虑肉羊场所处的地理与气候条件，严寒地区的堆粪时间长，场地要大，且收集设施与输送管道要防冻。

（3）自动清粪装置。肉羊场的粪污需要专门的设施、设备与工艺来处理与利用，尽量减少粪污产生与排放，源头上主要采用干清粪等工艺，而规模化羊场一般设计全自动清粪羊舍，是现代标准化羊养殖的典范；全自动清粪羊舍改变了传统的人工清粪模式，羊舍既卫生又有利于羊的健康，节约了劳动力，减少了生产成本（图2-27至图2-30）。

图2-27　羊舍自动清粪装置　　　　图2-28　羊舍自动刮粪机

图2-29　清粪车　　　　图2-30　堆粪棚

2. 排水设施 羊场排水包括雨雪水、生活污水、生产污水（羊群粪污和清洗废水）的排放处理。排水设施由排水管网、污水处理站和出水口组成。在此主要介绍排水量的估算、排水方式的选择与排水管网的布置。

（1）排水量估算。雨水量根据当地降雨强度、汇水面积、径流系数估算，具体参见城乡规划中的排水工程估算法。肉羊场的生活污水主要来自职工的食堂和浴厕，其流量不大，一般不需计算，管道可采用最小管径 150~200mm。肉羊场最大的污水量是生产过程中的生产污水，按照目前城镇居民污水排放量一般与用水量一致的计算方法，肉羊场污水量估算也可按此法进行。羊场生产用水包括羊群饮用、饲料调制、羊体清洁、饲槽与用具刷洗、肉羊舍清扫等所消耗的水。

圈养状态下，每头成年绵羊每日需水量为 10L，羔羊为 3L。放牧状态下平均每只羊的日耗水量为 3~8L。肉羊圈舍很少用高压水冲洗粪便，一般都是干清粪，耗水量很少。估算污水量是以一个生长生产周期内所产生的各种生产污水量为基础定额，乘以饲养规模和生产批数，再考虑地区气候因素加以调整。

（2）排水方式选择。肉羊场排水方式分为分流与合流两种。污水排放过程主要采用分流排放方式，即雨水和生产、生活污水分别采用两个独立系统。生产与生活污水采用暗埋管渠，将污水集中排到场区的粪污处理站；专设雨水排水管渠，不要将雨水排入需要专门处理的粪污系统中。

（3）排水管渠布置。场内排水系统，多设置在各种道路的两旁及运动场的周边（图 2-31）。采用斜坡式排水管沟，以尽量减少污物积存及被人畜损坏。为了整个场区的环境卫生和防疫需要，场区实行雨、污分流的原则。对场区自然降水可采用有组织的排水，雨水中也有些场地中的零星粪污，有条件也宜采用暗埋管沟，如采用方形明沟，其最深处不应超过 30cm，沟底应有 1%~

2%的坡度，上口宽30～60cm。生产污水一般应采用暗埋管沟排放集中处理，符合 GB 18596—2001《畜禽养殖业污染物排放标准》的规定。暗埋管沟应埋在冻土层以下，以免因受冻而阻塞。暗埋管沟排水系统如果超过 200m，中间应增设沉淀井，以免污物淤塞，影响排水。沉淀井不要设在运动场中或交通频繁的干道附近。沉淀井距供水水源至少应有 200m 以上的间距。

给水和排水管道施工主要是按照设计要求，把图纸的设计意图在场区实地上表现出来，这就要求在施工前先对场区进行测量，然后进行排水明沟的开挖及排水暗沟渠的建设。同时进行建设的还有与之相关的附属构筑物。

图 2-31　排水系统

（五）工作人员洗浴、更衣、卫生设施

为减少人员之间的交叉活动、保证环境的卫生和为饲养员创造比较好的生活条件，要在生活区为工作人员建设淋浴室、更衣室和卫生间。在每个小区入口建设更衣室，工作人员进入岗位前要换上工作服和胶靴，每栋羊舍工作间的一角建一个 1.5～2m 的冲水厕所，用隔断墙隔开。

二、肉羊场的设备

(一)生产设备

1. 饲料加工设备 羊场内一般备有青粗料处理设备如铡草机、揉丝机、饲料粉碎机、混合搅拌机,有的羊场还配有全混日粮(TMR)饲料搅拌车、制颗粒饲料机等(图2-32至图2-36)。

图2-32 铡草机　　　　　图2-33 饲料粉碎机

图2-34 揉丝机　　　　图2-35 自走式TMR饲料搅拌车

2. 饲喂设备

(1)料槽。羊场使用的料槽各有不同,采用人工饲喂的羊场一般配有料槽;既有用水泥砌成固定的长方形料槽,也有购买、安装的金属或塑料料槽。近些年随着TMR饲料车的推广,

图 2-36　制颗粒饲料机

新建羊场大部分采用沿送料通道，靠近羊舍的两侧直接设计成宽30cm，中间深20cm 的弯面凹槽（图 2-37 至图 2-40）。

图 2-37　固定的水泥料槽

图 2-38　金属或塑料料槽

图 2-39　配套自动撒料车地面凹形料槽

图 2-40　羔羊补料槽

（2）饮水设备。有的羊场采用水槽循环流动饮水，有的羊场采用水管线安装触碰式饮水槽（图2-41）。

图2-41 触碰式饮水槽

饲喂设备还包括小型运料推车、匀料扫帚或方木锨等。

（二）环境控制设备

1. 供暖设备 肉羊场的供暖设备主要是提供肉羊从出生到成年不同生长发育阶段的供暖保证和工作人员的办公和生活需要。

肉羊场供暖分为集中供暖和分散供暖。

（1）集中供暖。一般以热水为热媒，由集中锅炉房、热水输送管道、散热设备组成，全场形成一个完整的系统。集中供暖能保证全场供暖均衡、安全和方便管理，但一次性投资太大，适于大型肉羊场。

（2）分散供暖。是指每个需要采暖的建筑或设施自行设置供暖设备，如热风炉、空气加热器和暖风机。分散供暖系统投资较小，可以和冬季肉羊舍通风相结合，便于调节和自动控制，缺点是采暖系统停止工作后余热小，室温降低较快。中小型肉羊场可采用。

2. 通风设备 对于开放式或半开放式羊舍，通风相对比较容易，一般春、夏、秋季打开门窗自然通风就可满足。冬季为了保温只在晴暖天气的中午打开门窗通风，开启安装在羊舍一端的风机辅助通风。封闭式羊舍则在羊舍安装低压大流量轴流风机或环流风机保证通风顺畅，羊舍屋顶安置无动力风扇辅助通风换气（图2-42、图2-43）。

图2-42　羊舍大流量轴流风机　　图2-43　羊舍一端环流风机

3. 光照设备 羊只昼夜需要的光照时间一般为10~12h，羊舍照度以30~80lx为宜，一般通过门、窗户、天窗自然采光即可满足（图2-44）。羊舍一般安装普通照明设备，方便夜晚工作人员检查羊舍或处理特殊情况即可。对于自然采光严重不足的无窗羊舍，则需要安装光照设备（图2-45）。

图2-44　羊舍自然采光　　　　　图2-45　羊舍补光

（三）医用设备

1. 清洗、消毒设备 羊场卫生防疫设备主要用于卫生清扫、环境消毒等工作。需要配备的设备器械主要有打扫、清洗用的扫帚，高压水枪，浸泡用的盆、桶等；另外，还需要移动式冲洗设备，即羊场在羊群转入前、羊群转出后的羊舍采用高压

图 2-46　喷射式清洗机

水枪清洗地面、墙壁及设备，如用喷射式清洗机（图 2-46）"硬雾"冲洗地面、墙壁，用"中雾"冲洗屋顶、围栏等，用"软雾"冲洗风机、料槽、水槽等。

　　环境消毒用设备除羊场大门处和生产区入口处的喷雾消毒设备、紫外线消毒设备外，生产区还需要配备日常喷雾消毒设备，以及每年进行 1~2 次高温消毒所需的火焰消毒设备（图 2-47、图 2-48）。

图 2-47　羊舍自动喷雾消毒设备

图 2-48　羊舍火焰消毒设备

2. 疫苗接种、疾病治疗设备 疫苗接种设备主要有冰箱、疫苗稀释专用容器、疫苗专用连续注射器等（图 2-49）。疾病治

疗设备主要有穿刺套管针、投药胃管、注射器、修蹄刀、断尾钳、药浴房（池）等（图2-50至图2-54）。

图2-49 疫苗专用连续注射器

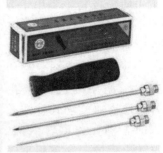

图2-50 套管针

图2-51 修蹄刀

图2-52 断尾钳（配橡皮圈）

图2-53 羊药浴淋浴设备

图2-54 羊药浴池设备

3. 繁殖用设备　羊场繁殖用设备主要有采精设备、输精设备、妊娠检测设备、接产助产设备等。采精设备主要包括器械消毒用高压灭菌锅、恒温干燥箱，采精用保定架、假阴道、集精杯等（图2-55至图2-58）；精液品质检查主要用显微镜，输精设备主要有输精器、开膛器等，妊娠检测设备目前主要用B超仪（图2-59、图2-60）；接产、助产设备主要有剪刀、产钳等。

图2-55　保定架

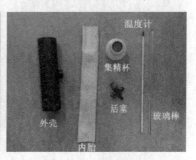

图2-56　羊假阴道配件

图2-57　恒温干燥箱

图2-58　高压灭菌锅

图2-59 羊用输精器

图2-60 便携式B超仪

4. 病死羊只处理设备 羊场处理病死羊只主要有深埋法和焚烧法两种措施。

（1）深埋法：即挖一深坑将病羊尸体掩埋，坑的长度和宽度能容纳侧卧羊的尸体，坑的深度为从尸体表面至坑沿不少于1.5~2m，放入尸体前，将坑底铺上2~5cm厚的生石灰，尸体投入后，将污染的土壤一起放入坑内，然后再撒上一层石灰，填土夯实。

（2）焚烧法：是将病死羊用专门的焚烧炉焚烧处理，使用的燃料类型有煤炭、天然气、燃油、木材等（图2-61）。

图2-61 病死羊焚烧炉

第三章 肉羊的品种与选育

羊的种质资源丰富，生产性能各异，充分了解和选用优秀肉羊品种，在合理使用和保持优秀种质资源的基础上，科学选育配套，提高肉羊业的良种覆盖率，建立良种繁育供种体系，通过现代化育种、繁殖技术手段，提高良种羊种群的整齐度，提高种羊繁殖效率，提高杂交代的生产性能和胴体品质，对现代肉羊产业有着巨大的影响。

第一节 肉羊的品种

我国羊品种资源丰富，近年来又陆续从国外引进了一些优秀羊品种，下面介绍生产中使用较多的肉羊品种。

一、生产中使用较多的绵羊品种

（一）我国优良的地方绵羊品种

1. 小尾寒羊

（1）产区与分布。小尾寒羊是中国乃至世界著名的肉裘兼用型绵羊品种，原产于山东省西南部的梁山、郓城、嘉祥、东平、鄄城、汶上、巨野、阳谷等县，以及河南省东北部和河北省东南部，主要分布于山东省的曹县、汶上、梁山等县及苏北、皖北、河南的部分地区。

（2）外貌特征。小尾寒羊头大小适中，头颈较长，头颈结合良好；眼大有神；嘴头齐；鼻大且鼻梁隆起；耳中等大小，下垂；头部有黑色或褐色斑。公羊头大颈粗，有发达的螺旋形大角，角根粗硬，有悍威、善抵斗。母羊头小颈长，大都有角，形状不一，有镰刀状、鹿角状、姜芽状等，极少数无角。小尾寒羊体形结构匀称，侧视略成正方形，前、后躯均发达，腰背平直，体躯呈圆筒形，四肢高而健壮端正。小尾寒羊尾较小，属于短脂尾，公羊尾形呈圆扇形，尾尖上翻内扣，尾长不超过飞节，尾外中间有一浅沟，尾尖向上反转，贴于尾沟，一般长宽各18cm。公羊睾丸大小适中，发育良好，附睾明显。母羊尾形很不一致，多为长圆形，尾长14cm左右，最长不超过23cm，宽11.6cm；有的尾根较宽而向下逐渐变窄，呈三角形，也有的尾尖向上翻。母羊乳房发育良好，皮薄毛稀，弹性适中，乳头分布均匀，大小适中，泌乳力好。小尾寒羊全身被毛白色、异质、有少量干死毛，按照被毛类型可分为裘毛型、细毛型和粗毛型三类。小尾寒羊外貌特征见图3-1、图3-2。

图3-1　小尾寒羊公羊　　　　图3-2　小尾寒羊母羊

（3）生产性能。

1）肉用性能。小尾寒羊生长速度快，初生重1.5~2.5kg，3月龄断奶公、母羔羊体重可达20.8kg±8.4kg，4月龄即可育肥出栏, 6 月龄体重可达 50kg, 周岁时可达 100kg, 成年羊可达 130~190kg。周岁育肥羊屠宰率 55.6%, 净肉率 45.89%。小尾寒羊肉质细嫩, 肌间脂肪呈大理石纹状, 肥瘦适度, 鲜美多汁鲜而不膻, 营养丰富, 蛋白质含量高, 胆固醇含量低, 富含人体必需的氨基酸、维生素、矿物质元素等。

2) 裘皮性能。小尾寒羊裘皮质量好, 4~6 月龄的羔皮, 制革价值高, 加工熟制后, 板质薄, 重量轻, 质地坚韧, 毛色洁白如玉, 光泽柔和, 花弯扭结紧密, 花案清晰美观, 是冬季御寒的佳品, 其制裘价值堪与中国著名的滩羊二毛皮相媲美, 而皮张面积却比滩羊二毛皮大得多。成年羊皮面积大, 质地坚韧, 适于制革, 一张成年公羊皮面积可达 12 240~13 493cm^2, 相当于国家标准的 2.48 张特级皮面积。因此, 小尾寒羊裘皮制革价值很高, 加工鞣制后, 是制作各式皮衣、皮包等皮革制品及工业用皮的优质原料。

3) 繁殖性能。小尾寒羊公、母羊初情期为 5~6 月龄, 公羊初次配种时间为 7.5~8 月龄, 母羊初次配种时间为 6~7 月龄。公羊每次射精量 1.5mL 以上, 精子密度 2.5×10^9 万/mL 以上, 精子活力 0.7 以上。母羊发情周期 17~18d, 妊娠期 143d±3d。母羊常年发情, 春、秋两季较为集中。年产 2 胎, 初产母羊产羔率 200% 以上, 平均产羔率每胎达 266% 以上, 每年产羔率达 500% 以上。小尾寒羊的双羔或多羔特性具有遗传性, 在选留种公、母羊时, 其上代公、母羊最好是从一胎双羔以上的后备羊群中选出。这些具有良好遗传基础的公、母羊留作种用, 能在饲养中充分发挥其遗传潜能, 提高母羊一胎多羔的概率。

母羊一生中以 3~4 岁时繁殖能力最强, 繁殖年限一般为 8 年。羊场应合理调整羊群结构, 有计划地补充青年母羊, 适当增加 3~4 岁母羊在羊群中的比例, 及时发现并淘汰老、弱或繁殖力低下的母羊, 以提高羊群的整体繁殖率。

（4）品种利用情况。小尾寒羊虽是蒙古羊系，但由于千百年来在鲁西南地区已养成"舍饲圈养"的习惯，因此日晒、雨淋、严寒等自然条件均可由圈舍调节，很少受地区气候因素的影响。小尾寒羊在全国各地都能饲养，北至黑龙江及内蒙古，南至贵州和云南，均能正常生长、发育、繁衍。由于小尾寒羊早期生长发育快，肉用性能优良，成熟早，易育肥，所以小尾寒羊在生产中主要用于纯种繁育进行肉羊生产或作为羔羊肉生产杂交的优良母本素材。

2. 湖羊

（1）产区与分布。湖羊原产于中国太湖流域，品种形成于12世纪初，由蒙古羊选育而成，主要分布于浙江省嘉兴市、湖州市、杭州市余杭区，以及江苏省苏州市和上海市部分地区。湖羊是稀有的白色羔皮用绵羊品种，是中国一级保护地方畜禽品种。

（2）外貌特征。湖羊体格中等，公、母羊均无角，头狭长，鼻梁隆起，多数耳大下垂，颈细长，体躯偏狭长，背腰平直，腹微下垂，四肢偏细而高，体质结实。短脂尾，尾扁圆，尾尖上翘。公羊体形大，前躯发达，胸宽深，胸毛粗长。湖羊被毛全白，腹毛粗、稀而短。湖羊的外貌特征见图3-3、图3-4。

图 3-3　湖羊公羊　　　　　图 3-4　湖羊母羊

（3）生产性能。

1）裘皮性能。湖羊的主产品为小湖羊皮，著称于世，是中国传统出口特产之一，被誉为"软宝石"，是目前世界上稀有的一种白色羔皮。小湖羊皮为出生 1~2d 所宰剥的羔皮，毛色洁白，花纹美观，具有扑而不散的波浪花和片花及其他花纹，光泽好，板皮轻薄而致密，硝制后可染成各种颜色，制成妇女的各式翻毛大衣、披肩、帽子、围巾等，深受国内外消费者欢迎。小湖羊皮畅销欧洲、北美洲、日本、澳大利亚等地。

其他产品还有：袍羔皮，为 3 月龄左右羔羊所宰剥的毛皮。毛股长 5~6cm，花纹松散，板皮轻薄；老羊皮，成年羊屠宰后所剥下的湖羊皮，是制革的好原料。

2）肉用性能。湖羊初生重 2.0kg 以上，羔羊生长发育快，45 日龄断奶重 10kg 以上，3 月龄体重公羔 25kg 以上，母羔 22kg 以上。成年羊体重，公羊在 65kg 以上，母羊在 40kg 以上。适宜屠宰日龄为 8 月龄，舍饲条件下 8 月龄屠宰率：公羊 49%，母羊 46%。成年羊屠宰率：公羊 55%，母羊 52%。成年羊净肉率：公羊 46%，母羊 44%。

3）繁殖性能。湖羊性成熟早，3~4 月龄羔羊就有性行为表现，5~6 月龄达性成熟，初配年龄为 8~10 月龄；四季发情、排卵，终年配种产羔。母羊泌乳性能强，可年产 2 胎或 2 年 3 胎。产羔率：初产母羊 180% 以上，经产母羊 250% 以上。产区湖羊产羔及使用安排为：第 1 胎 4~5 月配种，9~10 月产羔，留种或作肥羔；第 2 胎 2~3 月配种，7~8 月产羔，全部屠宰剥取羔皮；第 3 胎 9~10 月配种，翌年 2~3 月产羔，生产肥羔，年底出售。

（4）品种利用情况。湖羊在太湖平原经过长期驯养，适应性强、生长快、成熟早、繁殖率高，在产区湖羊主要用于纯种繁育生产羔皮羊和肥羔，生产中注意防止近交衰退，注意强化种公羊管理，引进体形大、生长发育快的良种公羊经常串换，以避免近亲繁殖。近年来河南省、山东省大量引进湖羊作杂交母本，与杜泊羊、小尾寒羊等品种杂交进行肉羊生产，杂交代肉用性能优势明显，充分发挥了湖羊繁殖性能高、泌乳力强的优势，可以加大推广力度，拓宽推广区域。

3. 蒙古羊

（1）产区与分布。蒙古羊产于蒙古高原，中心产区位于内蒙古自治区锡林郭勒盟、呼伦贝尔市、赤峰市、乌兰察布市、巴彦淖尔市等，主要分布于内蒙古自治区，东北、华北、西北各地均有不同数量的分布。

蒙古羊原产于蒙古高原，是中国三大粗毛羊品种之一，数量最多，为中国绵羊业的主要基础品种。蒙古羊分布区域广泛，现主要分布在内蒙古自治区、东北、华北和西北等地。蒙古羊的分支有乌珠穆沁羊和巴音布鲁克羊。

（2）外貌特征。蒙古羊头形略显狭长，额宽平，部分公羊有螺旋形角，少数母羊有小角，角色均为褐色。耳大下垂，鼻梁隆起。蒙古羊体格中等，体质结实，骨骼健壮，颈长短适中，胸深，肋骨不够开张，背腰平直，体躯稍长，四肢细长而强健，蹄质坚硬。短脂尾，呈圆形或椭圆形，肥厚而充实，尾长一般大于尾宽，尾尖卷曲呈"S"形。由于分布地区不同，外形和性能差异较大，农区的蒙古羊被毛多为全白色，毛质较好；牧区的蒙古羊被毛全白色很少，头、颈和四肢毛多有黑色或褐色斑块。蒙古羊外貌特征见图3-5、图3-6。

（3）生产性能。

1）肉用性能。蒙古羊分支乌珠穆沁羊的生产性能：乌珠穆沁羊产于内蒙古锡林郭勒盟东、西乌珠穆沁旗等地，脂肉性能好，羔羊易育肥。2.5～3月龄公、母羔羊平均体重为29.5kg、24.9kg；6个月龄的公、母羔平均达40kg、36kg；成年公羊体重65～85kg，母羊50～70kg，经夏秋季育肥后，体重可增长30%左右。6 月龄阉羔平均体重 36kg，胴体和脂尾重 16～18kg，屠宰率50%左右。

蒙古羊另一分支巴音布鲁克羊生产性能：巴音布鲁克羊产于新疆维吾尔自治区的巴音郭楞蒙古族自治州。成年公羊体重 65kg以上，母羊 45kg 左右，6 月龄阉羔体重 30kg 左右，脂尾重1.2kg，屠宰率 45%，也适合生产肥羔。

图 3-5　蒙古羊公羊　　　　图 3-6　蒙古羊母羊

2）毛皮性能。乌珠穆沁羊一年剪毛 2 次，春季剪毛量，成年公羊为 1.5～2.2kg，成年母羊为 1～1.8kg。春毛毛丛长度为6.5～7.5cm。平均剪毛量为 1.0～1.5kg。毛呈辫状结构，长 6～12cm 不等，净毛率 50%以上，毛被属异质毛，由绒毛、两型毛、粗毛及死毛组成，主要作为优良的地毯毛。乌珠穆沁羊的毛皮可用作制裘，以当年羊产的毛皮质佳。其毛皮毛股柔软，具有螺旋形环状卷曲。初生和幼龄羔羊的毛皮也是制裘的好原料。巴音布鲁克羊春、秋季各剪毛 1 次。春季剪毛量，成年公羊平均为1.5kg，母羊平均为 0.9kg。秋季剪毛量一般在 0.5kg 以上，毛被品质好。

3）繁殖性能。蒙古羊性成熟一般在 5～6 月龄，初配年龄为1.5 岁，秋季或入冬发情配种，年产 1 胎，蒙古羊产羔率 105%～110%，双羔率仅为 2%～3%。

（4）品种利用情况。蒙古羊在育成中国新疆细毛羊、东北细毛羊、内蒙古细毛羊、敖汉细毛羊及中国卡拉库尔羊的过程中起过重要作用。内蒙古西部及毗邻县、自治区的蒙古羊的毛被中干死毛较少，素称河西细春毛，为优良地毯毛。由于蒙古羊具有生活力强，适于游牧，耐寒、耐旱等特点，并且具有较好的产肉、脂性能，因此在产区及周边省、自治区饲养量很大，为牧区主要饲养羊种。近些年蒙古羊作为杂交亲本，杂交代主要用于羊肉生产，效果理想。

4. 西藏羊

（1）产区与分布。西藏羊又称"藏羊"或"藏系羊"，是中国三大粗毛绵羊品种之一，原产于青藏高原，分布于西藏、青海、甘肃的甘南藏族自治州和四川省的甘孜、阿坝藏族自治州、凉山彝族自治州、云贵高原地区。

西藏羊在不同生态环境的影响下及人工选择的长期作用下，形成了若干类群，如高原型（草地型）、雅鲁藏布型、三江型、山谷型、腾冲型等。高原型西藏羊，是西藏羊的主体，在西藏分布于冈底斯山、念青唐古拉山以北藏北高原和雅鲁藏布江的河流地带；在青海分布于海北、海西、海南、黄南、玉树、果洛藏族自治州广阔的高寒牧区；在四川分布于甘孜、阿坝北部牧区；在甘肃分布于夏河、碌曲县地区。山谷型西藏羊，主要分布于青海玉树和果洛藏族自治州的昂欠、班玛及玛沁县地区及四川省阿坝南部牧区。三江型西藏羊主要分布在昌都市横断山脉的三江流域。

（2）外貌特征。

1）高原型西藏羊外貌特征。高原型西藏羊占西藏羊的74%，高原型羊头粗糙呈三角形，鼻梁隆起，公、母羊都有角，公羊角粗壮，多呈螺旋状，向两侧伸展；母羊角扁平偏小，呈捻转状向外平伸。体质结实，前胸开阔，背腰平直，骨骼发育良好，四肢粗壮，蹄质坚实，尾呈短锥形。体躯被毛白色、头、肢杂色居多占 81.42%，体躯为杂色者约占 7.7%，纯白者占 7.51%，全身黑毛者占 3.36%；黑藏羊所产羔羊毛色黑亮、美观，称之为"黑紫羔"。高原型西藏羊外貌特征见图 3-7、图 3-8。

图 3-7 西藏羊公羊

图 3-8 西藏羊母羊

2）山谷型西藏羊外貌特征。山谷型西藏羊体格小，头呈三角形，鼻梁隆起，公羊多有角，角短小，向上向后弯，母羊多无角，偶有小钉角。背腰平直，体躯呈圆桶状。尾短小，呈圆锥形，母羊尾长平均为 10cm。被毛全白和体躯被毛白色者约占 64%。

3）三江型西藏羊外貌特征。三江型西藏羊体躯呈长方形。公羊角形有两种，一种是向后呈大弯曲，另一种向外呈扭曲状。母羊大部分有角。尾呈锥形，公羊尾长平均为 12cm。被毛属异质毛，大多数羊头、颈、尾部有黑色或褐色斑块，被毛全白色和体躯被毛白色者仅占 42.0%。

（3）生产性能。

1）高原型（草地型）西藏羊生产性能。高原型西藏羊体格均较大，成年公羊体重 49.8kg，成年母羊 41.1kg，屠宰率 43.0%~47.5%。成年公、母羊剪毛量分别为 1.3kg 和 0.9kg，毛被属异质毛，干死毛占 2.5%；羊毛以白色为主，呈毛辫结构、且长，羊毛光泽好，富有弹性。西藏羊的小羔皮、二毛皮和大毛皮为制裘的良好原料。高原型（草地型）西藏羊繁殖力不高，母羊1年产1胎，每胎大多产单羔，双羔率极少。

2）山谷型西藏羊生产性能。山谷型西藏羊成年公、母羊体重分别为19.7kg和18.6kg，屠宰率平均为48.7%。公、母羊剪毛量分别为0.6kg和0.5kg。毛被质量差，普遍有干死毛，毛色杂。

3）三江型西藏羊生产性能。三江型西藏羊成年公羊体重平均为39.7kg，成年母羊平均为33.9kg。剪毛量，成年公羊平均为1.1kg，成年母羊平均为1.0kg。毛较长，细毛长度，公羊平均为11.9cm，母羊平均为8.8cm；粗毛长度，公羊平均为16.5cm，母羊平均为13.7cm，净毛率平均为79.03%。三江型西藏羊繁殖率较低，1年产1胎，每胎产单羔。

（4）品种利用情况。西藏羊为中国三大粗毛绵羊品种之一，高原型（草地型）西藏羊较优，为著名地毯毛羊，对高原牧区气候有较强的适应性。西藏羊遗传性强，耐寒怕热，喜干畏湿，合群性好，采食能力强，边走边食，但对牧草选择严格。西藏羊裘皮板皮坚固，毛长绒厚，保暖性强。羔皮板皮轻薄，毛卷曲，光泽好，尤其是"二毛皮"为羔皮上品。

5. 哈萨克羊

（1）产区与分布。哈萨克羊产于新疆天山北麓、阿勒泰山南麓，分布于新疆，以哈密市及准噶尔盆地边缘数量较多，新疆、甘肃、青海交界处也有分布。哈萨克羊为中国三大粗毛羊品种之一，属于肉脂兼用型绵羊品种。

（2）外貌特征。哈萨克羊头中等大，耳大下垂，公羊大多具有粗大的螺旋形角，鼻梁隆起，母羊有小角或无角，鼻梁稍隆起。背宽平，躯干较深，后躯较前躯高，四肢高而结实，骨骼粗壮，肌肉发育良好。脂肪沉积于尾根周围而形成呈枕状的脂臀，表面覆盖有短而密的毛，下缘正中有一浅沟，将其分成对称的两半。全身毛色大多为棕红色，毛被属异质毛，头、肢生有短刺毛，腹毛稀短，干死毛含量多，有部分羊头及四肢为黄色者，纯黑或纯白的个体极少。哈萨克羊外貌特征见图3-9、图3-10。

图3-9 哈萨克羊公羊

图3-10 哈萨克羊母羊

（3）生产性能。

1）肉用性能。哈萨克羊具有较高的肉脂生产性能，并且肉脂品质较好。哈萨克羊成年公羊平均体重为60.34kg，成年母羊45.80kg。成年羯羊屠宰率为47.6%，1.5岁羯羊屠宰率为46.4%。成年羯羊脂臀尾重2.3kg，1.5岁羯羊脂臀尾重1.8kg。

2）产毛性能。哈萨克羊成年公羊剪毛量平均为2.63kg，母羊1.88kg，被毛由细毛、两型毛、粗毛及干死毛组成，其中绒毛占41%~55%，两型毛占14%~20%，粗毛占12%~24%，干死毛占13%~21%，净毛率为58%~69%。春毛公羊毛长为14.8cm，母羊毛长为13.3cm。

3）繁殖性能。哈萨克羊性成熟早，但大多在1.5岁初配。母羊一般1年产1胎，每胎大多数为单羔，双羔率低，产羔率为102%。

（4）品种利用情况。哈萨克羊为地方良种，以肉脂生产性能高而著称，羊肉产量在新疆羊肉总产量中占有重要位置。哈萨克羊曾作为母系品种参与了新疆细毛羊和中国卡拉库尔羊品种的培育。哈萨克羊耐寒、耐粗饲、抗病力强，抓膘力强，终年放牧，能够经受长途转场放牧，对产区有非常强的适应性。在利用当地夏季牧草资源的前提下，逐步提高寒冷季节的饲养条件，充分利用品种特点向集约化方向发展，今后应加强本品种选育，重点选择体重大、繁殖率高、小脂臀瘦肉率高的个体作种用，提高哈萨克羊的生产性能。

（二）引进的优良绵羊品种

1. 杜泊羊

（1）原产地与我国引种情况。杜泊羊原产于南非，1942～1950年，南非用从英国引入的有角陶赛特公羊与当地的波斯黑头母羊杂交，经选择和培育而成了这种肉用羊品种。南非于1950年成立杜泊肉用绵羊品种协会，促使该品种得到迅速发展。目前，杜泊羊品种已分布到南非各地。中国山东、河南、辽宁、北京等省、市近年来已有引进。杜泊羊被推广到中国温带各气候类型地区，都表现出良好的适应性，耐热抗寒，耐粗饲，唯因体宽腿短，在30°以上坡地放牧表现稍差，但在较平缓的丘陵地区放牧采食和游走表现很好。

（2）外貌特征。杜泊羊分长毛型和短毛型。长毛型杜泊羊生产地毯毛，较适应寒冷的气候条件；短毛型杜泊羊毛短，被毛没有纺织价值，但能较好地抗炎热和雨淋。我国引进的是短毛型，根据杜泊羊头颈的颜色，分为白头杜泊羊和黑头杜泊羊两种。这两种羊体躯和四肢皆为白色，头顶部平直、长度适中，额宽，鼻梁隆起，耳大稍垂，既不短也不过宽。颈粗短，肩宽厚，背平直，肋骨拱圆，前胸丰满，后躯肌肉发达。四肢强健而长度适中，肢势端正。杜泊羊一年四季不用剪毛，被毛会自然脱落。杜泊羊外貌特征见图3-11至图3-14。

图 3-11 白头杜泊羊公羊

图 3-12 白头杜泊羊母羊

图 3-13 黑头杜泊羊公羊

图 3-14 黑头杜泊羊母羊

（3）生产性能。

1）肉用性能。杜泊羊体重较大，成年公羊和母羊的体重分别在 120kg 和 85kg 左右。杜泊羔羊生长迅速，且具有早期采食的能力，特别适合生产肥羔。羔羊平均日增重 200g 以上，断奶体重大，以产肥羔肉特别见长，3.5~4 月龄的杜泊羊体重可达 36kg，屠宰胴体约为 16kg，胴体品质好，肉质细嫩、多汁、色鲜、瘦肉率高，被国际誉为"钻石级肉"。4 月龄屠宰率 51%，净肉率 45% 左右，肉骨比 9.1：1，料重比 1.8：1。

2）繁殖性能。杜泊羊公羊 5~6 月龄性成熟，12~14 月龄体成熟；母羊 5 月龄性成熟，12~14 月龄体成熟。杜泊羊常年发情，不受季节限制。在良好的生产管理条件下，杜泊母羊可在一年四季的任何时期产羔，母羊的产羔间隔期为 8 个月。在饲料条件和管理条件较好的情况下，母羊可达到 2 年 3 胎，一般产羔率能达到 150%，在一般放养条件下，产羔率为 100%。由大量初产母羊组成的羊群中，产羔率在 120% 左右。该品种具有很好的保姆性与泌乳力，这是羔羊成活率高的重要因素。

3）毛皮性能。杜泊羊年剪毛 1~2 次，剪毛量成年公羊 2~2.5kg，母羊 1.5~2kg，被毛多为同质细毛，个别个体为细的半细毛，毛短而细，春毛 6.13cm，秋毛 4.92cm，羊毛主体细度为 64 支，少数达 70 支或以上；净毛率平均 50%~55%。杜泊羊皮质优良，也是理想的制革原料。

4）种用性能。杜泊羊遗传性能稳定，无论纯繁后代或改良后代，都表现出极好的生产性能与适应能力，特别是产肉性能，是中国引进和国产的肉用绵羊品种都不可比拟的。

（4）品种利用情况。杜泊羊被各个国家引种后，都表现出良好的适应性，能够在不同的环境条件下发挥出较高的生产性能并保持了优秀的种用价值，一般国家和地区引种杜泊羊纯繁利用效果显著，杜泊羊良好的抗逆性使其在较差的放牧条件下能够存活，即使在相当恶劣的条件下，母羊也能产出并带好一头质量较好的羊羔，同时杜泊羊具备内在的强健性和非选择的食草性，使得该品种在肉用绵羊中有较高的地位。我国引进杜泊羊，主要是用其纯繁后代优秀公羊改良地方肉羊品种，提高地方品种羊的生长速度和产肉性能，推广效果显著。在不同省份的养殖场户对黑头杜泊羊或白头杜泊羊有不同的喜好，实际两者在生产性能上没有差别，只是选育过程中被毛基因纯化方向不同。

2. 东弗里生羊

（1）原产地与我国引种情况。东弗里生羊原产于德国东北部，源于欧洲北海群岛及沿海岸的沼泽绵羊。有的国家利用东弗里生羊培育合成母系和新的乳用品种。我国的北京、内蒙古、山东、河南、辽宁、甘肃、新疆等地相继引入了该品种。

（2）外貌特征。东弗里生羊体格大，体型结构良好。公、母羊均无角，被毛白色，偶有纯黑色个体出现。体躯宽长，腰部结实，肋骨拱圆，臀部略有倾斜，尾瘦长无毛。乳房结构优良、宽广，乳头良好。东弗里生羊外貌特征见图3-15至图3-17。

图3-15 东弗里生羊公羊　　　　图3-16 东弗里生羊母羊

图3-17 东弗里生羊母羊后躯

（3）生产性能。

1）体重。活重成年公羊90~120kg，成年母羊70~90kg。

2）剪毛量。成年公羊剪毛量 5～6kg，成年母羊剪毛量 4.5kg。羊毛长度 10～15cm。羊毛同质，羊毛细度 46～56 支，净毛率 60%～70%。

3）繁殖性能。母羔在 4 月龄达初情期，发情季节持续时间约为 5 个月，平均正常发情 8.8 次。欧洲北部的东弗里生羊与芬兰兰德瑞斯羊和俄罗斯罗曼诺夫羊都属于高繁殖率品种，东弗里生羊的产羔率为 200%～230%。

4）产奶性能。成年母羊 260～300 天产奶量 500～810kg，乳脂率 6%～6.5%。波兰的东弗里生羊日产奶 3.75kg，最高纪录达到一个泌乳期产奶 1 498kg。

（4）品种利用情况。东弗里生羊性情温顺，乳用性能好，目前我国引种主要用其同其他品种进行杂交来提高杂一代的产奶量和繁殖力，杂一代母羊再与优秀肉用品种公羊杂交生产商品肉用羊，充分发挥产奶和繁殖潜力，提高了产羔率和羔羊哺育成活率。

3. 萨福克羊

（1）原产地与我国引种情况。萨福克羊原产于英国东部和南部丘陵地，用南丘公羊和黑面有角诺福克母羊杂交，在后代中经严格选择和横交固定于 1859 年育成，以萨福克郡命名。萨福克羊现广泛分布于世界各地，是世界公认的用于终端杂交的优良父本品种。澳洲白头萨福克羊是在原有基础上导入白头和多产基因新培育而成的优秀肉用品种。中国从 20 世纪 70 年代起先后从澳大利亚、新西兰等国引进黑头萨福克羊，主要分布在新疆、内蒙古、北京、宁夏、吉林、河北和山西等地。

（2）外貌特征。萨福克羊头短而宽，鼻梁隆起，耳长，公、母羊均无角。颈长而粗，胸宽而深，背腰平直，腹大而紧凑，后躯发育丰满，呈桶型，四肢健壮，蹄质结实。公羊睾丸发育良好，大小适中、左右对称；母羊乳房发育良好，柔软而有弹性。

体躯被毛白色，脸和四肢覆盖刺毛。黑头萨福克羊脸和四肢黑色或深棕色，白头萨福克羊脸和四肢白色。萨福克羊外貌特征见图3-18至图3-21。

图3-18 白头萨福克羊公羊

图3-19 白头萨福克羊母羊

图3-20 黑头萨福克羊公羊

图3-21 黑头萨福克羊母羊

（3）生产性能。

1）肉用性能。萨福克成年公羊体重可达114～136kg、母羊60～90kg。萨福克羊早期生长速度快，羔羊平均日增重400～600g，萨福克公、母羊4月龄平均体重47.7kg，屠宰率50.7%，7月龄平均体重70.4kg，胴体重38.7kg，胴体瘦肉率高、屠宰率

54.9%。

2）产毛性能。萨福克羊剪毛量 2.5～3.0kg，毛细度 56～58 支，毛纤维长度 7.5～10cm，净毛率 60%。

3）繁殖性能。萨福克羊性成熟早，部分 3～5 月龄的公、母羊有互相追逐、爬跨现象，4～5 月龄有性行为，7 月龄性成熟。1 年内多次发情，发情周期为 17d，妊娠率高，第一个发情期妊娠率为 91.6%，第二个发情期妊娠率为 100%，总妊娠率为 100%。妊娠周期短，一般为 144～152d，产羔率 140%。

（4）品种利用情况。萨福克羊号称世界上长得最快的肉用型绵羊品种，在英国、美国是用作终端杂交父本的主要品种，用萨福克羊作终端父本与长毛种半细毛羊杂交，4～5 月龄杂交羔羊体重可达 35～40kg，胴体重 18～20kg。萨福克羊 1888 年引入加拿大，现在是加拿大最主要的绵羊品种。中国新疆和内蒙古等地从澳大利亚引入的萨福克羊，除进行纯种繁育外，还同当地粗毛羊及细毛杂种羊杂交来生产肉用羔羊。萨福克羊与国内细毛杂种羊、哈萨克羊、阿勒泰羊、蒙古羊等杂交，在相同的饲养管理条件下，杂种羔羊具有明显的肉用体形，杂种一代羔羊 4～6 月龄平均体重高于国内品种 3～8kg，胴体重高 1～5kg，净肉重高 1～5kg。利用这种杂交方式进行专门化的羊肉生产，羔羊当年即可出栏屠宰，显著提高了羊肉的生产水平和生产效率。

萨福克羊的头和四肢为黑色，被毛中有黑色纤维，杂交后代多为杂色被毛，所以在细毛羊产区要慎重使用。

4. 特克赛尔羊

（1）原产地与我国引种情况。特克赛尔羊原产于荷兰，19 世纪中叶由林肯羊、边区来斯特羊与当地羊杂交选育而成，在荷兰养殖已有 160 多年，主要分布于荷兰，该品种曾被引入到欧洲、美洲和非洲的许多国家。中国也已经引入，分布于黑龙江、陕西、北京和河北、河南、山西等地，是肉羊育种和经济杂交非常优良的父本品种。

（2）外貌特征。特克赛尔羊头清秀无长毛，鼻梁平直而宽，眼大有神，口方，耳中等大，公、母羊均无角，全身被毛白色，鼻镜、唇及蹄冠褐色。特克赛尔羊体质结实，结构匀称、协调，头、颈、肩结合良好。颈粗短，肩宽深，胸拱圆，背腰宽广平直，肋骨开张良好，腹大而紧凑，臀宽深，前躯丰满，后躯发达，体躯肌肉附着良好，四肢健壮，蹄质结实。特克赛尔羊外貌特征见图 3-22、图 3-23。

图 3-22　特克赛尔羊公羊　　图 3-23　特克赛尔羊母羊

（3）生产性能。

1）肉用性能。特克赛尔羊体形较大，成年公羊体重可达 85~140kg，母羊 60~90kg。公羔平均初生重为 5.0kg，2 月龄平均体重为 26kg，平均日增重为 350g；4 月龄平均体重为 45kg，2~4月龄平均日增重为 317g；6 月龄平均体重为 59kg。母羔平均初生重为 4.0kg，2 月龄平均体重为 22kg，平均日增重为 300g；4 月龄平均体重为 38kg，2~4 月龄平均日增重为 267g；6 月龄平均体重为 48kg。4~6 月龄羔羊出栏屠宰，平均屠宰率为 55%~60%，瘦肉率、胴体出肉率高。特克赛尔羊的肉呈大理石状，无膻味，肉质细嫩，胴体中肌肉量很高，分割率也很高，其眼肌面积在肉用品种中很突出。

2）产毛性能。成年公羊剪毛量平均 5kg，成年母羊 4.5kg，净毛率 60%，羊毛长度 10~15cm，羊毛细度 48~50 支。

3）繁殖性能。特克赛尔羊性成熟早，公、母羔 4~5 月龄即有性行为，7 月龄性成熟，母羊 7~8 月龄便可配种，一般情况下，母羊 10~12 月龄初配，全年发情，发情季节较长。80%的母羊产双羔，产羔率为 150%~200%。

（4）品种利用情况。特克赛尔羊羔羊肉品质好，肌肉发达，瘦肉率和胴体分割率高，市场竞争力强，因此，该品种已广泛分布到比利时、卢森堡、丹麦、德国、法国、英国、美国、新西兰等国，是这些国家推荐饲养的优良品种和用作经济杂交生产肉羔的父本。中国引入后主要用于肉羊的改良育种和杂种优势利用的杂交父本，特克赛尔羊对热应激反应较强，气温在 30℃ 以上时需采取必要的防暑措施，避免高温造成损失。

5. 夏洛莱羊

（1）原产地与我国引种情况。夏洛莱羊原产于法国中部的夏洛莱丘陵和谷地，是以英国莱斯特羊、南丘羊为父本与夏洛莱地区的细毛羊杂交育成的，1963 年被命名为"夏洛莱肉羊"，1974 年法国农业部正式承认该品种。目前，在法国约有纯种夏洛莱羊 40 万只。中国在 1988 年开始引进夏洛莱羊，现主要分布于辽宁、内蒙古、新疆、宁夏、河北、河南、山东、山西等地。

（2）外貌特征。夏洛莱公、母羊均无角，耳修长，向斜前方直立，两耳灵活会动，额宽，头和面部无覆盖毛，脸部皮肤略带粉红色或灰色，个别羊唇端或耳缘有黑色斑点。夏洛莱羊肉用体形良好，颈短粗，肩宽平，体躯长而圆，胸腰宽深，背腰平直，全身肌肉丰满，后躯发育良好，体躯呈圆桶状。后肢间距宽，肌肉发达呈倒挂 "U" 形。四肢短而健壮，四肢下部为深浅不同的棕褐色。全身被毛为白色，被毛同质。夏洛莱羊外貌特征见图 3-24、图 3-25。

图 3-24　夏洛莱羊公羊

图 3-25　夏洛莱羊母羊

（3）生产性能。

1）肉用性能。夏洛莱羊生长速度快，4 月龄育肥羔羊体重 35~45kg，6 月龄公羔体重 48~53kg、母羔 38~43kg，周岁体重公羊 70~90kg，母羊 80~100kg。产肉性能好，4~6 月龄羔羊胴体重 20~23kg，屠宰率 50%。夏洛莱肥羔羊胴体较重，骨细小，脂肪少，后腿浑圆，肌肉丰满。肉色鲜、味美、肉嫩、精肉多、肥瘦相间，肉呈大理石花纹状，膻味轻，易消化，属于国际一级肉。4~6 月龄肥羔优质肉 55% 以上（后腿肉 27.08%，脊肉 8.41%，肩肉 20.55%，其余颈肉 6.52%，胸肉 11.12%）。

2）毛用性能。成年剪毛量，公羊 3~4kg、母羊 2.0~2.5kg，毛长 4~7cm，细度 56~58 支。

3）繁殖性能。夏洛莱羊母羊季节性发情，发情时间集中在 9~10 月，妊娠期 144~148d，平均受胎率 95%。初产母羊产羔率 135%，经产母羊产羔率达 190%。

（4）品种利用情况。夏洛莱羊具有早熟、生长发育快、母性和泌乳性能好、体重大胴体瘦肉率高、育肥性能好等特点，是用于经济杂交生产肥羔较理想的父本（国家畜禽遗传资源委员会，2011）。我国引进后主要用于杂交父本，与地方绵羊杂交生产商品肉羊效果显著，可广泛用于经济杂交生产优质羔羊肉。

夏洛莱羊对外界反应灵敏，胆小谨慎，合群性强，不易与其他羊混群，在刚引进时，对寒冷气候有一定的应激反应，易出现感冒症状，如打寒战，流鼻涕，常在羊舍内集堆。夏洛莱羊适宜在干燥、凉爽的环境中生存。长期生活在低洼潮湿的场所，易使羊只感染疾病，生产性能下降。在较好的环境下抵抗力较强，很少生病，只要做好定期的驱虫和防疫，给足草料和水满足其生长和生产需要即可。但在恶劣的环境和较差的营养条件下，其抗病能力将大大减弱，生病后治疗效果不佳。

6. 德国肉用美利奴羊

（1）原产地与我国引种情况。德国肉用美利奴羊原产于德国，由法国的泊列考斯羊和英国的莱斯特羊，与德国原美利奴母羊杂交培育而成。德国肉用美利奴羊适于舍饲、半舍饲和放牧等各种饲养方式，是世界著名的羊品种。我国自1958年以来多次引入德国肉用美利奴羊，分布于甘肃、安徽、江苏、内蒙古、山东等地，曾参与了内蒙古细毛羊新品种的育成，对北方恶劣环境条件下的放牧饲养管理有良好的适应性。

（2）外貌特征。德国肉用美利奴羊公、母羊均无角，体格大，体质结实，结构匀称，颈部及体躯皆无皱褶，头颈结合良好，胸宽而深，背腰平直，臀部宽广，肥肉丰满，四肢坚实，体躯长而深呈良好肉用型。被毛白色，密而长，弯曲明显，被毛品质好。德国肉用美利奴羊外貌特征见图3-26、图3-27。

（3）生产性能。

1）肉用性能。德国肉用美利奴羊成年公羊体重100~140kg，母羊70~80kg。羔羊生长发育快，4~6周龄断奶羔羊平均日增重300~350g，130天屠宰活重可达38~45kg，胴体重18~22kg，屠宰率47%~49%。

图 3-26　德国肉用美利奴羊公羊　　图 3-27　德国肉用美利奴羊母羊

2）毛用性能。德国肉用美利奴羊还具有毛产量高、毛质好的特性。成年羊剪毛量母羊为 4～5kg，毛长 6～8cm，细度为 64 支；公羊为 7～10kg，毛长 8～10cm，细度为 60～64 支；净毛率为 50% 以上。

3）繁殖性能。德国肉用美利奴羊具有高的繁殖能力，性成熟早，12 月龄前就可以第一次配种，常年发情，产羔率为 135%～150%。母羊保姆性强，泌乳性能好，羔羊死亡率低。据各地纯繁羊场反映，其后代中公羊的隐睾率较高（12.72%），使用该品种时应引起注意。

（4）品种利用情况。德国美利奴羊具有产肉力高、繁殖力强、羔羊生长发育快、泌乳能力好、耐粗饲的特点，对气候干燥地区适应能力较强，是肉毛兼用最优秀的父本，在中国主要用于改良农区、半农半牧区的粗毛羊或细杂母羊，以增加羊肉产量。在新疆、甘肃、山东等地与蒙古羊、欧拉羊、小尾寒羊等进行杂交效果良好。德国肉用美利奴羊与细毛羊杂交，杂一代羔羊生长速度快，10～30 日龄平均日增重 208g，30 日龄到断奶平均日增重 215g，分别比细毛羊提高 22.35% 和 22.86%。较适宜在中国北方地区饲养。

7. 无角陶赛特羊

（1）原产地与我国引种情况。无角陶赛特羊是澳大利亚于1954年以雷兰羊和陶赛特为母本，考力代羊为父本，然后再用陶赛特公羊回交，选择所生无角后代培育而成。中国在20世纪80年代末、90年代初从澳大利亚和新西兰引入该品种，现分布于内蒙古、新疆、北京、河南、河北、辽宁、山东、黑龙江等地，适合中国北方农区和半农半牧区饲养，适应性和杂交效果良好，是为数不多的可常年繁殖的引进肉羊品种之一。

（2）外貌特征。无角陶赛特羊头小额宽，鼻端为粉红色。耳小、面部清秀、无杂色毛。颈部短粗，与胸部、肩部结合良好；胸部宽深，背腰平直宽大，体躯丰满；四肢短粗健壮，腿间距宽，肢势端正，蹄质结实，蹄壁白色；被毛为半细毛，白色，皮肤为粉红色。无角陶赛特羊结构紧凑、匀称、体形大、体躯宽，呈圆桶形，肉用体形明显。无角陶赛特羊外貌特征见图3-28、图3-29。

图3-28　无角陶赛特羊公羊

图3-29　无角陶赛特羊母羊

（3）生产性能。

1）肉用性能。无角陶赛特羊成年公羊体重90～110kg，成年母羊65～75kg，经过育肥的4月龄羔羊的胴体重，公羔为22kg，母羔为19.7kg，屠宰率50%以上。在新西兰，该品种羊用作生产反季节羊肉的专门化品种。中国用无角陶赛特公羊与小尾寒羊母羊杂交，6月龄公羔胴体重为24.20kg，屠宰率达54.50%，净肉率达43.10%，后腿肉和腰肉重占胴体重的46.07%。

2）毛用性能。剪毛量2~3kg，净毛率60%左右，毛长7.5~10cm，羊毛细度56~58支。产羔率137%~175%。

3）繁殖性能。无角陶赛特羊生长发育快，早熟，公羊初情期6~8月龄，初次配种适宜时间为14月龄。公羊性欲旺盛，身体健壮，可常年配种。母羊初情期6~8月龄，性成熟8~10月龄，初次配种适宜时间为12月龄。发情周期平均为16d，妊娠期为145~153d。母羊可常年发情，但以春、秋两季尤为明显，经产母羊产羔率为140%~160%。

（4）品种利用情况。自20世纪80年代中国新疆、内蒙古和北京等地引进了无角陶赛特公羊，饲养结果表明，冬、春季舍饲5个月，其余季节放牧，基本上能够适应中国大多数省区的草场和农区饲养条件。采取无角陶赛特与低代细毛杂种羊、哈萨克羊、阿勒泰羊、蒙古羊、卡拉库尔羊、小尾寒羊和粗毛羊杂交，一代杂种具有明显的父本特征，肉用体形明显，前胸凸出，胸深且宽，肋骨开张大，后躯丰满。在新疆，无角陶赛特杂种一代5月龄屠宰胴体重16.67~17.47kg，屠宰率48.92%。无角陶赛特与小尾寒羊杂交，效果也十分明显，一代杂交公羊6月龄体重为40.44kg，母羊35kg。6月龄羔羊屠宰胴体重24.20kg，屠宰率54.49%。

无角陶赛特羊是适于中国工厂化养羊生产的理想品种之一，作终端父本对中国的地方品种进行杂交改良，可以显著提高产肉力和胴体品质，特别是进行肥羔生产具有巨大潜力。

二、生产中使用较多的山羊品种

（一）我国优良的地方山羊品种

1. 黄淮山羊

（1）产地及分布。黄淮山羊产于黄淮平原地区，主要分布在河南周口地区的沈丘、淮阳、项城、郸城和驻马店、许昌、信阳、商丘、开封等地；安徽的阜阳、宿州、滁州、六安，以及合肥、蚌埠、淮北、淮南等市郊；江苏的徐州、淮阴两地区沿黄河故道及丘陵地区各县。

（2）外貌特征。黄淮山羊鼻梁平直，眼大，耳长而立，面部微凹，下颌有髯。结构匀称，骨骼较细。分有角和无角两个类型，67%左右有角。有角者，公羊角粗大，母羊角细小，向上向后伸展呈镰刀状；无角者，仅有0.5~1.5cm的角基。公羊头大颈粗，胸部宽深，背腰平直，腹部紧凑，体躯呈桶形，外形雄伟，睾丸发育良好，有须和肉垂。母羊颈长，胸宽，背平，腰大而不下垂，乳房大，质地柔软。毛被白色，毛短有丝光，绒毛很少。黄淮山羊外貌特征见图3-30、图3-31。

图3-30 黄淮山羊公羊　　　图3-31 黄淮山羊母羊

（3）生产性能。

1）产肉性能。黄淮山羊初生重，公羔平均为2.6kg，母羔平均为2.5kg。2月龄公羔平均为7.6kg，2月龄母羔平均为6.7kg。9月龄公羊平均为22.0kg，相当于成年母羊体重的62.3%。成年公羊体重平均为33.9kg，成年母羊平均为25.7kg。产区习惯于春季出生的羔羊冬季屠宰，一般在7~10月龄屠宰。

肉质鲜嫩，膻味小。个别也有到成年时屠宰的。7～10月龄的羯羊宰前重平均为16.0kg，胴体重平均为7.5kg，屠宰率平均为47.13%。成年羯羊宰前重平均为26.32kg，屠宰率平均为45.90%；成年母羊屠宰率平均为51.93%。黄淮山羊肉质鲜美，深受产区人民欢迎。

2）板皮性能。黄淮山羊的板皮为汉口路板皮的主要来源，板皮致密坚韧，表面光洁，毛孔细匀，分层多，拉力强，弹性好，是国内著名的制革原料。黄淮山羊板皮一般取自晚秋、初冬宰杀的7～10月龄羊的皮，面积为1 889～3 555cm^2，皮重0.25～1.0kg。板皮呈蜡黄色，细致柔软，油润光亮，弹性好，是优良的制革原料。

3）繁殖性能。黄淮山羊性成熟早，初配年龄一般为4～5月龄。发情周期为18～20d，发情持续期为24～48h。母羊妊娠期为145～150d，产羔后20～40d发情，能1年产2胎或2年产3胎，产羔率平均为238.66%，其中单羔占15.41%，双羔占43.75%，3羔以上占40.84%。繁殖母羊的可利用年限为7～8年。

（4）品种利用情况。黄淮山羊对不同生态环境有较强的适应性，性成熟早，繁殖力强，板皮质量好。为充分利用该品种，应系统开展选育工作，大力加强保种工作，建立核心保种群。在生产群或繁殖群可以适度开展杂交提高产肉性能，推行羔羊肉生产，在充分考虑提高肉用性能的同时，注意杂交强度和与配种羊的品种性能，尤其不能因片面强调产肉性能而导致板皮质量下降。

2. 南江黄羊

（1）产地及分布。南江黄羊原产于四川南江县，是以纽宾奶山羊、成都麻羊、金堂黑山羊为父本，南江县本地山羊为母本，采用复杂育成杂交方法培育的，后又导入吐根堡奶山羊的血液，经过长期的选育而成的肉用型山羊品种，1995年10月经过南江黄羊新品种审定委员会审定，1996 年 11 月通过国家畜禽遗传资源管理委员会羊品种审定委员会实地复审，1998 年 4 月正式命名。南江黄羊适宜于在农区、山区饲养，在中国山羊品种中是产肉性能较好的品种。

（2）外貌特征。南江黄羊头大小适中，耳较长或微垂，鼻梁微隆，颜面黑黄，鼻梁两侧有一对称的浅黄色条纹，公、母羊均有毛髯，少数羊颈下有肉髯。南江黄羊体质结实，结构匀称，颈长短适中，与肩部结合良好；胸深而广，肋骨开张；背腰平直，尻部倾斜适中；四肢粗壮，肢势端正，蹄质结实，体躯略呈圆筒形。全身被毛黄褐色，毛短富有光泽。母羊颜面清秀，大多数有角，少数无角，母羊乳房发育良好。公羊额宽，头部雄壮，颈部及前胸被毛黑黄粗长，枕部沿背脊有一条黑色毛带，"十"字部后渐浅，睾丸发育良好。南江黄羊外貌特征见图 3-32、图3-33。

图 3-32　南江黄羊公羊

图 3-33　南江黄羊母羊

（3）生产性能。

1）产肉性能。南江黄羊成年公羊体重 40~55kg，母羊 34~46kg。公、母羔平均初生重为 2.28kg，2 月龄体重公羔为 9~13.5kg，母羔为 8~11.5kg。南江黄羊 8 月龄羯羊平均胴体重为10.78kg，周岁羯羊平均胴体重 15kg，屠宰率 49%，净肉率

38%。

2）繁殖性能。南江黄羊性成熟早，母羊的初情期 3～5 月龄，公羊性成熟 5～6 月龄。初配年龄公羊 12～18 月龄体重达 35kg 参加配种，母羊 6～8 月龄体重达 25kg 开始配种，母羊常年发情，发情周期 19.5d±3d，发情持续期 34h±6h，妊娠期 148d±3d。产羔率：初产 140%，经产 200%。

（4）品种利用情况。南江黄羊不仅具有性成熟早、生长发育快、繁殖力高、产肉性能好、适应性强、耐粗饲、遗传性稳定的特点，而且肉质细嫩、适口性好、板皮品质优。南江黄羊是国家农业农村部重点推广的肉用山羊品种之一，该品种已被推广到福建、浙江、陕西、河南、湖北等 10 多个省（区），对各地方山羊品种的改良效果显著。

3. 马头山羊

（1）产地与分布。马头山羊产于湖北省十堰市的郧阳区、恩施市，以及湖南省常德市，是生长速度较快、体形较大、肉用性能最好的地方山羊品种之一，1992 年被国际小母牛基金会推荐为亚洲首选肉用山羊，也是国家农业农村部重点推广的肉用山羊品种。

（2）外貌特征。马头山羊体形呈长方形，结构匀称，骨骼坚实，背腰平直，肋骨开张良好，臀部宽大，稍倾斜，尾短而上翘。乳房发育尚可。四肢坚强有力，行走时步态如马，频频点头。马头山羊公、母羊均无角，皮厚而松软，毛稀无绒。毛被白色为主，有少量黑色和麻色。按毛长短可分为长毛型和短毛型两种类型。按背脊可分为"双脊"和"单脊"两类。以"双脊"和"长毛"型品质较好。马头山羊公羊头较长，大小中等，公羊 4 月龄后额顶部长出长毛（雄性特征），并渐伸长，可遮至眼眶上缘，长久不脱，去势 1 个月后就全部脱光，不再复生。马头山羊外貌特征见图 3-34、图 3-35。

图 3-34　马头山羊公羊　　　图 3-35　马头山羊母羊

（3）生产性能。

1）肉用性能。马头山羊初生重单胎公羊 1.95kg±0.19kg，母羊 1.92kg±0.35kg。双胎公羊 1.70kg±0.25kg，母羊 1.65kg±0.24kg。在主产区粗放饲养条件下，公羔 3 月龄重可达 12.96kg，母羊可达 12.82kg；6 月龄阉羊体重 21.68kg，屠宰率 48.99%；周岁阉羊体重可达 36.45kg，屠宰率 55.90%，出肉率 43.79%。其肌肉发达，肌肉纤维细致，肉色鲜红，膻味较轻，肉质鲜嫩。早期育肥效果好，可生产肥羔肉。

2）皮、毛性能。马头山羊板皮品质良好，厚薄均匀，油性足，板皮弹性好，出革率高，涨幅大，平均面积 8 190cm^2。另外，一张皮可烫退粗毛 0.3~0.5kg，毛洁白、均匀，是制毛笔、毛刷的上等原料。

3）繁殖性能。马头山羊性成熟早，母羊初情期 3~5 月龄，适配年龄 6~8 月龄；公羊 4~6 月龄性成熟，一般在 8~10 月龄配种。四季发情，全年均可配种，在南方以春、秋、冬季配种较多，妊娠期 140~154d，哺乳期 2~3 个月，当地群众习惯 1 年 2 产或 2 年 3 产。胎产羔率为 182% 左右，初产母羊多产单羔，经产母羊多产双羔或多羔。母羊利用年限不低于 5 年，公羊利用年限 5~7 年。

（4）品种利用情况。马头山羊属肉皮兼用型，具有体形大、生长快、屠宰率高、肉质细嫩、板皮性能好、繁殖力强、杂交亲和力好、适应性强等特点，马头山羊合群性强，易于管理，丘陵山地、河滩湖坡、农家庭院、草地均可放牧饲养，也适于圈养，在中国南方各省都能适应。华中、西南、云贵高原等地引种牧羊，表现良好，经济效益显著。

（二）引进的优秀山羊品种

1. 波尔山羊

（1）原产地与我国引种情况。波尔山羊原产于南非，作为种用已被非洲许多国家及新西兰、澳大利亚、德国、美国、加拿大等国引进，是世界上公认的肉用山羊品种，有"肉羊之父"的美称。自1995年我国首批从南非引进波尔山羊以来，通过纯繁扩群逐步向全国各地扩展，显示出很好的肉用特征、广泛的适应性、较高的经济价值和显著的杂交优势。

（2）外貌特征。波尔山羊头部粗大，眼大有神呈棕色，额部突出，鼻呈鹰钩状。角坚实，长度适中。公羊角基粗大，角向后、向外弯曲，母羊角细而直立。公羊有髯。耳长而大，宽阔下垂。颈粗，长度适中，与体长相称。颈肩结合良好，肩宽肉厚。前躯发达，肌肉丰满；鬐甲宽阔，胸宽而深，肋骨开张，背部肌肉宽厚，体躯呈圆筒形，腹部紧凑，尻部宽，臀部和腿部肌肉丰满。尾根粗而平直，上翘。四肢粗壮，长度适中、匀称，系部关节坚韧，蹄壳坚实，呈黑色。全身皮肤松软，颈部和胸部有明显皱褶，尤以公羊为甚，眼睑和无毛部分有棕红色斑。全身被毛短而密，有光泽，有少量绒毛。头颈部和耳为棕红色或棕色毛，允许延伸到肩胛部。额端和唇端有一条不规则的白鼻通。体躯、胸、腹部与四肢为白色毛，尾部为棕红色或棕色毛，允许延伸到臀部。尾下无毛区着色面积应达75%以上，呈棕红色。允许少数全身被毛棕红色或棕色。母羊乳房发育良好，公羊阴囊下垂明显，两个睾丸大小均匀，结构良好。波尔山羊外貌特征见图3-

36、图3-37。

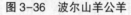

图3-36　波尔山羊公羊　　　图3-37　波尔山羊母羊

（3）生产性能。

1）肉用性能。波尔山羊羔羊初生重平均为公羔3.8kg，母羔3.5kg；6月龄平均体重为公羊35kg，母羊30kg；成年羊体重为公羊80～110kg，母羊60～75kg。300日龄日增重135～140g/d。屠宰率：6～8月龄屠宰率为48%～52%，成年羊屠宰率为52%～56%。

2）板皮性能。波尔山羊的板皮品质极佳，属上乘皮革原料。

3）繁殖性能。波尔山羊公羊8月龄性成熟，12月龄以上用于配种；母羊7月龄性成熟，10月龄以上配种。经产母羊产羔率为190%～230%。

（4）品种利用情况。波尔山羊是肉用山羊品种，体形大、生长快；屠宰率高，肉质细嫩；繁殖率强，泌乳性能好；板皮厚，品质好；适应性强，耐粗饲；抗病力强和遗传性能稳定，是世界上唯一经多年生产性能测验、目前最受欢迎的肉用山羊品种。波尔山羊性情温顺，易于饲养管理，对各种不同的环境条件具有较强的适应性。波尔山羊体质强壮，善于长距离放牧采食，适宜于灌木林及山区放牧，适应热带、亚热带及温带气候环境饲养，与地方山羊品种杂交，能显著提高后代的生长速度及产肉性能。中国引入波尔山羊主要用于杂交改良地方山羊，提高后代的肉用性能，一般作为终端杂交父本使用，进行肉羊生产。也有的地方用该品种进行级进杂交，彻底改变地方山羊的生产方向和显著提高杂交后代的肉用性能。

2. 努比亚山羊

（1）原产地与我国引种情况。努比亚山羊原产于非洲东北部的埃及、苏丹及邻近的埃塞俄比亚、利比亚、阿尔及利亚等国，在英国、美国、印度及东欧、南非等国都有分布，具有性情温驯、繁殖力强等特点。中国引入的努比亚山羊多来源于美国、英国和澳大利亚等国，主要饲养在四川省成都市、简阳市，广西壮族自治区，湖北省房县等地。

（2）外貌特征。努比亚山羊头短小，耳大下垂，公、母羊无须、无角，面部轮廓清晰，鼻骨隆起，为典型的"罗马鼻"。耳长宽，紧贴头部下垂。体格较大，外表清秀，具有"贵族"气质。颈部较长，前胸肌肉较丰满。体躯较短，呈圆筒状，尻部较短，四肢较长。毛短细，色较杂，以带白斑的黑色、红色和暗红居多，也有纯白者。在公羊背部和股部常见短粗毛。努比亚山羊外貌特征见图3-38、图3-39。

图3-38 努比亚山羊公羊

图3-39 努比亚山羊母羊

（3）生产性能。

1）产肉性能。努比亚山羊羔羊初生重一般在 3.6kg 以上，羔羊生长快，产肉多。努比亚山羊 2 月龄断奶体重：公羊 28.16kg，母羊 21.20kg，高于国内其他品种 50%。成年公羊平均体重 79.38kg，成年母羊 61.23kg，成年公羊、母羊屠宰率分别为 51.98%、49.20%，净肉率分别为 40.14%、37.93%。

2）泌乳性能。努比亚山羊性情温驯，泌乳性能好，母羊乳房发育良好，多呈球形。泌乳期一般 5~6 个月，产奶量一般 300~800kg，奶的风味好。中国四川省饲养的努比亚山羊，平均一胎 261d 产奶 375.7kg，二胎 257d 产奶 445.3kg。

3）繁殖性能。努比亚公羊初配种时间 6~9 月龄，母羊配种时间 5~7 月龄，发情周期 20d，发情持续时间 1~2d，怀孕期 146~152d，发情间隔时间 70~80d，努比亚山羊繁殖力强，一年可产 2 胎，每胎 2~3 羔。四川省简阳市饲养的努比亚山羊，怀孕期 149d，各胎平均产羔率 190%，其中一胎为 173%，二胎为 204%，三胎为 217%。

（4）品种利用情况。努比亚山羊原产于干旱炎热地区，因耐热性好，中国广西壮族自治区、四川省简阳市、湖北省房县从英国和澳大利亚等国引入饲养，与地方山羊杂交提高了当地山羊的肉用性能和繁殖性能，深受中国养殖户的喜爱。努比亚山羊是较好的杂交肉羊生产母本，也是改良本地山羊较好的父本，四川省用它与简阳本地山羊杂交，获得较好的杂交优势，形成了全国知名的简阳大耳羊品种类群。

第二节　肉羊的选种、选配

中国的羊品种繁多，生产性能各异，在长期的社会条件和自然条件的影响下，不同地区的羊品种都具有独特的生物学特点和生产性能及适宜的生长发育条件，在肉羊业崛起并成为养羊业主流的今天，为了适应行业发展的需求，我们除了科学利用中国自己育成的肉羊品种之外，还从其他国家引进一些优秀的肉羊品种，科学选育、合理利用这些优秀的种质资源，对肉羊产业的持续发展有着决定性的作用。

一、肉种羊的选择

在肉羊产业发展的过程中，种羊的好坏是肉羊业成败的关键因素，对种羊进行选择就称为选种。选种工作开展的是否科学、到位不仅影响到种羊群生产潜力的发挥，更主要的是影响后代的生产性能和肉羊业的经济效益。因此选择优秀的肉用种羊主要是提高后代的数量和质量，具体来说就是选择理想的公、母羊留种，淘汰较差的个体，使群体中优秀个体具有更多的繁殖后代的机会，以提高后代群体的遗传素质和生产性能。

（一）种羊选择的根据

种羊的选择是一项长期的重要工作，需要持之以恒的进行，贯穿整个生产过程。选种主要根据体形外貌、生产性能、后代品质和血统四个方面对羊只进行选择，因此种群内的羊只需要经过个体鉴定并记载翔实的相关资料，选种将在这些基本记录的基础上进行。

1. 体形外貌 体形外貌在纯种繁育中非常重要，凡是不符合本品种特征的羊都不能作为选种对象。不同阶段羊的体形外貌和生理特征可以反映种羊的生长发育和健康状况等，因此可以作为选种的参考依据。从羔羊开始，到育成羊、繁殖羊，每一个阶段都要按该品种的固有特征，确定选择标准进行选择，这种选择方法简单易行。

中国先后引进一些优秀的国外羊种参与中国羊的改良工作，在引进羊种纯繁后代中依然要坚持做好选种工作，切忌不加选择地全部投入种用，同样按照引进品种的外貌特征选留种羊，引进羊种参与杂交的后代羊如果后期不进行杂交配套，尽量不留种用。

2. 生产性能 对于肉用种羊来说，生产性能主要指体重、生长速度、经济早熟性、屠宰率、繁殖力、泌乳力、料重比等方面。

肉用种羊的主要生产性能，除了繁殖性能相关指标外，剩下的性状基本上属于中、高等遗传力性状，基本可以稳定遗传给后代，因此，选择生产性能好的种羊是选育的关键环节，但要在各个方面都优于其他品种是不可能的，选择时应突出其主要优点。

3. 后裔 后裔选择法是所有选择方法中最准确、可靠的选择方法，选种的正确与否根据其所产后代（后裔）的成绩进行评定，这样就能比较准确地选出优秀种羊个体。但是这种选择方法经历的时间长，耗费的人力、物力多，一般只有非常重要的选种工作才会开展后裔测定，如通过近交建系法建立优秀家系则可以采用此法。在选种过程中，要不断地选留那些性能好的后代作为后备种羊。

4. 血统 血统即系谱，这种选择方法适合于种羊处于幼年尚无生产性能记录的羔羊、育成羊或后备种羊，根据它们的双亲和祖代的记录成绩和遗传结果进行选择。系谱选择主要是通过比较其祖先的生产性能记录来推测它们稳定遗传祖先优秀性状的能力；根据遗传原理可知，血统关系越近的祖先对后代的影响越大，所以选种时最重要的参考资料是父母的生产记录，其次是祖代的记录。系谱选择对于低遗传力性状，如繁殖性能的选择效果较好。

（二）肉种羊选择的方法

肉用种羊选择包括群体选择和个体选择，选种时群体选择和个体选择交叉进行。生产中种羊的选择方法主要有根据体形外貌和生理特点选择，以及根据生产性能记录资料选择两种方法。

1. 根据体形外貌和生理特点选择　选种要在对羊只进行体形外貌和生理特点鉴定的基础上进行，羊的鉴定有个体鉴定和等级鉴定两种，都按鉴定的项目和等级标准准确地进行评定等级。个体鉴定要按项目进行逐项记载，等级鉴定则不做具体的个体记录，只写等级编号。

需要进行个体鉴定的羊包括特级、一级公羊和其他各级种用公羊，准备出售的成年公羊和公羔，特级母羊和指定做后裔测验的母羊及其羔羊。除进行个体鉴定的羊只以外都要做等级鉴定。不同的羊品种有不同的标准，有的品种有国家标准或省级标准，则按照国家标准或者省级标准评定等级；没有国家标准、省级标准而有农业行业标准的品种，按照行业标准定级；没有相关标准的羊品种可根据育种目标要求自行制定选育标准。

羊的鉴定一般在体形外貌、生产性能达到充分表现，且有可能做出正确判断的时候进行。公羊一般在成年后对生产性能予以测定，母羊在第一次产羔后，为了培育优良羔羊，对初生、断奶、6月龄、周岁的羊都要进行鉴定。后代的品质也要进行鉴定，主要通过各项生产性能测定来进行。对后代品质的鉴定，是选种的重要依据。凡是不符合要求的应及时淘汰，合乎标准的作为种用。除了对个体鉴定和后裔的测验之外，对种羊和后裔的适应性、抗病力等方面也要进行考察。

（1）肉种羊的个体鉴定。种羊的个体鉴定首先要确定羊只的健康情况，健康是生产的最重要基础。健康无病的羊只一般活泼、好动，肢势端正，乳房形态、功能好，体况良好，不过肥也不过瘦，精神饱满，食欲良好，不会离群索居。有红眼病、腐蹄病或瘸腿的羊只，都不宜留作种用。

在健康的基础上进行羊的外貌鉴定，体形外貌应符合品种标准，无明显失格。下面介绍羊不同部位具体要求：

1）嘴型。正常的羊嘴是上颌和下颌对齐。上、下颌轻度对合不良问题不大，但比较严重时就会影响正常采食。要确定羊上、下颌对齐情况，宜从侧面观察。若下颌或上颌突出，则属于遗传缺陷。下颌短者，俗称鹦鹉嘴。上颌短者，俗称猴子嘴。羊的嘴型见图3-40。

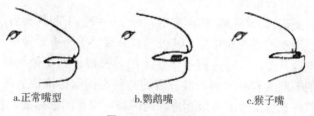

a.正常嘴型　　　　b.鹦鹉嘴　　　　c.猴子嘴

图3-40　羊的嘴型

2）牙齿。羊的牙齿状况依赖于长期采食的食物及其生活的土壤环境。采食粗饲料多的羊只牙齿磨损较快。在咀嚼功能方面，臼齿较切齿更重要，它们主要负责磨碎食物。通过逐只检查评价羊的牙齿磨损情况，磨损严重、臼齿有问题的羊不能留种，有牙病的羊不能留种。检查羊的牙齿时注意不要直接将手指伸进羊口中，否则会被咬伤。

3）蹄部和腿部。健康的羊只，应是肢势端正，球节和膝部关节坚实且角度合适。肩胛部、髋骨、球节倾角适宜，一般应为45°左右，不能太直，也不能过分倾斜。蹄腿部有轻微毛病者一般不影响生活力和生产性能，但失格比较严重的往往生活力较差。蹄甲过长、畸形、开裂者或蹄甲张开过度的羊只均不宜留种。

4）体形和体格。不同用途的羊的体形应符合主生产力方向的要求，肉用羊体形应呈细致疏松形，即骨骼细致结实、皮下结缔组织和肌肉组织发达，躯体呈桶形，各部连接良好，躯体大，个体过小者应被淘汰。公羊要求外表健壮，雄性十足，肌肉丰满。母羊要求体质细腻，头颈清秀细长，身体各部角度线条比较清晰。

5）乳房。乳房发育不良的母羊没有种用价值。母羊乳房大小因年龄和生理状态不同而不同。个体评定时应触诊乳房，确定是否健康无病和功能正常。若乳房坚硬或有肿块者，应及时淘汰。乳房应有两个功能性的乳头，乳头应无失格（瞎乳头，乳头内陷或外翻）。乳房下垂、乳头过大者都不宜留种。此外，也应对公羊的乳头进行检查，公羊也应有两个发育适度的乳头。

6）睾丸。公羊睾丸的检查需要触诊。正常的睾丸应是质地坚实，大小均衡，在阴囊中移动比较灵活。若有硬块，有可能患有睾丸炎或附睾炎。若睾丸质地正常，但睾丸和阴囊周径较小，也不宜留作种用。阴囊周径随品种、体况、季节而发生变化，青年公羊的阴囊大小一般应在30cm以上。成年公羊的阴囊应在32cm以上。

（2）羊的生产性能鉴定。肉用种羊的生产性能指的是主要经济性状的生产能力，主要包括产肉性能、生长发育性能、生活力和繁殖性能等，根据羊的生产性能评价指标和羊的生产性能测定方法对种羊的生产性能进行评定，对于活体能直接度量的性状如不同生长阶段体重、日增重、料肉比，体尺指标如体高、体长、胸围、腹围、管围等，可以直接测量并记录，以得到的生产性能鉴定资料指导种羊群的选种和育种工作。同时必须系统记录羊的生产性能测定结果，根据测定内容不同设计不同形式的记录表格，可以是纸质表格，也可以建立电子记录档案，保存在计算机中，特别是记录时间长、数据量大时，使用电子记录能更便于进行相关数据分析。

2. 根据记录资料进行选择　种羊场应该做好羊只主要经济性状的成绩记录，应用记录资料的统计结果采取适当的选种方法，能够获得更好的选育效果。

（1）根据系谱资料进行选择。这种选择方法适合于尚无生产性能记录的羔羊、育成羊或后备种羊，根据它们的双亲和祖代的记录成绩和遗传结果进行选择。系谱审查要求有详细记载，因此凡是自繁的种羊应做详细的记载，购买种羊时要向出售单位和个人索取种羊卡片资料，在缺少记载的情况下，只能根据羊的个体鉴定作为选种的依据，无法进行血统的审查。

（2）根据本身成绩进行选择。本身成绩是羊生产性能在一定饲养管理条件下的现实表现，它反映了羊自身已经达到的生产水平，是种羊选择的重要依据。这种选择法对遗传力高的性状（如肉用性能）选择效果较好，因为这类性状稳定遗传的可能性大，只要选择了好的亲本就容易获得好的后代。

1）根据本身成绩选择种公羊。种公羊对群体生产性能改良作用巨大，选择优秀的种公羊可以改善每只羔羊的生产性能，加快群体重要经济性状的遗传进展。在一般中小型羊场，80%～90%的遗传进展是通过选择公羊得到的，其余10%～20%通过选择母羊而得到。小型羊场一般都需要从外面购买公羊，这时要特别重视公羊的质量。

在使用多个公羊的群体内，可用羔羊断奶重和断奶重比率来进行公羊种用价值的评定。在评估公羊生产性能时，需要考虑公羊和母羊的比率，将母羊羔羊窝重调整为公羊羔羊窝重（表3-1）。

表3-1　公羊生产性能评估表

公羊号	羔羊数目	矫正羔羊90日龄断奶重	羔羊断奶重比率

注：（1）矫正羔羊90日龄断奶重 =（断奶重÷断奶日龄）×90%。

（2）羔羊断奶重比率 =（某羔羊90日龄断奶重÷羔羊群体平均90日龄断奶重）×100%。

2）据本身成绩选择母羊。对于每只母羊，可用实际断奶重或矫正90日龄断奶重进行评价。也可以计算母羊生产效率进行评价：

母羊生产效率＝（每年羔羊断奶窝重÷断奶时母羊体重）×100%

从上面的公式可见，母羊生产效率在50%～100%。生产效率越高，则饲料转化效率越高，利润越大。

（3）根据同胞成绩进行选择。根据全同胞和半同胞两种成绩进行选择。同父同母的后代个体间互称全同胞，同父异母或同母异父的后代个体间互称半同胞。它们之间有共同的祖先，在遗传上有一定的相似性，全同胞的遗传相关系数为0.5，半同胞的遗传相关系数为0.25。它能对种羊本身不表现性状的生产性能做出判断。这种选择方法适合限性性状或活体难度量性状的选择，如种公羊的产羔潜力、产乳潜力就只能用同胞、半同胞母羊的产羔或产乳成绩来选择，种羊的屠宰性能则以屠宰的同胞、半同胞的实测成绩来选择。

（4）根据后裔成绩进行选择。根据系谱、本身记录和同胞成绩选择可以确定选择种羊个体的生产性能，但它的生产性能是否能真实稳定地遗传给后代，就要根据其所产后代（后裔）的成绩进行评定，这样就能比较正确地选出优秀种羊个体。但是这种选择方法经历的时间长，耗费的人力、物力多，一般只有非常重要的选种工作才会开展后裔测定，如通过近交建系法建立优秀家系则可以采用此法。

公羊后裔测定的基本方法：使公羊与相同数量、生产性能相似的母羊进行交配。然后记录母羊号、母羊年龄、产羔数、羔羊初生重、断奶日龄等信息，计算矫正90日龄断奶重、断奶比率等指标，然后进行比较。在产羔数相近的情况下，以断奶重和断奶重比率为主比较公羊的优劣。

（5）根据综合记录资料进行选择。反映种羊生产性能高低有多个性状，每个性状的选择可靠性对不同的记录资料有一定差异。对成年种羊来说其亲本、后代、自身等均有生产性能记录资料，就可以根据不同性状与这些资料的相关性大小和上下代成绩表现进行综合选择，以选留更好的种羊。

（三）做好后备种羊的选留工作

为了选种工作顺利进行，选留好后备种羊是非常必要的。后备种羊的选留要从以下几个方面进行：

1. 选窝（看祖先） 从优良的公、母羊交配后代中全窝都发育良好的羔羊中选择。母羊需要选择第二胎以上的经产多羔羊。

2. 选个体 要在初生重和生长各阶段增重快、体尺好、发情早的羔羊中选择。

3. 选后代 要看种羊所产后代的生产性能，是不是将父母代的优良性能传给了后代，凡是没有得到这方面遗传的不能选留。

选留后备母羊的数量，一般要达到所需数的 3~5 倍，后备公羊的数量也要多于所需数，以防在后续育种过程中有不合格的羊淘汰而导致数量不足。

二、种羊的选配

选配是选种工作的继续，决定着整个羊群以后的改进和发展方向，确保优秀的种羊繁殖出优秀的后代。在选种的基础上，有目的、有计划地选择优秀公、母羊进行交配，有意识地组合后代的遗传基础、获得体质外貌理想和生产性能优良的后代就称为选配。选配是双向的，既要为母羊选取最合适的与配公羊，也要为公羊选取最合适的与配母羊，科学合理的利用种羊，充分发挥出优秀种羊的遗传潜力，为羊群的持续发展、提高生产性能奠定基础。

（一）选配的原则

（1）选配要与选种紧密结合起来。选种要考虑选配的需要，为其提供必要的资料；选配要和选种配合，使双亲有益性状固定下来并传给后代。

（2）要用最好的公羊选配最好的母羊。要求公羊的品质和生产性能必须高于母羊，较差的母羊，也要尽可能与较好的公羊交配，使后代得到一定程度的改善；一般二、三级公羊不能作种用，不允许有相同缺点的公、母羊进行选配。

（3）要尽量利用好的种公羊，最好经过后裔测验，在遗传性未经证实之前，选配可按羊体形外貌和生产性能进行。

（4）种羊的优劣要根据后代品质做出判断，因此要有详细和系统的记载。

（二）选配的方法

羊的选配主要包括个体选配和种群选配。个体选配又分为品质选配和亲缘选配；种群选配又分为纯种繁育和杂交繁育，种群选配的内容将在下一节内容中叙述。

个体选配，是指在羊的个体鉴定的基础上进行的选配。它主要是根据个体鉴定、生产性能、血统和后代品质等情况决定交配双方。

1. 品质选配 品质选配又可分为同质选配、异质选配和等级选配。搞好品质选配，既能巩固优秀公羊的良好品质，又能改善品质欠佳的母羊品质，故肉用羊应广泛进行品质选配。

（1）同质选配。同质选配是一种以表型相似性为基础的选配，它是指选用性状相同、性能表现一致或育种值相似的优秀公、母羊配种，以获得与亲代品质相似的优秀后代。这种选配方式常用于优良性状的固定及杂交育种过程中理想型的横交固定。

生产中不能过分强调同质选配的优点，否则，容易造成单方面的过度发育，使体质变弱，生活力降低。因此在繁育过程中的同质选配，可根据育种工作的实际需要而定，达到育种目标即可。

（2）异质选配。异质选配是一种以表型不同为基础的选配，主要是选择具有不同优异性状的公、母羊相配，以期将公、母羊所具备的不同优良性状结合起来，获得兼备双亲不同优点的后代；或者是利用公羊的优点纠正或克服母羊的缺点或不足而进行的选配。

这种选配方式的优缺点，在某种程度上与同质选配相反。

（3）等级选配。等级选配是根据公、母羊的综合评定等级，选择适合的公、母羊进行交配，它既可以是同质选配（特级、一级母羊与特级、一级公羊的选配），也可以是异质选配（二级以下的母羊与二级及其以上等级公羊的选配）。

2. 亲缘选配　亲缘选配是指选择有一定亲缘关系的公、母羊交配。按交配双方血缘关系的远近又可分为近交和远交两种。近交是指交配双方到共同祖先的代数之和在六代以内的个体间的交配，反之则为远交。近交在养羊业中主要用来固定优良性状，保持优良血统，提高羊群同质性，揭露有害基因。近交在育种工作中具有其特殊作用，但近交又有其危害性（近交衰退），故在生产群中应尽量避免近交，不可滥用。

亲缘选配的作用在于遗传性稳定，这是优点，但亲缘选配容易引起后代的生活力降低，适应性变差，羔羊体质弱，体格变小，生产性能降低。亲缘交配，应采取下列措施，预防不良后果的产生：

（1）严格选择和淘汰。必须根据体质和外貌来选配，使用强壮的公、母羊配种可以减轻不良后果。亲缘选配所产生的后代，要仔细鉴别，选留那些体格结实和健壮的个体继续作为种羊。凡体质弱、生活力低的个体应予以淘汰。

（2）血缘更新。就是把亲缘选配的后代与没有血缘关系并培育在不同条件下的同品种个体进行选配，可以获得生活力强和生产性能好的后代。

第三节 肉羊的育种方法

一、肉羊的本品种选育

随着肉羊行业的不断发展，规模化、集约化的生产方式越来越普遍，对肉种羊高产性能的维持和提高则成为现代肉羊育种的重要工作。不管是地方优良品群还是引进的高产肉种羊群，都需要持之以恒的品种内选育，以保持良好的遗传素质。肉羊的本品种选育指以保持和发展品种固有优点为目标，在本品种内通过选种、选配、品系繁育、改善培育条件等为基本措施，提高品种性能的一种育种方法。本品种选育的根本任务是保持和发展本品种的优良特性，增加品种内优良个体的比例，克服本品种的某些缺点，故并不排除在个别情况下，一定时期、个别范围的小规模导入杂交。

肉用羊品种与其他任何品种一样，并非都是完全纯合的群体，本品种选育的前提正是品种内存在着差异。尤其是高产的品种群，受人工选择的作用较大，品种内的异质性更大，这些有差异的个体间交配，由于基因重组会使后代表现多种变异，为选育提供了丰富的素材，为全面提高本品种质量奠定了基础。当一个品种存在一定缺点而导入杂交时，引进某些基因会加快选育进展。然而，一个品种即使品质优良，一旦放松选育提高工作，自然选择作用相对增长，使群体向着原始类型发展，就会导致品种退化。因此，为了巩固和提高肉羊品种的主要生产性能，本品种选育是其经常性的育种活动。

（一）本品种选育的原则和措施

肉羊品种资源繁多，品种特点各不相同，选育措施也不完全一样，但在羊场进行本品种选育过程中，都有共同的基本原则和措施：

1. 进行品种普查 摸清品种分布区域及其自然生态条件、社会经济条件及产区群众养羊习惯，掌握羊群数量和质量消长及分布特点，根据品种现状制定品种标准。

2. 制定本品种资源的保存和利用规划 提出选育目标，保持和发展品种固有的经济类型和独特优点，根据品种普查状况，确定重点选育性状和选育指标。

3. 划定选育基地，建立良种繁殖体系 本品种选育工作应以品种的中心产区为基地，在选育基地范围内，逐步建立育种场和良种繁殖场，建立健全良种繁殖体系，使良种不断扩大数量，提高质量。在育种场内要建立良种核心群，为选育场提供优良种羊，促进整个品种性能的提高。

4. 严格执行选育技术措施，定期进行性能测定 本品种选育要拟定简便易行的良种鉴定标准和办法，实行专业选育与群众选育相结合，不断精选育种群，扩大繁殖群，在选种选配方案及选育目标的指导下，以同质选配为主导与异质选配相结合，严格执行选种标准，强化选优淘劣，迅速提高羊群种质纯度。同时，要改善饲养管理条件，实行合理培育原则。

5. 开展品系繁育，全面提高品种质量 根据品种内的区域性差异和不同区域（或羊场）的羊群类型或性能特点，建立起各具特色的生长快、胴体品质优良的品系，把品种的优良特性提高到一个新的高度。

6. 加强组织领导，充分调动群众选育工作的积极性 建立育种协作组织，制定选育方案，定期进行种羊鉴定，广泛开展良种登记和评定交流活动，积极推进本品种选育工作。

（二）肉羊品种本品种选育例证

以小尾寒羊为例，王振来、赵德明 2009 年在河北地区对小尾寒羊进行本品种选育的结果：选育后的小尾寒羊体形外貌较整齐一致，全身被毛白色，头部毛少，公羊有螺旋形大角，母羊多数无角或有小角，头大小适中，鼻梁隆起，耳大下垂，体形呈长方形，背腰平直，四肢健壮，尾长不超过飞节，生殖器官发育正常。

成年公羊、成年母羊选育后与未选育羊相比，体高、体长、胸围均有提高。与选育一级标准相比，体高、体长、胸围均超过了一级标准。选育后的成年小尾寒羊公羊、母羊的生长性能得到显著提高（$P<0.05$），说明本品种选育对公羊、母羊的生长性能有显著影响，如表 3-2 所示。

表 3-2　成年公羊、母羊体尺比较（单位：cm）

项目	公羊			母羊		
	未选育羊	选育一级标准	选育羊	未选育羊	选育一级标准	选育羊
体高	$67.10^c\pm5.28$	93.00^b	$96.80^a\pm4.81$	$61.37^c\pm5.43$	76.00^b	$81.90^a\pm4.78$
体长	$74.16^c\pm6.35$	97.00^b	$102.08^a\pm6.91$	$6.36^c\pm6.78$	680.00^b	$88.81^a\pm7.84$
胸围	$81.58^c\pm7.12$	110.00^b	$115.19^a\pm6.03$	$78.25^c\pm7.21$	92.00^b	$98.51^a\pm4.67$

注：同行数据右上角字母不同表示差异显著（$P<0.05$）。

经过本品种选育，成年公羊体重为 114.41kg±22.80kg，与选育一级标准 100.0kg 相比得到显著提高（$P<0.05$）；成年母羊体重为 61.70kg±10.45kg，与选育一级标准 50.0kg 相比得到显著提高（$P<0.05$），说明本品种选育对成年公羊的体重有显著影响。

8 月龄选育羊与未选育羊相比，屠宰率、净肉率均有提高，且均超过选育标准。选育羊与未选育羊相比，宰前活重、胴体重、净肉重、骨重和肉骨比也分别有所提高。试验结果表明，本品种选育对小尾寒羊的屠宰率和净肉率有显著影响（$P<0.05$），如表 3-3 所示。

表 3-3　屠宰（8 月龄）测定结果

项目	未选育羊	选育羊	选育标准
宰前活重（kg）	$31.17^b \pm 3.98$	$44.60^a \pm 5.52$	
胴体重（kg）	$13.97^b \pm 1.30$	$22.75^a \pm 3.11$	
屠宰率（%）	$44.81^b \pm 4.02$	$51.01^a \pm 4.98$	50^a
净肉重（kg）	$10.77^b \pm 1.04$	$18.09^a \pm 2.24$	
净肉率（%）	$34.55^b \pm 3.26$	$40.56^a \pm 3.76$	38^a
骨重（kg）	$2.47^b \pm 0.42$	$4.10^a \pm 0.55$	
肉骨比	$4.02^b \pm 0.36$	$4.41^a \pm 0.39$	

注：同行数据右上角字母不同表示差异显著（$P<0.05$）。

我们看到地方优良种羊的选育效果显著。我国肉羊业快速发展主要依赖于地方优秀种羊和引进优秀肉种羊生产性能的保持和提高，所以要加强不同来源种羊群的本品种选育工作，不能把目光只局限于眼前的卖种、炒种等短期经济效益上，而忽略了种羊群的自身提高。应针对不同来源种羊群存在的缺点或者可提高空间制订统一的选育计划，并制订有利于本品种选育的政策和措施，把重点放在产肉性能的提高上。在繁育过程中，要重视种羊的饲养管理技术，还要搞好选育工作，淘汰适应性差的个体，选留适应性强、生产性能好的羊的后代，组成肉羊生产的基础种羊群，在种羊群中选育体形外貌一致、产羔率高、产肉性能好、适应性强、遗传性稳定的肉用种羊，既保持优秀种羊群的品种特性，又提高了产肉性能，对发展肉羊业具有重要意义。

二、肉羊的品系培育

品系繁育是现代家畜育种中的一种高级育种技术，品系形成快，选育性状重点突出，生产中使用灵活。品系是品种内具有共同特点、彼此间有亲缘关系的个体组成的遗传性能稳定的群体，是品种内部的结构单位。一个品种内品系越多，遗传基础越丰富，通过品系繁育，品种整体质量就会不断得到提高。例如，在一个肉羊品种内需要同时提高肉用体形、早期生长速度、羊肉品质等几个性状的生产性能。由于考虑的性状过多，使每个性状的遗传进展都很微小。如果将群体中有不同优点，如生长速度快、羊肉品质好的个体分别组合起来，形成品种内的小群体（品系），在各个品系内进行选育，有重点地将这些特点加以巩固提高，然后再将这些不同品系进行杂交，便可快速地提高整个品种质量。品系培育不仅是为了建立品系，更重要的是利用品系，其作用是促进新品种的育成，加快现有品种的改良，充分利用杂种优势。

品系繁育大致可分为三个阶段。

（一）组建品系基础群

根据育种目的，选择品种内符合需求特点的个体，组建成品系繁育基础羊群。例如，在肉用羊的育种中，可考虑建立体重大系、生长速度快系、肉品质好系、高繁殖力系等。组建品系时，可按两种方式进行。

1. 按表型特征组群　按表型特征组群方法简便易行，不考虑个体间的血缘关系，只要将具有符合拟建品系要求的个体组成群体即可。在育种和生产实践中，对于有中、高度遗传力的性状如产肉性状，多数采用这种方法建立品系。

2. 按血缘关系组群　对选中个体逐一清查系谱，将有一定血缘关系的个体按拟建品系的要求组群。这种品系对于改善遗传力低的性状，如繁殖力、肉品质特性等有较好效果。

（二）闭锁繁育阶段

品系基础群组建后，用选中的系内公羊（又叫系祖）和母羊进行"品系内繁育"，或者说将品系群体"封闭"起来进行繁育。在这个阶段应注意以下几个方面的问题。

1. 选定和利用优秀系祖 按血缘关系建品系的封闭繁育，应尽量利用遗传稳定的优秀公羊作为系祖；注意选择和培养具有系祖特点的后代作为系祖的接班羊。按表型特征组建成的品系，早期应对所用公羊进行后裔测验，发现和培养优秀系祖，系祖一经确定，就要尽量扩大它的利用率。优秀系祖的选定和利用，往往是品系繁育能否成功的关键。

2. 保持品系同一性 及时淘汰不符合要求的个体，始终保持品系同一性。

3. 控制近交 封闭繁育到一定阶段，必然出现近亲繁殖现象，特别是按血缘组建的品系，一开始实行的就是近交。连续强度近交会导致近交衰退，出现流产、死胎、生活力低下等一系列不利于维持品系发展的现象，因此，控制近交是十分必要的。开始阶段可采用父—女、母—子等嫡亲交配，逐代疏远，最后将近交系数控制在20%左右。采用随机交配时，可通过控制公羊数量来掌握近交程度。

4. 必要时进行血液更新 血液更新是指把遗传性和生产性能一致、非近交的同品系的种羊引入闭锁羊群，这样的公、母羊属于同一品系，仍是纯种繁育。血液更新主要是在闭锁羊群中进行，由于羊的数量较少而存在近交产生不良后果时，或者是新引进的品种改变环境后导致生产性能降低时，又或者是羊群质量达到一定水平，生产性能及适应性等方面呈现停滞状态时可使用此法。

（三）品系间杂交阶段

当各品系繁育到一定程度，所需的优良性状、遗传特性达到一定稳定程度后，便可按育种目标及需要，开展品系间杂交，将各品系优点集合起来，提高品种的整体品质。例如，用高产肉品系与肉品质优秀品系杂交，就会将这两个性状固定于群体中。但是，在进行品系间杂交后，应还需要根据羊群中出现的新特点和育种要求创建新的品系，再进行品系繁育，不断提高品种水平。

如南江黄羊是四川省培育成功的中国第一个肉用山羊新品种，在品种培育前期和中期阶段，选育工作比较粗糙，因而进展缓慢，为了提高羊群品质和加快培育速度，在 20 世纪 80 年代后期开始建立了体大系、高繁殖力系和早熟系等品系，分别进行品系繁育。经过近十年的努力，终于成功地培育出了具有体格高大、繁殖力高、生长发育快、产肉性能好和适应性强的新型肉山羊品种——南江黄羊。

三、肉羊的杂交育种

肉羊的杂交育种是区别于本品种选育和品系繁育的一种选育方法，是指用两个或两个以上的肉羊品种进行品种间交配，以达到组合后代的遗传结构，创造新的类型，或直接利用新类型进行生产或利用新类型培育新品种或新品系的目的，根据杂交日的不同可以把杂交繁育分为引入杂交、级进杂交、育成杂交和经济杂交。

（一）引入杂交

引入杂交是指在保留原有肉羊品种基本品质的前提下，利用引入品种改良原有肉羊品种某些缺点的一种有限杂交方法。具体操作手段是利用引入的种公羊与原有母羊杂交 1 次，再在杂交子代中选出理想的公羊与原有母羊回交 1 次或 2 次，使外源血统含量低于 25%，把符合要求的回交种羊自群繁育扩群生产，这样既保持了原有品种的优良特性，又可将不理想的性状改良提高。

引入杂交在养羊业中应用广泛，其成败在很大程度上取决于改良用品种公羊的选择和杂交过程中的选配，同时注意加强杂交后代羔羊的培育。在引入杂交时，选择品种的个体很重要，要选择经过后裔测验和体形外貌特征良好，配种能力强的公羊，还要为杂种羊创造一定的饲养管理条件，并进行细致的选配。此外，还要加强原品种的选育工作，以保证供应好的回交种羊。

（二）级进杂交

级进杂交也称吸收杂交、改进杂交。改良用的公羊与当地母羊杂交后，从第一代杂种开始，以后各代所产母羊，每代继续用原改良品种公羊选配，到 3～5 代杂种后代生产性能基本与改良品种相似。杂交后代基本上达到目标时，杂交应停止。符合要求的杂种公、母羊可以横交。如波尔山羊引入中国后，与一些地方品种开展级进杂交，杂交 3 代以上的后代在体形外貌、生长速度、产肉性能上基本与波尔山羊相似。

（三）育成杂交

育成杂交是以培育新品种、新品系，改良品种、品系为目的的杂交。有很多优良品种羊在形成过程中都用到了育成杂交，如现代知名的肉羊品种杜泊羊、夏洛莱羊等都是采用育成杂交培育成的，在育种过程中逐渐选育提高品种的主要生产性能如产肉性能、繁殖性能等，纯化群体的一致性，最终形成稳定遗传的优良品种。育成杂交的过程一般为：不同品种间的杂交试验、配合力的测定，选择比较优良的组合进行反交、回交，再筛选最佳组合，进行世代选育，经过多个世代的选育和多方面的育种试验测定，育成新的品种。如杜泊羊是由有角陶赛特羊和波斯黑头羊杂交育成的。

（四）经济杂交

中国至今尚未培育出高水平的专门化肉羊品种，应根据肉羊区划，积极推进良种培育工作。在中原地区以肉用绵羊育种为主，利用小尾寒羊、湖羊、东佛里生乳用羊等品种培育综合肉羊品种；也可以小尾寒羊、湖羊为基础，适度引入东佛里生乳用羊的血液，培育出比小尾寒羊、湖羊更优良的多胎多产母本品种，再用杜泊羊、夏洛莱羊公羊进行杂交，组合出肉用性能稳定的类型后横交固定，扩群推广。在西南地区应加强黑山羊的利用，可应用努比亚山羊和波尔山羊，培育出肉用性能胜过南江黄羊和接近波尔山羊的新型肉用山羊品种。在中东部和西北地区，可将小尾寒羊和湖羊的多胎基因导入当地绵羊群体，培育出适宜当地自然生态条件的高繁殖力母本绵羊；或者培育出适应性好、耐粗饲、繁殖力较强的肉用山羊品种。

四、肉种羊的合理利用

（一）肉种羊的纯繁利用

近年来中国肉羊业的发展迅速，呈现逐年上升趋势。因此不管是地方优良品种羊还是引进的优良肉羊品种，都要做好纯种繁育工作，即使在商品羊生产中采用杂交模式生产，纯种繁育依然重要。

1. 肉用种羊的特征 据不完全统计，中国目前饲养的肉羊品种共有30余种。但不管它们是什么品种，不管是山羊还是绵羊，其主要生产方向是肉用的，就该具备下列肉用羊品种的一般特征。

（1）早熟。一般肉用羊品种性成熟早，在7~8月龄，甚至5~6月龄即具备繁殖能力，生产中一般比性成熟延迟2~3月进行初配。

（2）四季发情。肉用品种母羊可常年发情、配种并且每胎产多羔，利于快速提供商品肉羊。

（3）生长发育快。羔羊早期生长速度快，经育肥4~6月龄可达到上市体重。

（4）体形呈圆桶状。肉用羊体质属于细致疏松型，皮下结缔组织及肌肉发达，肉用体形明显。

2. 肉用种羊的评定　作为肉用种羊，首先要求它本身生产性能、体质及外形好，发育正常；其次还要求它繁殖性能好，合乎品种标准，种用价值高。纯种繁育肉种羊这6个方面都要进行评定，前5个方面根据肉用种羊本身的性能表现即可评定，而种用价值的评定就是对种羊遗传型的鉴定。

（1）肉种羊外形评定。肉用羊主要生产方向是生产羊肉，因此在外形选择时，应掌握肉用羊的外形特征：从整体看，应选体躯低垂，皮薄骨细，全身肌肉丰满，疏松而匀称的个体；从局部看，应着重于产肉性能关系重要的部位，这些部位是鬐甲、前胸和尻部。鬐甲要宽、厚、多肉，与背腰在一条直线上。前胸要饱满，突出于两前肢之间，垂肉细软而不甚发达，肋骨比较直立而弯曲不大，肋骨间隙较窄，两肩与胸部结合良好，无凹陷痕迹，显得十分丰满多肉；背部宽广与鬐甲及尾根在一条直线上，显得十分平坦而多肉，沿脊椎两侧和背腰肌肉非常发达，常形成"复腰"，腰短，肷小，腰线平直，宽广而丰满，整个体躯呈现粗短圆桶形状。尻部要宽、平、长，富有肌肉，忌尖尻和斜尻。两腿宽而深厚，显得十分丰满。腰角丰圆不突出。坐骨端距离宽，厚实多肉；连接腰角、坐骨端宽与飞节3点，要构成丰满多肉的肉三角。

肉用型种羊的选择，在外形上应抓住两个重点：一是细致疏松型明显；二是前望、侧望、上望都构成矩形。即前望由于胸宽深，鬐甲十分平直，肋骨十分弯曲，构成前望矩形；侧望由于颈短而宽，胸尻深宽，前胸突出，股后平直，构成侧望矩形；上望由于鬐甲宽，背腰、尻部宽，构成上望矩形。

肉用种羊外形选择方法，可以采用肉眼评定方法，也可根据各种肉用品种羊的外貌特征、体尺、体重标准，以及种羊场和生产羊场的记载资料，采用综合评定法。从现实讲，生产场多采用肉眼评定，凭技术员的学识和经验来选择，选择时着重外形。

（2）肉种羊种用价值评定。种用价值高是对种羊最根本的要求，也是最重要的，因为种羊的主要价值不在于它本身能生产多少产品，而在于它能生产多少品质优良的后代羔羊。肉用种羊的选择，既要依据本身的表型评定结果，又要依据其遗传型的评价结果。

种用羊遗传型的鉴定，必须根据来自其亲属的遗传资料，即所谓的亲属就是祖先（父母）、后裔（子女）和同胞（包括全同胞和半同胞）。质量性状的遗传型通常采用亲属资料并结合测交方法来鉴定；数量性状的遗传型采用本身记录及亲属资料并结合育种值估计方法来鉴定。由于种羊本身的性能表现，祖先、同胞及后裔的测定成绩是在不同时期获得的。所以，只能在不同阶段依据既有的不同来源的遗传信息，或单项、或多项、或综合全部来源的遗传信息来评价种羊的种用价值，进行种羊选择。

一般情况下，当羔羊出生后或断奶后，根据它们的系谱和同胞成绩，选择后备种羊；当它们有了性能表现后，可根据其本身发育情况和生产性能及更多的同胞资料，再一次选优去劣。只有最优秀的羊只才进行后裔测验，确认是优秀者，才能加强利用，扩大生产。实质上，种羊的选择早在选配时就开始了。

优秀的种用公、母羊选好之后，就可以按照生产目标合理选配了，品种内进行纯种繁育生产肉用羔羊。并不断在后代中选留后备种羊，递进式循环生产。

（二）肉种羊的杂交利用

肉种羊的杂交利用是经济杂交，也称杂种优势利用，杂交的目的是获得高产、优质、低成本的商品羊。采用不同羊品种或不同品系间进行杂交，可生产出比原有品种、品系更能适应当地环境条件和高产的杂种羊，极大地提高养羊业的经济效益。杂种优势利用包括杂交亲本选优提纯、杂交组合筛选、杂种优势评估、杂交工作组织等环节。

1. 杂交亲本选择

（1）杂交母本的选优提纯。在肉羊杂交生产中，母本应选择在本地区数量多、适应性好的品种或品系。母羊的繁殖力要足够高，产羔数一般应为2个以上，至少应2年3产，羔羊成活率要足够高。此外，还要泌乳力强、母性好。母性强弱关系到杂种羊的成活和发育，影响杂种优势的表现，也与杂交生产成本的降低有直接关系。在不影响生长速度的前提下，不一定要求母本的体格很大。小尾寒羊、洼地绵羊、湖羊、黄淮山羊、陕南白山羊及贵州白山羊等都是较适宜的杂交母本。

（2）杂交父本的选优提纯。父本应选择生长速度快、饲料报酬高、胴体品质好的品种或品系。萨福克羊、无角陶塞特羊、夏洛莱羊、杜泊羊、特克赛尔羊、德国肉用美利奴羊及波尔山羊、努比亚山羊等都是经过精心培育的专门化品种，遗传性能好，可将优良特性稳定地遗传给杂种后代。若进行三元杂交，第一父本不仅要生长快，还要繁殖率高。选择第二父本时主要考虑生长快、产肉力强。

2. 经济杂交的主要方式

（1）二元杂交。二元杂交也叫简单杂交，是指两个羊品种或品系间的杂交，杂交代商品用。一般是用肉种羊作父本，用本地羊作母本，杂交1代通过育肥全部用于商品生产。二元杂交杂种后代可吸收父本个体大、生长发育快、肉质好和母本适应性好的优点，方法简单易行，应用广泛，但母系杂种优势没有得到充分利用。

（2）三元杂交。三元杂交一般以本地羊作母本，选择肉用性能好的肉羊作第一父本，进行第一步杂交，生产体格大、繁殖力强、泌乳性能好的杂交 1 代母羊（F1），作为羔羊肉生产的母本，F1 公羊则直接育肥。再选择体格大、早期生长快、瘦肉率高的肉羊品种作为第二父本（终端父本），与 F1 母羊进行第二轮杂交，所产 F2 羔羊全部肉用。三元杂交效果一般优于二元杂交，既可利用子代的杂交优势，又可利用母本的繁殖力优势，但繁育体系的维持相对复杂。

（3）双杂交。双杂交指的是 4 个品种先两两杂交，杂种羊再相互进行杂交。双杂交的优点是杂种优势明显，杂种羊生长速度快、繁殖力高、饲料报酬高，但繁育体系更为复杂，需要同时维持 4 个品种群的纯繁，投资较大。

为了提高肉羊生产效率，利用不同的肉羊品种相杂交，产生的各代杂种羊具有生活力强、生长发育快、饲料利用率高、产品率高等优势，在肉羊业中被广泛应用。目前发达国家多采用 3 品种或 4 品种杂交生产肥羔。中国农村肉羊生产尚处在对品种的初步利用水平上，大部分地区仅是利用地方品种生产肉羊，部分地区采用 2 个品种杂交生产杂种肉羊，个别地区有 3~4 个品种杂交生产的肉羊试点。试验表明，2 个品种杂交产生的羔羊断奶体重的杂种优势率在 13% 以上，3 个品种杂交的杂种优势率在 38% 以上，4 个品种杂交的杂种优势又超过了 3 个品种的杂交。

中国农村要开展肉羊的杂种优势利用工作，应根据各地的品种资源及基础条件，在杂交试验的基础上，制定杂交规划，有领导、有计划、有步骤地开展经济杂交工作。盲目杂交不仅不能获得稳定的杂交优势，而且会把纯种搞混杂，破坏肉羊品种资源。目前中国肉羊繁育体系还不健全，缺乏合理而持续利用的长期规划，因此除进行配合力测定试验外，应有组织、系统地建立起完善的纯繁和杂交繁育体系。目前，中国北方许多省（区）引进了萨福克羊、无角陶塞特羊和夏洛莱羊等国外肉用羊品种，是中国农村广泛开展杂种优势利用的父本品种，用中国地方良种作母本，开展二元和三元杂交生产肥羔。

3. 肉羊繁育体系　所谓肉羊繁育系，是指为了开展肉羊的杂种优势利用工作建立的一整套合理的组织机构，包括建立各种性质的羊场，确定羊场之间的相互关系，在规模、经营方式、互助协作等方面密切配合，从而达到整体经营，工作效率高，产品高额优质。根据杂交方式的不同，分别可建立两级或三级繁育体系。

（1）两级繁育体系。进行二元杂交应建立两级繁育体系，即两个纯种繁殖场和商品生产场。一个地区可由国家建立纯种繁殖场，大型专业户可建立商品生产场，利用两个纯繁场提供的父本和母本杂交，或仅饲养母本羊，利用地方配种站的父本公羊杂交，为小型专业户提供杂种羔羊，或自繁自养，进行肥羔生产。

（2）三级繁育体系。三元杂交应建立三级繁育体系，其中有两级繁殖场和一级商品生产场。一般由国家建立两级繁殖场，一级为纯种繁殖场，共有 3 个，每个纯种繁殖场饲养一个品种；另一级为杂种繁殖场（即二级繁殖场），利用纯种繁殖场提供的母本和第一父本进行杂交，专门生产杂种母本。大型专业户建立商品生产场，利用杂种繁殖场提供的一代杂种母本与纯种繁殖场提供的第三品种父本（终端父本）或配种站饲养的第三品种公羊搞三品种杂交，为专业户提供三品种杂交羔羊，或者自繁自养，进行肥羔生产。

4. 肉羊繁育体系建设需要注意的问题

（1）纯繁场的选育。一级纯繁场需要注意切实开展品种内的系统选育工作，确保优良种羊的性能能够保持和提高。地方优良品种羊组建核心群后，切实需要逐代严选，长期的自由生产使得群体内个体差异大，生产性能高低不等，需要按照统一的选育指标进行系统选育。中国近年来引入的优良羊品种也需要坚持选育，这些引进个体往往由于风土驯化、选育手段、种群数量等原因导致部分品种的繁殖性能降低，生产水平下降，因此在引进品种群体内开展本品种选育工作十分必要，防止种质退化而失去改良价值。

（2）做好杂交组织工作。杂交用种羊种质、代数要确实，生产中避免随意杂交。经济杂交由于其良好的经济效益往往在生产中被广泛使用，但一定要明确两个理念：第一，不是所有的杂交组合都有优势，要选用已经经过试验并且效果确实的杂交组合，同时要注意利用正确的杂交方式，有时同样的两个品种或品系可能会由于正反交不同杂交效果相差甚远。第二，参与杂交的亲本越纯，杂种优势越明显，因此生产中一定要明确没有纯种就没有杂种优势可言，必须做好杂交亲本的纯种繁育工作后或选择纯种、纯系开展杂交才有望获得杂种优势。

（3）杂交代不留种。杂种优势利用是指经过筛选的杂交组合，其杂交代在生产性能上有显著优势，但并不意味着有种用价值，因此切记杂交代不能反复留种，更不能用不明血统的羊混交乱配，除非是育种环节中的正反反复杂交或多元杂交的母本，为了后续生产中发挥繁殖力的优势而继续种用，其他杂交个体一律商品用。

（4）科学使用杂交组合。在生产中参考已有的杂交方式进行杂种优势利用，如果没有被选父、母本杂交效果的相关报道，则不能盲目大范围开展杂交，应小范围配套试验，待探索到最优的杂交组合后，再大范围推广。

5. 常见绵羊杂交组合

（1）二元杂交组合。

1）萨寒杂交组合。以萨福克羊为父本、小尾寒羊为母本进行二元杂交，羔羊初生重 4.25kg，0~3 月龄日增重 271.11g，3~6 月龄日增重 200.00g，6 月龄重 46.86kg。

2）白寒杂交组合。以白头萨福克羊为父本、小尾寒羊为母本进行二元杂交，羔羊初生重可达 4.16kg，0~3 月龄日增重 280.00g，3~6 月龄日增重 203.33g，6 月龄活重 47.39kg。白寒组合初生重较小，但生长速度超过萨寒组合。

3）陶寒杂交组合。以无角陶赛特羊为父本、小尾寒羊为母本进行二元杂交。羔羊初生重 3.72kg，4 月龄体重 23.77kg，6 月龄活重 30.54kg。

4）夏寒杂交组合。以夏洛莱羊为父本，与小尾寒羊进行二元杂交。羔羊初生重 4.76kg，4 月龄体重 22.82kg，6 月龄活重 28.28kg。夏寒杂交 F1 母羊繁殖指数的杂种优势率为 11.20%。

5）德寒杂交组合。以德国肉用美利奴羊父本，与小尾寒羊进行二元杂交。羔羊初生重 3.2kg，3 月龄体重 21.09kg，6 月龄活重可达 36.64kg。

6）特寒杂交组合。以特克赛尔羊为父本，与小尾寒羊进行二元杂交。羔羊初生重 3.97kg，3 月龄体重 24.20kg，6 月龄活重 48.0kg。0~3 月龄日增重 225g，3~6 月龄日增重 263g。

7）杜寒杂交组合。以杜泊羊为父本，与小尾寒羊进行二元杂交。羔羊初生重 3.88kg，3 月龄重 24.6kg，6 月龄重 51.0kg。0~3 月龄日增重 230g，3~6 月龄日增重 293g。图 3-41 所示为杜寒杂交羊。

图 3-41　杜寒杂交羊

8）萨蒙杂交组合。1988 年唐道廉报道，内蒙古自治区用萨福克品种公羊与蒙古羊、细毛低代杂种羊进行杂交试验，萨福克杂种一代羔羊，生长发育快，产肉多，而且适合于牧区放牧育肥，经测定一代杂种羯羔 190 日龄宰前活重为 37.25kg，胴体重为 18.33kg，屠宰率为 49.21%，净肉重为 13.49kg，脂肪重为

1.14kg，胴体净肉率为 73.6%。

9）萨湖杂交组合。2002 年钱建共等报道，用引入萨福克品种公羊与湖羊进行杂交试验。萨×湖一代杂种羊 6 月龄体重 38.02kg±4.65kg，平均日增重从初生至 2 月龄为 285kg±53g，初生至 6 月龄 183kg±21g；比同龄对照组湖羊分别提高 26.61%、46.15% 和 24.49%；7 月龄羔羊屠宰结果，宰前活重为 37.33kg±1.20kg，胴体重 18.45kg±0.64kg，屠宰率 48.92%±2.00%，胴体净肉率 74.55%±2.76%，骨肉比 1：3.99，眼肌面积 14.51cm^2±3.23cm^2，GR 值 1.03cm±0.17cm，各项指标都优于对照组湖羊，其中宰前活重提高 33.75%，胴体重提高 43.8%，眼肌面积提高 42.25%。

10）萨宁土杂交组合。2001 年张秀陶等用萨福克羊与宁夏土种绵羊杂交，经育肥的 8～9 月龄羯羊屠宰前活重 35.8kg±3.75kg，胴体重 18.34kg±2.51kg，屠宰率 51.23%，胴体净肉率 78.52%，骨肉比 1：5.17，眼肌面积 15.2cm^2±1.17cm^2，GR 值 1.89cm±0.18cm，各项指标都优于对照组土种羊，其中胴体重提高 46.25%，眼肌面积提高 39.71%。

（2）三元杂交组合。

1）特陶寒杂交组合。无角陶赛特与小尾寒羊二元杂交，F1 母羊再与特克赛尔公羊杂交。羔羊初生重 3.74kg，3 月龄重 20.63kg，6 月龄重 29.91kg，0～3 月龄日增重 207.86g。

2）南夏考杂交组合。夏洛莱与考力代二元杂交，F1 母羊再与南非肉用美利奴公羊杂交。羔羊初生重 4.65kg，100 日龄断奶体重 22.35kg，0～100 日龄日增重 176g，100 日龄断奶至 6 月龄日增重 80.10g。

3）南夏土杂交组合。夏洛莱与山西本地土种羊进行二元杂交，杂交 F1 母羊再与南非肉用美利奴公羊杂交。羔羊初生重 4.05kg，100 日龄断奶体重 16.30kg，0～100 日龄日增重 122g，

100 日龄断奶至 6 月龄日增重 51.73g。该组合是山西等地重要的杂交组合类型。

4）陶夏寒杂交组合。夏洛莱与小尾寒羊二元杂交，F1 母羊再与无角陶赛特公羊杂交。3 月龄杂种羔羊 29.97kg，6 月龄杂种羔羊 44.98kg，0~6 月龄日增重 165.71g。

5）萨夏寒杂交组合。夏洛莱与小尾寒羊二元杂交，F1 母羊再与萨福克公羊杂交。3 月龄杂种羔羊 27.21kg，6 月龄杂种羔羊 42.59kg，0~6 月龄日增重 166.31g。

6）德夏寒杂交组合。夏洛莱为父本与小尾寒羊二元杂交，F1 母羊再与德国肉用美利奴公羊杂交。3 月龄杂种羔羊 32.63kg，6 月龄杂种羔羊 53.19kg，0~6 月龄日增重 223.48g。

6. 常见山羊杂交组合

（1）二元杂交组合。

1）波鲁杂交组合。波尔山羊公羊与鲁北白山羊母羊杂交。6 月龄、12 月龄杂种羊体重分别 35.85kg、59.05kg，分别较鲁北白山羊提高 25.57%、14.00%。

2）波宜杂交组合。波尔山羊公羊与宜昌白山羊母羊杂交。羔羊初生、2 月龄断奶、8 月龄杂种羊体重分别达 2.82kg、12.08kg、25.43kg，分别较宜昌白山羊提高 51.96%、30.59%、83.61%。屠宰率（47.26%）比宜昌白山羊高 6.67%。

3）波黄杂交组合。波尔山羊公羊与黄淮山羊母羊杂交。F1 代羊初生、3 月龄、6 月龄、9 月龄体重分别达 2.89kg、16.31kg、21.59kg、43.85kg，分别较黄淮山羊提高 69.50%、105.93%、41.76%、138.44%。

4）波南杂交组合。波尔山羊公羊与南江黄羊母羊杂交，F1 代公、母羊的初生重分别达 2.67kg、2.44kg，2 月龄体重分别达 10.69kg、9.10kg，8 月龄体重分别达 22.56kg、20.84kg，杂种羊从初生到周岁的体重比南江黄羊高 30% 以上。

5）波长杂交组合。波尔山羊与长江三角洲白山羊杂交，F1代初生、断奶、周岁体重分别为 2.50kg、11.18kg、22.11kg，比长江三角洲白山羊分别提高 72.60%、83.58%、42.11%。周岁羯羊胴体重可达 14.37kg，屠宰率为 54.35%，比长江三角洲白山羊分别提高 7.20kg、12.95%。初生重和产羔率的杂种优势率分别为 10.13%、12.8%。

6）波简杂交组合。波尔山羊与简阳大耳羊杂交，F1 代初生、2 月龄、6 月龄、12 月龄体重分别达 3.59kg、15.58kg、28.15kg、38.94kg，分别比简阳大耳羊提高 52.44%、41.06%、44.41%、30.34%。

7）波马杂交组合。波尔山羊与马头山羊杂交，F1 代初生、3 月龄、6 月龄、9 月龄、12 月龄体重分别达 2.7kg、18.5kg、22.7kg、28.8kg、32.7kg，分别比马头山羊提高 54.3%、48.0%、29.0%、26.3%、16.8%。

8）波福杂交组合。波尔山羊公羊与福清山羊母羊杂交。羔羊初生、3 月龄、8 月龄重分别为 2.87kg、16.08kg、22.63kg，分别较福清山羊提高 14.34%、23.12%、34.27%。

9）波陕杂交组合。波尔山羊与陕南白山羊杂交，F1 初生、3 月龄、6 月龄、12 月龄、18 月龄体重分别为 3.4kg、16.60kg、27.26kg、40.33kg、46.30kg，分别比陕南白山羊提高 56.0%、15.27%、39.79%、37.20%、40.73%。

10）波贵杂交组合。波尔山羊与贵州白山羊杂交，F1 初生、3 月龄、6 月龄、12 月龄、18 月龄分别为 2.48kg、13.68kg、22.95kg、31.05kg、38.10kg，分别比贵州白山羊提高 50.46%、54.61%、51.84%、61.09%、59.38%。

（2）三元杂交组合。

1）波努马杂交组合。努比亚山羊公羊先与马头山羊母羊杂交，F1 母羊再与波尔山羊公羊杂交。F2 代初生、3 月龄、6 月龄、9 月龄、12 月龄体重分别为 3.0kg、12.0kg、22.0kg、27.9kg、34.0kg，分别比马头山羊提高 71.4%、0.0%、25.0%、22.2%、21.4%。

2）波奶陕杂交组合。关中奶山羊公羊先与陕南白山羊杂交，F1 母羊再与波尔山羊公羊杂交。波奶陕、波陕、奶陕、陕南白山羊羔羊的初生重分别为 3.63kg、3.07kg、2.45kg、2.18kg。波奶陕、波陕、奶陕、陕南白山羊羔羊 3 月龄体重分别达 19.46kg、16.60kg、15.19kg、14.40kg，6 月龄体重分别为达 32.30kg、27.45kg、21.35kg、19.50kg。

7. 杂种优势利用环节中应注意的问题 从以往的杂交试验结果看，萨福克羊、无角陶赛特羊、德国肉用美利奴羊、夏洛莱羊、特克赛尔羊、杜泊羊、波尔山羊和努比亚山羊等引进肉羊品种对中国地方羊种的改良作用很明显，但在进行经济杂交中应注意以下问题。

（1）杂种优势与性状的遗传力有关。一般认为低遗传力性状的杂种优势率高，而高遗传力性状的杂种优势率低。繁殖力的遗传力在 0.1～0.2，杂种优势率可达 15%～20%。育肥性状的遗传力在 0.2～0.4，杂种优势率为 10%～15%。胴体品质性状的遗传力在 0.3～0.6，杂种优势率仅为 5%左右。

（2）杂交代次不能太高。一般 F1 代羊杂种优势率最高，随杂交代数的增加，杂种优势率逐渐降低，且有产羔率降低、产羔间隔变长的趋势。因此，不应无限制进行级进杂交。引进肉用绵羊品种较多，可以用多品种杂交替代单品种级进杂交。引进肉用山羊品种相对较少，可适当进行级进杂交，但不宜超过 2 代。在肉用山羊生产中，除积极培育新品种外，可加强努比亚山羊的利用。

（3）应注意综合评价改良效果。杂种优势不可单以增重速度来衡量。母羊的生产指数综合了增重速度和繁殖力的总体效应，是比较适宜的杂交效果评价指标。

（4）杂交对于山羊板皮可能产生不利影响，应引起足够的重视。

（5）注意为杂交亲本提供适宜的饲养管理条件。选择适宜杂交组合的同时，注意改善种羊的饲养管理。优良的遗传潜力只有在良好营养的基础上才能充分发挥。国外肉羊品种繁殖能力受营养条件影响较大，如杜泊羊、德国肉用美利奴羊产羔率随营养水平不同会在100%～250%范围内变动。波尔山羊也有类似的现象。

五、肉羊的引种

（一）根据生产需要，确定引入品种

1. 结合当地气候环境和生产性能选择品种

（1）气候环境：不同品种的羊长期在产区生息繁衍，对当地的环境条件具有独特的适应性，引种前必须了解环境条件适宜与否，可查阅引种成功的报道，确保该品种引入后能够安全度过风土驯化期。如长江以南地区，适于山羊饲养，在寒冷的北方则比较适合于绵羊饲养，山区丘陵地区也较适于山羊饲养。

（2）生产性能：在引入羊种之前，要明确本养殖场的主要生产方向，全面了解拟引进品种羊的生产性能，以确保引入羊种与生产方向一致。如有的地区也有相当数量的地方羊种，只是生产水平相对较低，这时引入的羊种应该以肉用性能为主，同时兼顾其他方面的生产性能。可以通过厂家的生产记录、近期测定站公布的测定结果，以及有关专家或权威机构的认可程度了解该羊种的生产性能，包括生长发育、生活力和繁殖力、产肉性能、饲料消耗、适应性等进行全面了解。同时，要根据相应级别（品种场、育种场、原种场、商品生产场）选择良种。如有的地区引进纯系原种，其主要目的是改良地方品种，培育新品种、品系或利

用杂交优势进行商品羊生产；有的场家引进杂种代直接进行肉羊生产。

确保引进生产性能高而稳定的羊种。根据不同的生产目的，有选择性地引入生产性而稳定的品种，对各品种的生产特性进行正确比较。从肉羊生产角度出发，既要考虑其生长速度、出栏时间和体重，尽可能高的增加肉羊生产效益，又要考虑其繁殖能力，有的时候还应考虑肉质，同时要求各种性状能保持稳定和统一。

2. 选择市场需求的品种　根据市场调研结果，引入能满足市场需要的羊种。不同的市场需求不同的品种，如有些地区喜欢购买山羊肉，有些地区则喜食绵羊肉，并且对肉质的需求也不尽相同。生产中则要根据当地市场需求和产品的主要销售地区选择合适的羊种。

3. 根据养殖实力选择品种　要根据自己的财力，合理确定引羊数量，做到既有钱买羊，又有钱养羊。俗话说"兵马出征，粮草先行"，准备购羊前要备足草料，修缮羊舍，配备必要的设施。刚步入该行业的养殖户不适合花太多钱引进国外品种，也不适合搞种羊培育工作。最好先从商品肉羊生产入手，因为种羊生产投入高、技术要求高，相对来说风险大，待到养殖经验丰富、资金积累成熟时再从事种羊养殖、制种推广。

花了大量的财力、物力引入的良种要物尽其用，各级单位要充分考虑到引入品种的经济、社会和生态效益，做好原种保存、制种繁殖和选育提高的育种计划。

（二）合理选择引种地（场）

引羊时要注意地点和场家的选择，一般要到该品种的主产地去引种。首先可通过《国家种畜禽生产经营许可证管理系统》的网站，确认是否有种羊供应资质，未被录入《国家种畜禽生产经营许可证管理系统》的羊场，均不具备供应种羊的资质。

引种时要主动与当地畜牧部门取得联系，获得专业的帮助。另外，引种前要先进行实地考察，对不同场家来源的种羊要进行对比，确定最终引种地（场家）。

（三）引种应注意的事项

1. 做到引种程序规范，技术资料齐全

（1）签订正规引种合同。引种时一定要与供种场家签订引种合同，内容应注明羊的品种、性别、数量、生产性能指标，售后服务项目及责任、违约索赔事宜等。

（2）索要相关技术资料。不同羊种、不同生理阶段生产性能、营养需求、饲养管理技术手段都会有差异，因此引种时要向供种方索要相关生产技术材料有利于生产中参考。

（3）了解种羊的免疫情况。不同场家种羊免疫程序和免疫种类可能有差异，因此必须了解供种场家已经对种羊做过何种免疫，避免引种后重复免疫或者漏免造成不必要的损失。

2. 保证引进健康、适龄种羊　到种羊场去引羊，首先要了解该羊场是否有畜牧部门签发的《种畜禽生产许可证》《种羊合格证》及《系谱耳号登记》，三者必须齐全。羊只的挑选是引种的关键，因此到现场参与引羊的人，最好是一位有养羊经验的人，能够准确把握羊的外貌鉴定，能够挑选出品质优良的个体，会看羊的年龄，了解羊的品质。

若到主产地农户收购，应主动与当地畜牧部门联系，也可委托畜牧部门办理，让他们把好质量关口。挑选时，要看羊的外貌特征是否符合品种标准，公羊要选择 1~2 岁，手摸睾丸富有弹性，注意不购买单睾羊；手摸有痛感的多患有睾丸炎，膘情中上等但不要过肥或过瘦。母羊多选择 6 月龄左右，这些羊基本没参加配种，繁殖疾病较少，繁殖传染病同样少。6 月龄母羊在引入2 月后基本适应了当地的气候环境，也过了应激期，正好可以参加配种繁殖。

3. 确定适宜的引羊时间　引羊最适季节为春、秋两季，因为这两个季节气温不高，也不太冷，冬季在华南、华中地区也能进行，但要注意做好保温工作。引羊最忌在夏季，6~9月天气炎热、多雨，大都不利于远距离运羊。如果引羊距离较近，不超过一天的时间，可不考虑引羊的季节。如果引地方良种羊，这些羊大都集中在农民手中，要尽量避开"夏收"和"三秋"农忙时节，这时大部分农户顾不上卖羊，选择面窄，难以把羊引好。

4. 运输注意事项　羊只装车不要太拥挤，夏天要适当少些；汽车运输要匀速行驶，避免急刹车，一般每1小时左右要停车检查一下，趴下的羊要及时拉起，防止踩、压，特别是山地运输更要小心。

5. 严格检疫，做好隔离饲养　引种时必须符合国家法规规定的检疫要求，认真检疫，办齐一切检疫手续。严禁进入疫区引种。引入品种必须单独隔离饲养，一般种羊引进隔离饲养观察2周，重大引种则需要隔离观察1个月，经观察确认无病后方可入场。有条件的羊场可对引入品种及时进行重要疫病的检测。

6. 要注意加强饲养管理和适应性锻炼　引种第一年是关键性的一年，应加强饲养管理，要做好引入种羊的接运工作，并根据种羊在产地原来的饲养习惯，创造良好的饲养管理条件，选用适宜的日粮类型和饲养方法。在迁运过程中为防止水土不服，应携带原产地饲料供途中或到达目的地时使用。根据引进种羊对环境的要求，采取必要的降温或防寒措施。

第四章 肉羊的繁殖

肉羊的繁殖就是种用公、母羊交配产生新个体的过程。种公羊产生成熟的精子，母羊产生成熟的卵子，通过交配精、卵子结合为受精卵，受精卵在母体内生长发育，成熟分娩成为一个或数个新个体，这个过程就称为繁殖。种用公、母羊在一定时间内生产出个数越多的优质羔羊，说明种羊的选种、育种、选配、繁殖技术等工作开展的越到位，肉羊场的养殖效益越好。

第一节 羊的繁殖概述

一、羊的繁殖性能

肉羊的高繁殖性能是肉羊养殖业一贯追求的综合性状，提高繁殖率，增加年产羔数和羔羊成活率，是肉羊养殖盈利的基础。

（一）肉羊繁殖性能的评价指标

评价肉羊繁殖性能的指标主要是繁殖率，羊的繁殖率是指本年度内出生断奶成活的羔羊数占上年度末存栏适繁母羊数的百分比，可以用下列公式表示。

$$繁殖率 = \frac{本年度出生羔羊数}{上年度末适繁母羊数} \times 100\%$$

根据母羊繁殖过程的各个环节，繁殖率应该是受配率、受胎率、分娩率、产羔率和羔羊成活率等五个方面内容的综合反映。因此，繁殖率又可用下列公式表示。

繁殖率＝受配率×受胎率×分娩率×产羔率×羔羊成活率

1. 受配率 母羊的受配率指本年度内参加配种的母羊数占羊群内适繁母羊数的百分率。受配率主要反映羊群内适繁母羊发情配种的情况。

$$受配率 = \frac{配种母羊数}{适繁母羊数} \times 100\%$$

2. 受胎率 受胎率是指妊娠母羊数占参加配种母羊数的百分率。在受胎率统计中又分为总受胎率、情期受胎率和不返情率。

（1）总受胎率：是指本年度末受胎母羊数占本年度内参加配种母羊数的百分比。其大小主要反映羊群质量和全年配种技术水平的高低。

$$总受胎率 = \frac{本年度末受胎母羊数}{本年度内参加配种母羊数} \times 100\%$$

（2）情期受胎率：是指某一时段妊娠母羊数占配种情期数的百分比。能及时反映羊群质量和配种水平，能较快地发现羊群的繁殖问题。就同一群体而言，情期受胎率通常总要低于总受胎率。

$$情期受胎率 = \frac{妊娠母羊数}{配种情期数} \times 100\%$$

情期受胎率又分为第一情期受胎率和总情期受胎率。

1）第一情期受胎率：是指第一情期配种的受胎母羊数占第一情期配种母羊数的百分比。

$$第一情期受胎率 = \frac{第一情期受胎母羊数}{第一情期配种母羊数} \times 100\%$$

2）总情期受胎率：是指配种后最终妊娠母羊数占总配种母

羊情期数（包括历次复配情期数）的百分率。

$$总情期受胎率=\frac{最终妊娠母羊数}{总配种母羊情期数}\times100\%$$

（3）不返情率：是指在一定时间内，配种后再未出现发情的母羊数占本期内参加配种母羊数的百分比。不返情率又可分为30d、60d、90d 和 120d 不返情率。30~60d 的不返情率，一般大于实际受胎率 7% 左右。随着配种时间的延长，不返情率逐渐接近于实际受胎率。

$$x\text{ 天不返情率}=\frac{\text{配种后 }X\text{ 天未返情母羊数}}{\text{配种母羊数}}\times100\%$$

3. 分娩率 分娩率是指本年度内分娩母羊数占妊娠母羊数的百分比。其大小反映母羊妊娠质量的高低和保胎效果。

$$分娩率=\frac{分娩母羊数}{妊娠母羊数}\times100\%$$

4. 产羔率 产羔率是指母羊的产羔（包括死胎）数占分娩母羊数的百分比。

$$产羔率=\frac{产出羔羊数}{分娩母羊数}\times100\%$$

5. 羔羊成活率 羔羊成活率是指本年度内断奶成活的羔羊数占本年度产出活羔羊数的百分比。其大小反映羔羊的培育情况。

$$羔羊成活率=\frac{成活羔羊数}{产出活羔羊数}\times100\%$$

在饲养环境条件较好的地区，如河南省、山东省、四川等中部地区，绵羊、山羊产羔率通常在 200%~300%，达到每年 2 产或者 2 年 3 产，但在西藏、内蒙古等地，因气候环境原因，绵羊、山羊产羔率多为 70% 左右，且为 1 年 1 产。

（二）影响肉羊繁殖性能的因素

影响肉羊繁殖性能的因素很多，主要有遗传、环境、营养和繁殖技术等。

1. 遗传因素　遗传因素是影响肉羊繁殖力的主要因素，主要表现在品种方面：不同品种之间繁殖性能的差别很大，例如，河南小尾寒羊的繁殖率为270%，湖羊230%，藏羊、滩羊等70%；河南槐山羊产羔率高达320%，波尔山羊的产羔率为193%，而中卫山羊仅为100%左右。另外，同一品种的不同个体、不同胎次之间，产羔率也存在一定的差异。一般来说，同一个体头胎产羔率较低，3~4胎产羔率较高。因此，在选择种羊时应尽量选留同胎同胞数多的个体留种，多羔性状是由多羔基因决定的，选择效果比较理想。

2. 环境因素　环境因素也会影响种羊的繁殖性能，如光照和温度对肉羊繁殖性能有重要的影响。种公羊由于气温升高，造成睾丸及附睾温度上升，影响正常的生殖能力和精液品质，严重影响繁殖力，在炎热潮湿的夏天，公羊性欲差，精液品质下降，后代羔羊体质弱。母羊在炎热或寒冷的天气，一般发情较少，母羊配种受胎率低。春、秋两季光照、温度适宜，饲草饲料丰富，母羊发情多，公羊性欲较高、精液品质好，此时繁殖力较高。

3. 营养因素　营养因素对肉羊繁殖性能的影响较大，丰富和平衡的营养可以提高种公羊的性欲和精液品质，促进母羊发情和增加排卵数；若营养缺乏，如缺乏蛋白质、维生素和无机盐中的钙、磷、硒、铁、铜、锰等营养成分，会导致青年母羊初情期推迟，成年母羊发情周期不正常，卵泡发育和排卵迟缓，早期胚胎发育与附植受阻、死亡率增加，初生羔羊死亡率增加，严重的将造成母羊繁殖障碍，失去繁殖力。

一般说来，营养水平对羊发情活动的启动和终止无明显作用，但对排卵率和产羔率有重要作用。影响排卵率的主要因素不是体格，而是膘情，即膘情为中等以上的母羊排卵率较高。在配种之前，母羊平均体重每增加1kg，其排卵率提高2%~2.5%，产羔率则相应提高 1.5% ~ 2%。总之，一般情况下，母羊膘情好，则发情早，排卵多，产羔多；母羊瘦弱，则发情迟，排卵少，产羔少。

4. 繁殖技术 繁殖技术是影响羊繁殖性能的一种人为因素。繁殖技术主要包括正确判断羊的性成熟年龄和初配年龄，羊发情的准确鉴定、适时配种、羊人工授精的规范操作、羊妊娠的科学判定、接羔、保羔及产后母羊的正确护理等。在肉羊繁殖的这些环节中，每一项都关系到肉羊的繁殖性能的充分发挥。实施和管理好肉羊群体的繁殖技术，包括发情鉴定时机的把握、配种操作的技术水平、妊娠管理、助产、产后管理水平以及繁殖障碍的防治等方面，这些因素均会对繁殖指标造成影响。

5. 其他因素 种羊的年龄、健康状况等因素也会对羊的繁殖造成影响。母羊的产羔率一般随年龄而增长，母羊 3~6 岁时繁殖力最高。而公羊的繁殖力一般是在 5~6 岁时达到高峰，6~7岁后繁殖力逐渐降低。

（三）提高肉羊群体繁殖性能的措施

1. 加强品种的选择和选育 选择和培育多胎品种是提高肉羊繁殖性能的重要途径之一，不论是绵羊还是山羊，其繁殖性能的好坏受品种的影响较大。

选育高产母羊是提高繁殖力的有效措施，坚持长期选育可以提高整个羊群的繁殖性能。

（1）根据出生类型选留种羊。一般初产母羊能产双羔的，除了其本身繁殖力较高外，其后代也具备繁殖力高的遗传基础，这些羊都可以留作种用。选择多胎羊的后代留作种用。一般母羊若在第一胎时生产双羔，则这样的母羊在以后的胎次生产中，产双羔的重复力较高。许多实验研究指出，为提高产羔率，选择具有较高产双羔潜力的公羊进行配种，比选择母羊在遗传上更有效。

（2）根据母羊的外形选留种羊。选留的青年母绵羊应该体形较大，脸部无细毛覆盖，一般无角母羊的产羔数高于有角母羊，有肉髯母羊的产羔性能略高于无肉髯的母羊。

（3）引入多胎品种进行杂交改良。改良杂交是提高群体繁殖性能和肉羊生产效率的有效方法。中国引用的肉羊绵羊品种主要有杜泊绵羊，平均产羔率能达到150%；夏洛莱羊，平均产羔率达145%；波德代羊，平均产羔率达150%；萨福克羊，平均产羔率达200%。中国肉用绵羊的多胎品种主要有小尾寒羊，平均产羔率可达270%；大尾寒羊，平均产羔率为185%；湖羊，平均产羔率可达230%。中国引用的肉用山羊品种主要有波尔山羊，平均产羔率为193%；萨能山羊，平均产羔率为160%～220%；吐根堡山羊、努比亚山羊，平均产羔率为190%；安哥拉山羊，平均产羔率为100%～110%。中国肉用山羊的多胎品种主要有黄淮山羊，平均产羔率高达238%；马头山羊，平均产羔率为191%～200%；南江黄羊，平均产羔率194.7%；成都麻羊，平均产羔率210%；长江三角洲白山羊，平均产羔率达228.5%；鲁北白山羊，经产母羊的平均产羔率为231.86%。

结合目前肉羊行业的发展趋势，黄河和长江之间的地区，农产品资源丰富，绵羊中的小尾寒羊最适合当地的发展需求，可以利用引入品种羊，如杜泊羊、特克赛尔羊、无角陶塞特羊、东弗里生羊为父本，与小尾寒羊杂交生产的F1代，F1代具有早期生长速度快、肉质好等优点，同时也保证了高的繁殖率，而长江以南地区可以选择湖羊母羊为主要基础母羊。

2. 科学的饲养管理　除了种质的影响外，营养水平对羊只的繁殖力影响也很大。提高种公羊和繁殖母羊的营养水平和饲养管理水平，均能有效的保障种羊群繁殖潜力的发挥。

（1）种公羊的饲养管理。种公羊的配种能力取决于健壮的体质、充沛的精力和旺盛的性欲。种公羊在配种季节与非配种季节均应给予全价的饲料，应保证种公羊蛋白质、维生素、矿物质充足且均衡的供给。同时要加强运动，保持种公羊健康的体质和适度的膘情，以提高种公羊的利用率。

（2）母羊的饲养管理。母羊是羊群繁殖的主体，是羊群生产性能的主要体现者，同时兼具繁殖后代的重任，要重视母羊的饲养管理工作。

1）空怀母羊。要重视空怀母羊的饲养管理，保证空怀母羊不肥不瘦的体况。根据母羊的体质和膘情适当增减精料喂量，对于产羔数少、泌乳负担轻、过肥的母羊，应适当减少日粮中的精料喂量；对于少数过肥而且不易受孕的母羊，不仅要停止补喂精料，而且还要适当增加放牧和运动量，以利于母羊减肥，促使其正常发情排卵；对于经过一个泌乳期的高产母羊，由于其产羔数多，泌乳负担重，自身能量消耗过大而导致过瘦，应在母羊的日粮中增加精料喂量；对于一部分特别瘦弱的高产母羊（排除疾病和寄生虫病的因素）精料喂量的增加要循序渐进，让母羊有一个逐步适应的过程，以利母羊恢复体质，促进正常发情排卵。

2）妊娠母羊。加强妊娠母羊的饲养管理，保证胚胎在母体内正常生长发育。母羊在妊娠早期，胎儿尚小，且生长发育慢，母羊对所需的营养物质要求不高，一般通过放牧采食，并给母羊补喂良好的青粗饲草，适当搭配一定量的精料，即可满足其对营养的需要。对一部分高产且体质瘦弱的母羊，在妊娠早期可适当加大精料的补喂量，但不可过多，如导致母羊过肥和给妊娠早期的母羊喂以高能量的精料，均不利于胚胎在母体内正常着床和发育，甚至会导致胚胎的早期死亡，反而使母羊羔数下降。

3. 科学的繁殖管理 科学的繁殖管理措施能够有效提高羊群的繁殖性能，需要饲养员、繁殖技术员和兽医人员认真负责，相互配合，发挥积极主动作用。

（1）重视后备母羊的管理。对于后备母羊，除提供足够的营养物质和平衡饲粮外，应及时进行疫病预防和驱虫，保证健康成长，以便按时出现有规律的发情周期，发挥其繁殖作用。

（2）加强分娩前后的管理。工作人员在母羊分娩产前对各种器具应进行消毒，母羊的尾根、外阴、肛门和乳房用1%来苏儿或1‰高锰酸钾溶液进行消毒。羔羊产出后，在距离羔羊脐窝5～8cm处剪短脐带，并用碘酊消毒。如果有假死羔羊，要及时提起其后肢，拍打其背部，或让其平躺，用两手有节律地推压胸部让其复苏。有难产发生时，检查其胎位后可进行人工助产，或找兽医实行剖宫产。胎儿产出后应及时让其吃到初乳，提早开食，训练吃草，增强胃肠蠕动及排出胎粪。新生的羔羊抵抗力较差，要加强护理。如母羊奶水不足要及时采取人工哺乳或寄养。

（3）严格执行卫生措施。在对母羊进行阴道检查、人工授精及分娩时，一定要严格消毒，尽量防止发生生殖道感染；对影响繁殖的传染性疾病和寄生虫要及时预防和治疗；新进母羊应隔离观察一段时间，并进行检疫和预防接种。

（4）完善繁殖记录。对每只母羊都应该有完整准确的繁殖记录，耳标应该清晰明了，便于观察。繁殖记录表格简单实用，可使饲养员能将观察的情况及时、准确的进行记录，包括羊的发情，发情周期的情况、配种，妊娠情况、生殖器官的检查情况、父母亲代资料、后代情况、预防接种和药物使用，以及分娩、流产的时间及健康状况等。

（5）合理调整繁殖母羊比例。合理的羊群结构是实现肉羊高效生产的必需条件，繁殖母羊在群体中所占比例大小，对羊群增殖和饲养效益影响很大，一般可繁殖母羊比例在羊群中应占60%～70%。生产中要推行当年羔羊当年育肥出栏，及时淘汰老、弱、病、残母羊，补充青壮母羊参与繁殖。

4. 其他方面 影响肉羊繁殖性能的因素是多方面的，除了要提高肉羊的繁殖力，还要综合考虑多方面的因素，除了采取选择具有多胎基因的优良品种种羊、适时配种，加强饲养管理和应用繁殖新技术等多种措施外，还要全面定期的检查，防治母羊的繁殖障碍。环境因素也是造成繁殖障碍的原因之一，羊舍温度过高或过低等均可引起繁殖障碍，生产过程中，必须改善羊舍环境，及时清理粪便，保证母羊有一个健康舒适的生活环境。

二、羊的生殖器官及其机能

（一）公羊的生殖器官

公羊的生殖器官主要由 4 部分构成（图 4-1）：性腺（睾丸）、输精管道（包括附睾、输精管和尿生殖道）、副性腺（包括精囊腺、前列腺和尿道球腺）和外生殖器（阴茎）。具有合成、贮存、排出精液及交配的机能。

1. 睾丸　正常的繁殖绵羊两侧睾丸重 400~500g、山羊的 300g，左右睾丸大小无明显差别。季节性发情的绵羊，在非繁殖季节睾丸重量为繁殖季节的 60%~80%。

2. 附睾　附睾附着于睾丸的附着缘，有头、体、尾 3 部分组成。头、尾两端粗大，体部较细。附睾是贮存睾丸精子的部位，附睾尾贮存的精子占总数的 68%，可达 1 500 亿个；精子在此处逐渐成熟，并获得向前运动的能力和受精能力。

3. 阴囊　阴囊是由腹壁形成的囊袋，由皮肤、肉膜等隔成 2 个腔，2 个睾丸位于其中。具有调节睾丸温度的作用，阴囊的温度低于腹腔内的温度，通常为 34~36℃。

4. 输精管　输精管管壁厚而口径小，并具有发达的平滑肌纤维，当射精时借其强大的收缩作用将精液射出。

5. 副性腺　公羊的副性腺包括精囊腺、前列腺和尿道球腺，副性腺分泌物参与形成精液，并有稀释精子、为精子提供营养、冲洗尿道和改善阴道内环境等作用。

6. 尿生殖道　公羊尿生殖道兼有排尿和排精作用，分为骨

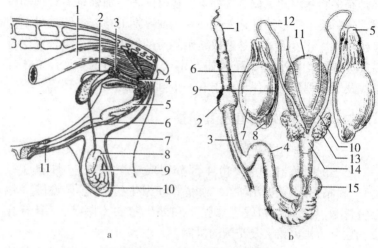

图 4-1　公羊生殖器官示意图

a：1. 直肠　2. 输精管壶腹　3. 精囊腺　4. 尿道球腺　5. 阴茎　6. "乙"状弯曲
7. 输精管　8. 附睾头　9. 睾丸　10. 附睾尾　11. 阴茎游离端

b：1. 龟头　2. 包皮　3. 阴茎　4. "S"状弯曲　5. 精索　6. 附睾头　7. 睾丸
8. 附睾尾　9. 附睾体　10. 输精管壶腹　11. 膀胱　12. 输精管　13. 精囊腺
14. 前列腺　15. 尿道球腺

盆部和阴茎部 2 个部分，两者间以坐骨弓为界。

7. 阴茎和包皮　羊的阴茎是公羊的交配器官，阴茎体在阴
囊后方，呈"乙"状弯曲，勃起时伸直。阴茎头长而尖，游离
端形成阴茎头帽，全长 30~35cm。尿道外口位于尿道突顶端。包
皮为皮肤折转而形成的管状鞘，以保护阴茎头。羊的包皮长而狭
窄呈囊状，周围有长毛。

（二）母羊的生殖器官

母羊的生殖器官主要由 3 部分构成（图 4-2、图 4-3）：包
括性腺（卵巢）、生殖道（包括阴道、子宫、输卵管）和外生殖
器。母羊的生殖器官具有卵子的发生、排卵，分泌激素，接受交

配，孕育胚胎等机能。

图 4-2 母羊的生殖器官

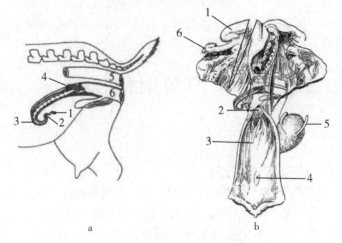

图 4-3 母羊生殖器官示意图

a：1. 卵巢 2. 输卵管 3. 子宫角 4. 子宫颈 5. 直肠 6. 阴道

b：1. 子宫角 2. 子宫颈 3. 阴道 4. 尿道外口 5. 膀胱 6. 输卵管

1. 卵巢 羊卵巢呈椭圆形或圆形，长 1.0~1.5cm，宽及厚为 0.5~1.0cm。表面常不平整，黄体大，呈灰红色，是成对的实质性器官，有产生卵子和分泌激素的功能。

2. 输卵管 输卵管是卵子进入子宫必经的通道，有许多弯曲，长 14~15cm，输卵管的前 1/3 段较粗，称为壶腹部，是卵子受精的部位。其余部分较细，称为峡部。靠近卵巢端扩大呈漏斗状，称为漏斗。漏斗的面积为 6~10cm^2，中心与腹腔相通，是接收卵子的部位。

3. 子宫 子宫包括 2 个子宫角、子宫体和子宫颈，是孕育胚胎的器官，借子宫阔韧带附着于腰下部和骨盆腔侧壁，子宫腔前部有一纵隔，将其分开，呈绵羊角状，称为双分子宫。

4. 阴道 阴道是母羊的交配器官和产道，阴道呈扁管状，位于骨盆腔内，在子宫后方，向后延接尿生殖前庭，其背侧与直肠相邻，腹侧与膀胱及尿道相邻。长 8~14cm，阴道穹隆下部不明显。

第二节 羊的发情与授精

一、羊的发情

（一）羊的发情生理

1. 羊的发情 发情指母羊表现的一系列有利于交配的现象。母羊发情主要表现为鸣叫、追逐公羊、个别爬跨其他母羊。山羊发情表现明显，绵羊发情征状不明显。绵羊发情持续期为 24~36h，山羊 40h 左右，排卵时间在发情结束时。

正常的发情主要有 3 个方面的征状：卵巢变化、生殖道变化和行为变化。

（1）卵巢变化。母羊发情开始之前，卵巢上的卵泡已开始生长，至发情前 2~3 天卵泡发育迅速，卵泡内膜增生，至发情时卵泡已发育成熟，卵泡液分泌增多，此时，卵泡壁变薄而突出表面。在激素的作用下，促使卵泡壁破裂，致使卵子被挤压而排出。

（2）行为变化。母羊发情时由于发育的卵泡分泌雌激素，并在少量黄体酮作用下，刺激神经系统性中枢引起性兴奋，使雌性动物常表现兴奋不安，对外界的变化刺激十分敏感，食欲减退，放牧时常离群独自行走。

（3）生殖道变化。母羊发情时，外阴部表现为充血、水肿、松软、阴蒂充血且有勃起；阴道黏膜充血、潮红；子宫和输卵管平滑肌的蠕动加强，子宫颈松弛，子宫黏膜上皮细胞和子宫颈黏膜上皮杯状细胞增生，腺体增大，分泌机能增强，有黏液分泌。发情盛期黏液量多且稀薄透明，发情前期黏液量少、稀薄，而发情末期黏液量少且浓稠。

2. 羊的发情周期　发情周期是指母羊初情期后到性机能衰退前，生殖器官及整个有机体发生的一系列周期性的变化。发情周期的计算是指从一次发情的开始到下一次发情开始的间隔时间。山羊的发情周期平均为 21d，绵羊的发情周期平均为 16~17d。在母羊发情周期中，根据机体所发生的一系列生理变化，可分为 4 个阶段：

（1）发情前期。发情前期是卵泡发育的准备时期。此期的特征是：上一个发情周期所形成的黄体进一步退化萎缩，卵巢上开始有新的卵泡生长发育；雌激素也开始分泌，使整个生殖道血管供血量开始增加，引起毛细血管扩张伸展，渗透性逐渐增强，阴道和阴门黏膜有轻度充血、肿胀；子宫颈略为松弛，子宫腺体略有生长，腺体分泌活动逐渐增加，分泌少量稀薄黏液，阴道黏膜上皮细胞增生，但尚无性欲表现。

（2）发情期。发情期是母羊性欲达到高潮时期。此期的特征是：母羊愿意接受公羊交配，卵巢上的卵泡迅速发育，雌激素分泌增多，强烈刺激生殖道，使阴道及阴门黏膜充血肿胀明显，子宫黏膜显著增生，子宫颈充血，子宫颈口开张，子宫肌层蠕动加强，腺体分泌增多，有大量透明稀薄黏液排出。多数母羊在发情期的末期排卵。

（3）发情后期。发情后期是母羊排卵后黄体开始形成的时期。此期的特征是：母羊由性欲激动逐渐转入安静状态，卵泡破裂排卵后雌激素分泌显著减少，黄体开始形成并分泌黄体酮作用于生殖道，使充血肿胀逐渐消退，子宫肌层蠕动逐渐减弱，腺体活动减少，黏液量少而稠，子宫颈管逐渐封闭，子宫内膜逐渐增厚，阴道黏膜增生的上皮细胞脱落。

（4）间情期。间情期又称休情期，是黄体活动时期。此期的特征是：母羊性欲已完全停止，精神状态恢复正常。间情期的前期，黄体继续发育增大，分泌大量黄体酮作用于子宫，使子宫黏膜增厚，表层上皮呈高柱状，子宫腺体高度发育增生，大而弯曲分支多，分泌作用强，如果卵子受精，这一阶段将延续下去，母羊不再发情。如母羊未孕，在间情期后期增厚的子宫内膜回缩，呈矮柱状，腺体缩小，腺体分泌活动停止，周期黄体也开始退化萎缩，卵巢有新的卵泡开始发育，又进入到下一次发情周期的前期。

（二）羊的适配年龄

适配年龄也称为初配适龄，是指种用公、母羊适于开始配种繁殖的年龄。

1. 公羊的适配年龄　性成熟是公羊生殖器官和生殖机能发育趋于完善、达到能够产生具有受精能力的精子，并有完全的性行为的时期。公羊到达性成熟的年龄与体重的增长速度呈正相关性。公羊在达到性成熟时，身体仍在继续生长发育，如果配种过早，会影响身体的正常生长发育，并且降低繁殖力，因此通常在公羊达到性成熟后推迟数月再让公羊参加配种。体重也是确定适配年龄很重要的指标，通常要求公羊的体重接近成年体重时才开始配种。绵羊和山羊在 6~10 月龄时性成熟，以 12~18 月龄开始配种为宜，确定为公羊的适配年龄（初配适龄）。

2. 母羊的适配年龄　母羊在出生以后，身体各部分不断生长发育，通常把母羊出生后第一次出现发情的时期称为初情期（绵羊一般为 6~8 月龄，山羊一般为 4~6 月龄）。生殖器官和生殖机能发育趋于完善、具备了正常繁殖能力的时期，称为性成熟。母羊到性成熟时，并不等于达到适宜的配种年龄。母羊适宜的初配年龄应以体重为依据，即体重达到正常成年体重的70%以上时才可以开始配种，此时配种繁殖一般不影响母体和胎儿的生长发育。适宜的初配时期也可以考虑年龄，绵羊和山羊的适宜初配年龄一般为 10~12 月龄。

由于初配年龄和肉羊的经济效益密切相关，即生产中要求越早越好，所以在掌握适宜的初配年龄情况下，不应该过分地推迟初配年龄，做到适时、按时配种。

（三）母羊的发情鉴定

母羊发情鉴定的方法主要有外部观察法、阴道检查法和公羊试情法。

1. 外部观察法　直接观察母羊的行为、征状和生殖器官的变化来判断其是否发情，这是鉴定母羊是否发情最基本、最常用的方法。山羊发情时，尾巴直立，不停摇晃（图 4-4）；绵羊发情时外阴红肿明显（图 4-5），充血、湿润、有透明黏液流出。母羊发情后，兴奋不安，反应敏感，食欲减退，有时反刍停止，母羊之间相互爬跨，咩叫摇尾，靠近公羊，接受爬跨。

图4-4　山羊发情征状

图4-5　绵羊发情时外阴红肿

2. 阴道检查法　将开膣器插入母羊阴道，检查生殖器官的变化，如阴道黏膜的颜色潮红充血，黏液增多，子宫颈松弛、开张、呈深红色，可以判定母羊已发情（图4-6）。

图4-6　阴道检查

3. 公羊试情法　用公羊对母羊进行试情，根据母羊对公羊的行为反应，结合外部观察来判定母羊是否发情。试情公羊要求性欲旺盛，营养良好，健康无病，一般每100只母羊配备试情公羊2~3只。试情公羊需做输精管切断手术或戴试情布。试情布一般宽35cm，长40cm，在四角扎上带子，系在试情公羊腹部。然后把试情公羊放入母羊群，公羊开始嗅闻母羊外阴，发情好的母羊会主动靠近公羊并与之亲近，摇尾，接受公羊爬跨。(图4-7、图4-8)。

图4-7 公羊试情

图4-8 发情母羊接受公羊爬跨

(四) 羊的同期发情

同期发情又称同步发情，就是利用某些激素人为地控制和调整母羊的发情周期，使之在预定时间内集中发情。羊常用的同期发情方法有以下几种：

1. 孕激素处理法 对母羊施用孕激素，用外源孕激素继续维持黄体分泌黄体酮的作用，造成人为的黄体期而达到发情同期化 (图4-9)。

(1) 口服孕激素。每天将定量的孕激素药物拌在饲料内，通过母羊采食服用，持续12~14d，主要激素药物及每只羊的总使用量为黄体酮150~300mg；甲黄体酮40~60mg；甲基黄体酮80~150mg；氟黄体酮30~60mg；18甲基炔诺酮30~40mg。

每天每只羊的用药量为总使用量的1/10，要求药物与饲料搅拌均匀，使采食量相对一致。最后一天口服停药后，随即注射孕马血清400~750IU。母羊通常在注射孕马血清后2~4d内发情。

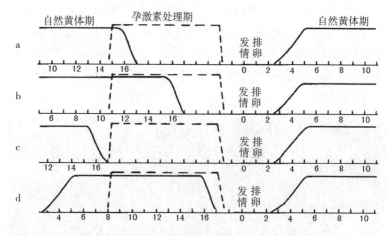

图 4-9　延长黄体期法同期发情的原理

（a、b、c、d 分别代表 4 只母羊）

（2）肌内注射。由于黄体酮类属脂溶性物质，用油剂溶解后，也可用于肌内注射。每天按一定药物用量注射到处理羊的皮下或肌肉内，持续 10~12d 后停药。这种方法剂量易控制，也较准确，但需每天操作处理，比较麻烦。"三合激素"只处理 1~3d，大大减少了操作日程，较为方便。但"三合激素"的同期发情率偏低，在注射后 2~4d 内只有部分羊只出现发情。

（3）阴道栓塞法。

1）塞入硅胶（泡沫海绵）阴道栓。工作人员将乳剂或其他剂型的孕激素按剂量制成悬浮液，然后用泡沫海绵浸取一定药液，或用尼龙线把表面敷有硅胶，其中包含一定量孕激素制剂的硅胶环构成的阴道栓（图 4-10）连起来，塞进阴道深处子宫颈外口，尼龙线的另一端留在阴户外，以便停药时拉出栓塞物。阴道栓一般在 12~16d 后取出，也可以施以 9~12d 的短期处理或 16~18d 的长期处理。但孕激素处理时间过长，对受胎率有一定影响。为了提高发情同期率，在取出栓塞物的当天可以肌内注射孕马血清 400~750IU。通常在注射孕马血清后 2~4d 内发情。此法同期发情效果显著，目前在生产中使用比较多，但要求操作必须规范，否则容易导致羊阴道炎的发生。

2）插入欧宝棉栓。欧宝棉栓，即 OB 栓（图 4-11），系由棉条与缓释黄体酮类似物及雌二醇类似物粉末压制而成。作用是持续释放孕激素，当同时撤除 OB 栓时，促进母羊同期发情。在发情季节中对空怀母羊群进行同期发情处理。将母羊外阴消

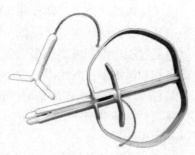

图 4-10　黄体酮阴道栓和置栓器

毒，拆开 OB 栓中间封条，用消毒过的镊子夹住 OB 栓后端，取下前端包装后涂抹红霉素软膏，把 OB 栓插入到子宫颈阴道部附近，绳头留在阴户外（图 4-12）。放栓 9~14d 后，拉住绳头将 OB 栓缓慢抽出，撤栓前一天每只母羊注射 0.1mg 氯前列烯醇。撤栓后每天用试情公羊查情二次。发现母羊发情 4~8h 后第一次授精，间隔 12h 第二次授精。

图 4-11　欧宝棉栓

图 4-12　放栓

（4）皮下埋植法。一般孕激素丸剂可直接用于皮下埋植，或将一定量的孕激素制剂装入管壁有小孔的塑料细管中，用专门

的埋植器将药丸或药管埋在羊耳背皮下，经过15d左右取出药物，同时注射孕马血清500~800IU。通常母羊在注射孕马血清后2~4d内发情，相对同期发情效果也显著，但此法成本比较高。

人工合成的孕激素，即外源孕激素作用期太长，将改变母羊生殖道环境，使受胎率有所降低，因此可以在药物处理后的第一个发情期过程中不配种，待第二个发情期出现时再实施配种，这样既有相当高的同期发情率，受胎率也不会受影响。

2. 溶解黄体法　此法是应用前列腺素及其类似物使黄体溶解，从而使黄体期中断，停止分泌黄体酮，再配合使用促性腺激素，从而引起母羊发情。

用于同期发情的国产前列腺素F型及类似物有15甲基前列腺素F2a、前列烯醇和前列腺素F（la）甲酯等。进口的有高效的氯前列烯醇和氟前列烯醇等。前列腺素的施用方法是直接注入子宫颈或肌内注射。注入子宫颈的用量为0.5mg；肌内注射一般为1~2mg。应用国产的氯前列烯醇时，在每只母羊颈部肌内注射1mL含0.1mg的氯前列烯醇，1~5d内可获得70%以上的同期发情率，效果十分显著。

但前列腺素对处于发情周期5d以前的新生黄体溶解作用不大，因此前列腺素处理法对少数母羊无作用，应对这些无反应的羊进行第二次处理。还应注意，由于前列腺素有溶解黄体的作用，已怀孕母羊会因孕激素减少而发生流产，因此要在确认母羊属于空怀时才能使用前列腺素处理。

二、羊的人工授精技术

羊的人工授精是用器械采集公羊精液，在体外经检查处理后，再用器械将一定量的精液输入到发情母羊生殖道的一定部位，用人工操作的方法代替自然交配的一种繁殖技术。人工授精技术在提高公羊利用率，加快品种改良，降低饲养管理成本，防止各种疾病传播，提高受胎率和进行远距离交流、运输等方面有着重要价值。目前羊的人工授精技术只是在个别羊场采用，依然以精液常温和低温保存为主，虽然有个别羊场为了加速品种改良在应用羊的冷冻精液人工授精技术，但因受胎率过低，未能像牛的冷冻精液人工授精技术一样广泛开展。

人工授精技术是一项综合的繁殖技术，其技术操作流程如下：采精→精液品质检查→精液稀释保存→精液运输→母畜发情鉴定→输精。

（一）羊的采精

采精即利用器械收集公羊的精液。采精过程有4个要求：一是要求全量，要求收集到公羊一次射精全部的精液量；二是要求原质，采集到的精液品质不能发生改变；三是要求无损伤，采精过程不能造成公羊的损伤，也不能造成精子的损伤；四是要求简便，整个采精操作过程要求尽量简便。

1. 采精前准备

（1）采精场地（采精室）。采精场地的基本结构包括采精室和实验室两部分（图4-13），实验室必须是可以封闭的建筑，采精室大小因规模而定。羊场的采精室可以采用敞开棚舍，要求宽敞、明亮、地面平整、安静、清洁，设有采精架、台畜、假台畜等必要设施。

（2）台羊。台羊有真台羊和假台羊两种。真台羊要求健康、温顺、卫生（图4-14），使用母羊作为台羊，可以人为保定，也可以使用保定架。假台羊要求设计合理、方便（图4-15）。

（3）假阴道。羊假阴道包括外壳、内胎、集精杯和附件（图4-16）。采精前要将假阴道内胎清洗、消毒，集精杯在高温干燥箱中消毒，假阴道安装好后，外壳与内胎的夹层之间装上热水，在内胎的1/3~1/2涂上润滑剂（图4-17），充气，安装好的假阴道一端应呈"Y"形（图4-18a）或"X"形（图4-

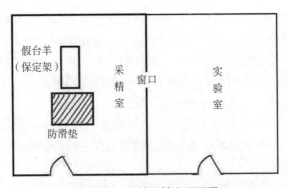

图 4-13　公羊采精室平面图

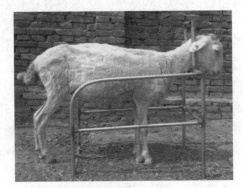

图 4-14　真台羊

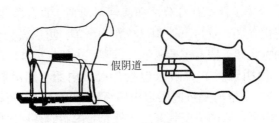

图 4-15　假台羊结构

18b)，其他形状均不能使用。测量内胎内的温度，38~40℃即可用于采精。

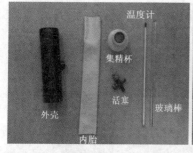

图4-16　羊假阴道配件和安装用品

图4-17　内胎涂润滑剂

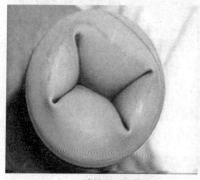

a.一端呈"X"形

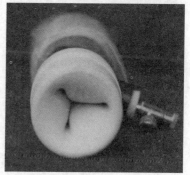

b.一端呈"Y"形

图4-18　安装好的假阴道

（4）公羊的准备。采精前调整公羊的性欲达到最佳状态；体况适中，防止过肥和过瘦；饲喂全价饲料；适当运动；定期检疫；定期清洗。

2. 假阴道法采精　羊从阴茎勃起到射精只有很短的时间，所以要求采精人员动作敏捷、准确。羊的采精操作规程如下。

（1）台羊的保定和消毒。将真台羊人为保定，抓住台羊的头部，不让其往前跑动。如用采精架保定，将真台羊牵入采精架内，将其颈部固定在采精架上。将真台羊的外阴及后躯用0.3%的高锰酸钾水冲洗并擦干（图4-19）。

（2）公羊的消毒。将种公羊牵到采精室内，将公羊的生殖器官进行清洗消毒，尤其要将包皮部分清洗消毒干净（图4-20）。

图4-19 台羊外阴部消毒　　图4-20 种公羊生殖器官清洗消毒

（3）采精人员的准备。将种公羊牵到台羊旁，采精员应蹲在台羊的右后侧，手持假阴道，随时准备将假阴道固定在台羊的尻部（图4-21）。

图4-21 采精人员准备

（4）采精操作。当公羊阴茎伸出，跃上台羊后，采精员手持假阴道，迅速将假阴道筒口向下倾斜与公羊阴茎伸出方向成一直线，用左手在包皮开口的后方，掌心向上托住包皮（切不可用手抓握阴茎，否则会使阴茎缩回）。将阴茎拨向右侧导入假阴道内（图4-22、图4-23）。

图4-22　假阴道法对绵羊采精　　图4-23　假阴道法对山羊采精

当公羊用力向前一冲后，即表示射精完毕。射精后，采精员同时使假阴道集精杯一端略向下倾斜，以便精液流入集精杯中。当公羊跳下时，假阴道应随着阴茎后移，不要抽出。当阴茎由假阴道自行脱出后，立即将假阴道直立，筒口向上，并立即送至精液处理室内，放气后，取下集精杯，盖上盖子。

3. 电刺激法采精　电刺激法采精是通过脉冲电流刺激生殖器引起公羊性兴奋并射精来达到采精目的的。电刺激法模仿了在自然射精过程中的神经和肌肉对各种由副交感神经、交感神经等神经纤维介导的不同的化合物反应的生理学反射。通过刺激副交感神经或骨盆神经，交感神经或下腹部神经和外阴部的神经，就能导致阴茎勃起、精液释放和射精。羊的电刺激法采精主要在无法采用假阴道采精的情况下使用。

4. 采精注意事项

（1）采精频率。采精频率通常以每周计算，羊在春分之前配种任务轻，采精次数较少，秋分时配种任务重每周采精次数可达 7~20 次。一般每周采精 2d，当日采 2 次。采精频率主要根据精液品质与公羊的性机能状况而定。

（2）将精液尽快送到精液处理室。公羊第一次射精后，可休息 15min 后进行第二次采精。采精前应更换新的集精杯，并重新调温、调压。最好准备两个假阴道，以用于第二次采精。采精后，让公羊略做休息，然后赶回羊舍。采集到的精液尽快送到实验室进行下一步的检查处理，以免精液品质受到影响。

（3）注意保温和防污染。保温主要有假阴道的保温和精液的保温两个方面。采精时假阴道内胎温度不能低于 40℃，如温度低于 40℃，则直接影响到公羊的性欲，影响采精量和精液品质。在冬季采精时，注意对采集的精液保温，防止对精子造成低温打击而影响到精液品质。防污染主要是防止精液被污染，采精时的精液污染源有假阴道、阴茎、采精室污物和尿道及粪便的污染。要确保不能有任何一方面的污染。

（二）精液品质检查

精液品质检查的目的是在于鉴定精液品质的优劣，以便决定配种负担能力，同时也能反映公羊的饲养管理水平和生殖机能状态、采精员的技术操作水平，并以此作为精液稀释、保存和运输效果的依据。

在人工授精过程中，要采集公羊的精液并进行一系列的处理，则精液的质量必然要受到公羊本身的生精能力、健康状况，以及精液采集方法、处理方法的影响。因此，检查精液品质的优劣是人工授精过程中一个非常重要的环节。

根据检查的方法，精液品质检查的项目可分为直观检查项目和微观检查项目两类。根据检查项目，又可分为常规检查项目和定期检查项目两类。

直观检查项目包括射精量、色泽、气味、云雾状、pH 值和亚甲蓝褪色试验等。微观检查项目包括精子活力、密度和畸形率。

常规检查项目主要包括射精量、色泽、气味、云雾状、活力、密度和畸形率 7 项指标。定期检查项目包括 pH 值、精子死活率、精子存活时间及生存指数、精子抗力等。

目前，在生产中羊精液品质检查主要按常规检查项目进行检查。

1. 射精量　射精量指公羊每次射精的体积。以连续 3 次以上正常采集到的精液的平均值代表射精量，测定方法可用体积测量容器，如刻度试管（图 4-24）或量筒，也可用电子秤称重近似代表体积。

图 4-24　刻度试管测定射精量

（1）正常射精量。在繁殖季节，公羊射精量为 0.8~1.5mL，平均 1.2mL，在非繁殖季节，射精量在 1mL 以内。

（2）射精量不正常及原因。射精量超出正常范围的均认为是射精量不正常，射精量不正常的原因（表 4-1）。

表 4-1　射精量不正常的原因

现象	原因
过少	采精过频、性机能衰退、睾丸炎、睾丸发育不良
过多	副性腺发炎、假阴道漏水、尿潴留、采精操作不熟练

2. 颜色　羊的精液一般为白色或乳白色，在密度高时呈现浅黄色，总体颜色因精子浓度高低而异，乳白色程度越重，表示精子浓度越高。在不正常情况下，精液可能出现红色、绿色或褐

色等。原因如表4-2。

表4-2　精液的色泽

正常精液的颜色特征		依次从浓到稀：乳黄—乳白—白色—灰白
不正常精液 的颜色	淡红（鲜红）色	生殖道下段出血或龟头出血
	淡红（暗红）色	副性腺或生殖道出血
	绿色	副性腺或尿生殖道化脓
	褐色	混有尿液
	灰色	副性腺或尿生殖道感染，长时间没有采精

3. 气味　羊精液一般无味或略有膻味，若有异味就属于不正常，见表4-3。

表4-3　精液的气味

正常精液的气味	无味或略有膻味	
不正常精液的气味	膻味过重	采精时未清洗包皮
	尿骚味	混有尿液
	恶臭味（臭鸡蛋味）	尿生殖道有细菌感染

4. 云雾状　云雾状指的是正常的羊精液因精子密度大而混浊不透明，肉眼观察时，由于精子运动而产生的上下翻滚的现象（图4-25），精液的云雾状程度表示方法见表4-4。

图4-25　肉眼观察云雾状

表4-4　精液的云雾状

表示方法		精液特征
+++	翻滚明显而且较快	密度高（≥10亿个/mL），活力好
++	翻滚明显但较慢	密度中等（5亿~10亿个/mL）
+	仔细看才能看到精液的移动	密度较低（2亿~5亿个/mL）
–	无精液移动	密度低（<2亿个/mL）

5. 活力

（1）活力的定义和表示方法。活力也称为活率，指37℃环境下，精液中前进运动精子数占总精子数的比率。活力的表示方法有百分制和十级制两种，百分制是用百分数表示精液的活力，十级制是目前普遍采用的表示方法，是用0、0.1、0.2、0.3、…、0.9，十个数字表示精液的活力。0表示精子全部死亡或精液中没有前进运动的精子，0.1指大概有10%的精子在前进运动，0.2指大概有20%的精子在前进运动，依次类推到0.9。

注：通常对精子活力的描述为做直线前进运动的精子，但实际上，无论是从精子本身特点还是运动轨迹，是不可能按直线前进的，只不过是在围绕较大半径绕圈运动。

（2）活力的测定方法。活力测定使用的主要仪器设备有：生物显微镜、显微镜恒温台、载玻片、盖玻片、生理盐水、滴管、移液器和精液。测定方法：估测法。

测定程序：载玻片预温→精液稀释→取样检查→显微镜镜检→活力估测→活力记录。

1）载玻片预温。将恒温加热板放在载物台上，打开电源并调整控制温度至37℃（图4-26），然后放上载玻片。

2）精液稀释。将生理盐水与精液等温后，按1：10稀释。例如：用移液器取10μL精液，再加100μL 0.9%NaCl（生理盐水）等温稀释（图4-27）。

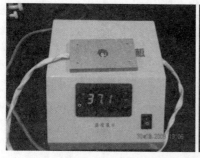

图4-26　恒温加热板

图4-27　精液稀释用品

3）取样检查。取 20~30μL 稀释后的精液，放在预温后载玻片中间，盖上盖玻片。

4）显微镜镜检。用 100 倍和 400 倍观察精子。

5）活力估测。判断视野中前进运动精子所占的百分率（图4-28）。

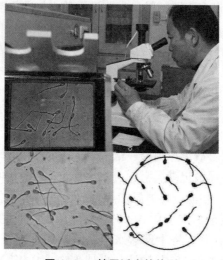

图4-28　精子活力的估测

观察一个视野中大体 10 个左右的精子，计数有几个前进运动精子，如有 7 个前进运动的精子，则活力为 0.7，如有 6 个前进运动的精子，则活力为 0.6，以此类推。至少观察 3 个视野，3 个视野估测活力的平均值为该份精液的活力。如 3 次估测的活力分别为 0.5、0.6、0.5，平均为 0.53，活力则评定为 0.5。

6）活力记录。按 10 级制评分和记录。

（3）羊精液活力的要求。羊新鲜精液精子活力≥65%，才可以用于人工授精和冷冻精液制作。羊冷冻精液的活力≥30% 才可用于输精。

6. 密度

（1）密度的定义和表示。精子密度也称精子浓度，指单位体积精液中所含的精子数，表示方法用个/mL 或亿/mL。

羊的精子的密度范围一般为 20 亿～30 亿/mL，如果精子密度低于 6 亿/mL，精液就不能用于人工授精和制作冷冻精液。

（2）精子密度的测定方法。目前测定精子密度的方法常采用估测法和血细胞计数法。估测法是在显微镜下根据精子分布的稀稠程度，将精子密度粗略地分为"密""中""稀"三个级别。密表示精子数量多，精子间隔距离不到一个精子；中表示精子数量较多，精子与精子的间隔为 1～2 个精子；稀表示精子数量较少，精子与精子的间距为 2 个以上精子。但这种方法误差太大，不适合在生产中使用。这里主要介绍血细胞计数法测定精子密度。

1）精子密度计数板（器）。精子计数室长、宽各 1mm，面积 1mm²，盖上盖玻片时，盖玻片和计数室的高度为 0.1mL，计数室的总体积为 0.1mm³。计数室的构成由双线或三线组成 25（5×5）个中方格；每个中方格内有 16（4×4）个小方格；共计 400 个小方格（图 4-29）。

2）精液的稀释。将精液注入计数室前必须对精液进行稀释，

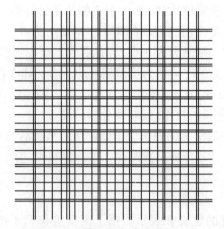

图4-29　精子密度计数板的结构

以便于计数。稀释的比例根据精液的密度范围确定。稀释方法：用5~25μL移液器和100~1 000μL移液器，在小试管中进行不同比例的稀释，见表4-5。

表4-5　测定精子密度时精液的稀释倍数

稀释倍数	201
3%氯化钠（μL）	1 000
原精液（μL）	5

稀释液：3%氯化钠溶液，用于杀死精子，便于计数。

先在试管中加入3%氯化钠（羊1 000μL），取原精液5μL直接加到3%氯化钠中，充分混匀。

3）显微镜准备。在显微镜400倍下，找出计数板上的方格，在计数室上盖上盖玻片，将方格调整到最清晰状态。

4）精液注入计数室。取25μL稀释后的精液，将吸咀放于盖玻片与计数板的接缝处，缓慢注入精液，使精液依靠毛细作用吸入计数室（图4-30）。

5) 精子计数。将计数板固定在显微镜的推进器内，用400倍找到计数室的第一个中方格。计数左上角至右下角五个中方格的总精子数，也可计数四个角和最中间5个中方格的总精子数。

图4-30 精液注入计数室

计数以精子的头部为准，以图示顺序计数，对于头部压线的精子，按照数上不数下、数左不数右的原则进行计数（图4-31）。

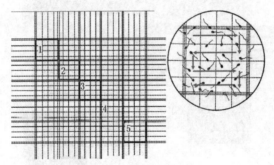

图4-31 精子计数方法

6）精液密度计算：

精液密度=5个中方格总精子数×5×10×1 000×稀释倍数

例如：羊精液通过计数，5个中方格总精子数为200个，则

精液密度=200×5×10×1 000×201=20.1 亿/mL

7. 畸形率

（1）畸形率的定义和表示方法。精液中形态不正常的精子称为畸形精子，精子畸形率是指精液中畸形精子数占总精子数的百分比，精子畸形率也用百分数来表示。畸形率对受精率有着重要影响，如果精液中含有大量畸形精子，则受精能力就会降低。

畸形精子各种各样，大体可分为3类。头部畸形：顶体异常、头部瘦小、细长、缺损、双头等。颈部畸形：膨大、纤细、带有原生质滴、双颈等。尾部畸形：纤细、弯曲、曲折、带有原生质滴等（图4-32）。

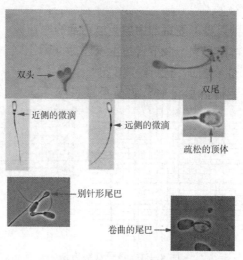

图4-32　各种畸形精子

（2）畸形率的测定方法。精子畸形率的测定通常是采用对精子进行染色，然后在显微镜下进行观察。

1）染液。精液染色可选用的染液有巴氏染液、酒精龙胆紫溶液（0.5g龙胆紫用20mL酒精助溶，加水至100mL，过滤至试剂瓶中备用）、红色或纯蓝墨水、瑞士染液等。

2）抹片。用微量移液器取 5μL 原精液至试管中，再取 200μL 0.9%的氯化钠溶液混合均匀。左手食指和拇指向上捏住载玻片两端，使载玻片处于水平状态，取 10μL 稀释后的精液滴至载玻片右端。右手拿一载玻片或盖玻片，使其与左手拿的载玻片呈 45°角，并使其接触面在精液滴的左侧。将载玻片向右拉至精液刚好进入两载玻片形成的角缝中，然后平稳地向左推至左边（不得再向回拉）（图 4-33）。抹片后，使其自然风干。

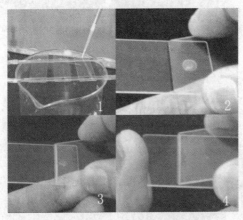

图 4-33　抹片的操作过程

3）固定。在抹片上滴 95%的酒精数滴，固定 4~5min 后，甩去多余的酒精（图 4-34）。

4）染色。将载玻片放在用玻璃棒制成的片架上，滴上 0.5%的龙胆紫溶液，或红色或纯蓝墨水 5~10 滴，染色 5min（图 4-34）。

5）冲洗。用洗瓶或自来水轻轻冲去染色剂，甩去水分晾干（图 4-35）。

6）计数。将载玻片放在 400 倍的显微镜下进行观察，共记录若干个视野 200 个左右的精子（图 4-36）。

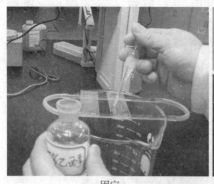

a.固定   b.染色

图 4-34 染色

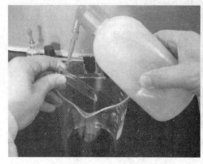

图 4-35 冲洗   图 4-36 精子计数

7）计算：

畸形率=计数的畸形精子总数/总精子数×100%

（3）羊精液畸形率的要求。羊新鲜精液畸形率≤15%才可以使用；冷冻精液解冻后畸形率≤20%才能用于人工授精。

8. 精液品质检查注意事项

（1）羊新鲜精液精子活力≥65%，才可以用于人工授精和冷冻精液制作；羊冷冻精液的活力≥30%，才可用于输精。羊新鲜精液畸形率≤15%才可以使用；冷冻精液解冻后畸形率≤20%，才能用于人工授精。

（2）精液采集后，为防止未经稀释精液的精子死亡，应立即将精液与稀释液按 1 : 3 稀释，然后再检查活力和密度。

（三）稀释液配制和精液稀释

精液稀释是向精液中加入适宜精子存活的稀释液。稀释的目的有两个：一是扩大精液容量，从而增加母羊的输精头数，提高公羊利用率；二是延长精子的保存时间及受精能力，便于精液的运输，使精液得以充分利用。

1. 精液稀释液

（1）稀释液的成分和作用。稀释液是用糖类、奶类、卵黄、化学物质、抗生素及酶类等，将其按一定数量或比例配合，能延长精子在体外的生存时间或在冷冻过程中保护精子免受冻害，提高冷冻后精子活力的精液保存液（稀释液）。

1）水。水是溶解各种营养物质和保护性物质的溶剂，主要用以扩大精液的容量。必须是蒸馏水或更严格的水，保证不含有盐类、金属类和矿物质等，pH 值稳定。

2）营养物质。常用的营养物质有葡萄糖、蔗糖、果糖、乳糖、奶和卵黄等。主要提供营养以补充精子生存和运动所消耗的能量。

3）保护性物质。

A. 缓冲剂。精液在保存过程中，随着精子代谢产物如乳酸和二氧化碳的积累，pH 值会逐渐降低，超过一定的限度时，会使精子发生不可逆的变性，为了防止精液保存过程中 pH 值的变化，添加的缓冲剂有柠檬酸钠、酒石酸钾钠、磷酸二氢钾等。

B. 防冷抗冻物质。在精液的低温和冷冻保存中，必须加入防冷抗冻剂以防止精子冷休克和冻害的发生。常用的抗冻剂有甘油、二甲亚砜、三羟甲基氨基甲烷（Tris），常用的防冷剂有卵黄和奶类。

C. 抗菌物质。主要有青霉素、链霉素等抗生素，主要是抑制细菌生长繁殖，延长精子存活时间。

4）稀释剂。主要用于扩大精液容量，各种营养物质和保护物质的等渗溶液都具有稀释精液、扩大容量的作用，一般单纯用于扩大精液容量的物质多采用等渗氯化钠、葡萄糖、果糖、蔗糖和奶类等。

5）其他添加剂。主要作用是改善精子外在环境的理化特性及母畜生殖道的生理机能，以利于提高受精机会，促进受精卵的发育。常用的有酶类、激素类、维生素类等，具有改善精子活率，提高受胎率的作用。

（2）羊精液稀释液的种类。根据精液保存温度的不同，精液稀释液分为常温保存稀释液、低温保存稀释液和冷冻保存稀释液。

1）常温保存液。主要用于羊的新鲜精液人工授精，由于羊的冷冻精液受胎率较低，目前多数羊场采用新鲜精液人工授精。

羊精液的常温保存液主要有：生理盐水（0.9%NaCI）、鲜奶（牛奶或羊奶）、5%葡萄糖等渗液，也有采用配方稀释液稀释的，如：

配方一：葡萄糖 1.5g+柠檬酸钠 0.7g+卵黄 10mL 混合均匀。

配方二：生理盐水 90mL+卵黄 10mL 混合均匀。

2）低温保存液。用于羊精液的低温保存（0~5℃）。

A. 绵羊的低温保存液主要有以下配方。

配方一：二水柠檬酸钠 2.8g+葡萄糖 0.8g+蒸馏水 100mL，取其 80mL+卵黄 20mL，青霉素、链霉素分别按 1 000u/mL 液体添加。

配方二：二水柠檬酸钠 2.7g + 氨基乙酸 0.36g + 蒸馏水 100mL，青霉素、链霉素分别按 1 000IU/mL 液体添加。

B. 山羊的低温保存液主要有以下配方。

配方一：葡萄糖 0.8g+二水柠檬酸钠 2.8g+蒸馏水 100mL，取其 80mL+卵黄 20mL，青霉素、链霉素分别按 1 000IU/mL 液体添加。

配方二：葡萄糖 3g+二水柠檬酸钠 1.4g+蒸馏水 100mL，取其 80mL+卵黄 20mL，青霉素、链霉素分别按 1 000IU/mL 液体添加。

3）冷冻保存液。冷冻保存液是用于精液的冷冻保存，冷源采用液氮为主，保存温度为-196℃。未加抗冻剂的冷冻保存液通常称为基础液，基础液加上抗冻剂称为冷冻保存液。

A. 绵羊用冷冻保存液。

a. 细管冻精。一液：基础液，柠檬酸钠 3.0g+葡萄糖 3.0g+蒸馏水 100mL。基础液 100mL 再加卵黄 25mL 为一液。二液：取一液 88.0mL，甘油 12mL，青霉素、链霉素分别各 10 万 u。

b. 颗粒冻精。基础液（11%乳糖 75mL）+卵黄 20mL+甘油 5mL+青霉素、链霉素分别各 10 万 IU。

B. 山羊用冷冻保存液。

a. 基础液。柠檬酸钠 1.5g+葡萄糖 3.0g+乳糖 5.0g+蒸馏水 100mL。

b. 冷冻保存液。基础液 75mL+卵黄 20mL+甘油 5mL+青霉素、链霉素分别各 10 万 IU。

（3）稀释液的配制。

1）药品、试剂和器械的准备。

A. 水。配制稀释液所用的蒸馏水或去离子水要新鲜。

B. 药品、试剂。要求用分析纯，奶必须是当天的鲜奶，卵黄要取自新鲜鸡蛋。

C. 器械。所用器械均要严格消毒，玻璃器皿用自来水冲洗干净后，再用蒸馏水冲洗 4 遍，控干水分，用牛皮纸将瓶口包好，放入 120℃干燥箱中干燥 1h，冷却备用。

注：烘箱温度设置不能高于140℃；取烘干的东西时，必须要等到烘箱温度降到100℃以下。

2）配制方法。

a. 试剂称量。药品、试剂的称量必须准确，常用称量工具有电子天平，电子秤等，准确度必须精确到0.001g。

b. 溶解试剂。在烧杯中将试剂溶解好，然后转移到容量瓶中，用蒸馏水反复冲洗烧杯，将冲洗液全部转移到容量瓶后定容。

c. 过滤。将定容好的液体用双层滤纸过滤到三角瓶中。

d. 消毒。将液体转移到玻璃瓶中，瓶口加一双折的棉线，再用胶塞塞住，放入高压锅120℃消毒30min。高压好以后将瓶取出拔掉棉线，即为配制好的基础液。

e. 加卵黄。新鲜鸡蛋用75%的酒精棉球消毒外壳，待酒精完全挥发后，将鸡蛋磕开，分离蛋清、蛋黄和系带，将蛋黄盛于蛋壳小头的半个蛋壳内，并小心地将蛋黄倒在四层对折（8层）的消毒纸巾上（图4-37），小心地使蛋黄在纸巾上滚动，使其表面的稀蛋清被纸巾吸附，然后放于消毒过的平皿中，用针头小心将卵黄膜挑一个小口，再用去掉针头的10mL一次性注射器，从小口慢慢吸取卵黄（图4-38），尽量避免将气泡吸入，同时应避免吸入卵黄膜。吸入10mL后，再用同样的方法吸取另一个鸡蛋的卵黄。也可将卵黄移至纸巾的边缘，用针头挑一个小口，将卵黄液缓缓倒入量筒中，注意避免将卵黄膜倒入量筒中。

卵黄液与基础液的混合：取放凉的基础液，加入三角瓶中，然后将卵黄液注入或将卵黄液从量筒中倒入三角瓶中，用量取的基础液反复冲洗量筒中的卵黄，使其全部溶解入基础液中，然后将全部的基础液倒入三角瓶中，摇匀。

f. 鲜奶。如用鲜奶作为稀释液的成分，可将纱布折成8层，将鲜奶过滤后直接加入到稀释液中。

图 4-37 分离蛋黄并吸附蛋清

图 4-38 吸取卵黄

g. 抗生素。分别用 1mL 注射器吸取基础液 1mL，分别注入 80 万 IU 和 100 万 IU 的青霉素和链霉素瓶中，使其彻底溶解。分别从青霉素瓶中和链霉素瓶中吸取 0.1~0.12mL 和 0.1mL 溶液，将其注入三角瓶中，并摇匀。另一种方法是，称取 0.06g 的青霉素和 0.1g 的链霉素加入三角瓶中，摇匀。用基础液、卵黄液和抗生素混合制成第一液。

h. 甘油。第二液的制作：用量筒量取第一液 47mL，加入另一只三角瓶中，用注射器吸取 3mL 消毒甘油，注入三角瓶中，摇匀。制成羊冷冻精液的第二液。

2. 精液的稀释

（1）稀释倍数和表示方法。精液的稀释倍数应根据原精液质量，尤其是精子的活率和密度、每次输精所需的精子数、稀释液的种类和保存方法确定。N 倍稀释，即 1 份精液：$N-1$ 份稀释液；$1：N$ 稀释，即 1 份精液：N 份稀释液。如 N 倍稀释后，精子密度为原来的 $1/N$，体积为原精液体积的 N 倍，则

可分装的份数＝原精液体积×稀释倍数/每份精液体积

稀释倍数＝原精液体积×分装的份数/每份精液体积

在生产实际中，稀释倍数往往存在小数而影响操作，大多数以需要加入的稀释液量直接计算。

原精液可分装份数（即一次采精的可输精分装份数）

＝原精液密度×输精要求活力×采精量/每份精液总有效精子数

需加稀释液量＝原精液可分装份数×每份精液体积－采精量

（2）羊精液液态保存的稀释倍数。羊精液的液态保存指常温保存和低温保存，以及新鲜精液稀释后直接进行人工授精。

液态保存的羊精液每次输精有效精子数不能低于 0.5 亿个，输精前精液的活力不能低于 0.6，输精量为 0.5~1mL。

例如：某一次采精后，经精液品质检查，采精量 1.2mL、活力 0.6、密度 22 亿个/mL，其他指标均符合输精要求。若输精量按每只羊每次 0.5mL 计算，

原精液可分装份数 = 22 亿个/mL×0.6×1.2mL/0.5 亿个 = 31.68 = 31 份

注意：计算出来的可分装份数如果是小数，不论小数点后的数字大小均应忽略，取整数，否则，输精时有效精子数就会不符合标准。

需加稀释液量 = 0.5mL×31－1.2mL = 14.3mL

（3）羊冷冻精液的稀释倍数。羊冷冻精液每次输精有效精子数不能低于 0.3 亿个，活力 ≥30%，每次输精剂量颗粒冻精 0.1mL、细管冻精 0.25mL。

第一次稀释倍数的计算：应为最终稀释后体积的 50%。第二次稀释为 1:1 稀释。

如：制作 0.25mL 细管冻精，采精量为 3mL、密度 22 亿个/mL。

原精液可分装份数 = 22 亿个/mL×0.3×3mL/0.3 亿个 = 66 份

需加稀释液量 = 0.25mL×66－3mL = 13.5mL

第一次稀释需加稀释液量＝0.25mL×66×50%－3mL＝5.25mL

第二次稀释需加稀释液量＝0.25mL×66×50%＝8.25mL

（4）注意事项。

1）配制稀释所使用的一切用具必须彻底洗涤干净，严格消毒；配制的稀释液要严格消毒；抗生素、酶类、激素类、维生素等添加剂必须在稀释液冷却至室温时，方可加入；稀释液要求现配现用，保持新鲜。需要保存的，含有卵黄和奶类的保存时间不超过2d；基础液消毒好后，在0～5℃可保存1个月。

2）原精液在采精检查合格后，应立即进行稀释，越快越好，从采精后到稀释的时间不超过30min（图4-39）。

稀释时，稀释液的温度和精液的温度必须调整一致，以30～35℃为宜；将稀释液沿精液瓶壁缓慢加入，

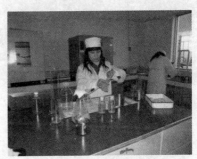

图4-39　精液稀释

防止剧烈震荡；若进行高倍（10倍以上）稀释，应先低倍后高倍，分次进行；稀释后精液立即进行分装（一般按一只母羊的输精量）保存。

（四）羊精液保存技术

羊精液的保存方法有常温保存（15～25℃）、低温保存（0～5℃）和冷冻保存（-196～-79℃）（颗粒和细管）三种方法。常温保存和低温保存温度都在0℃以上，又称为液态精液保存，超低温保存精液以冻结形式进行长期保存，又称为冷冻精液保存。

1. 精液的常温保存　精液的常温保存是保存温度在15～25℃，允许温度有一定的变动幅度，也称室温保存。常温保存所需设备简单，便于在生产中普及推广。这种方法主要用于采精

后，精液经稀释后立即输精，不用于长时间保存，从采精到完成输精，尽量不超过1h。如需要运输，可采用保温杯或疫苗箱等（图4-40）。

a.保温杯
b.疫苗箱

图4-40 常温保温用具

2. 精液的低温保存 精液的低温保存是将精液稀释后缓慢降温至0~5℃保存，低温保存的原理是利用低温来抑制精子的活动，降低代谢和能量消耗，抑制微生物生长，以达到延长精子存活时间的目的。当温度回升后，精子又恢复正常代谢机能并维持其受精能力。低温保存时，为避免精子发生冷休克，必须在稀释液中添加卵黄、奶类等防冷物质。

稀释后的精液，为避免精子发生冷休克，须采取缓慢降温的方法从30℃降至0~5℃，以每分钟下降0.2℃左右为宜，整个降温过程需1~2h完成。将分装好的精液瓶用纱布或毛巾包缠好，再裹以塑料袋防水，置于0~5℃低温环境中存放；也可将精液瓶放入30℃温水的容器内，一起置放在0~5℃低温环境中，经1~2h，精液温度即可降至0~5℃。

最常用的方法是将精液放置在冰箱内保存，也可用冰块放入广口瓶内代替；或者放在广口瓶里盛有化学制冷剂（水中加入尿素、硫酸铵等）的凉水内；还可吊入水井深处保存。

低温保存的精液在输精前要进行升温处理。升温的速度对精子影响较小，故一般可将贮精瓶直接投入30℃温水中即可。

3. 精液的冷冻保存 冷冻保存是将精液经过冷冻，在液氮中保存。冷冻精液的冷源液氮，保存温度为-196℃。液氮罐容量有 5L、15L 到 30L 大小不等（图 4-41），可根据实际需要选择，大液氮罐液氮保存时间长，但运输不如小的方便。冷冻精液的剂型有细管型和颗粒型两种。

（1）细管冻精。塑料细管一般有 0.25mL、0.5mL、1.0mL 三种容量。细管冻精的优点：适于快速冷冻，精液受温均匀，冷冻效果好；剂量标准化卫生条件好，不易受污染，标记鲜明，精液不易混淆；体积小，便于大量保存，精子损耗率低，精子复苏率和受胎率高；适于机械化生产等。缺点：如封口不好，解冻时易破裂；须有装封、印字等机械设备。目前生产中常用的以 0.25mL 细管为主（图 4-42），保存时在液氮罐内保存。

图 4-41 不同容量的液氮罐

图 4-42 0.25mL 的细管

（2）颗粒冻精。颗粒冻精是将精液直接滴冻在经液氮冷却的塑料板或金属板上，冷冻成体积为 0.1mL 的颗粒（图 4-43）。优点：方法简便，易于制作，成本低，体积小，便于大量贮存。缺点：剂量不标准，精液暴露在外易受污染，不易标记，易混淆，大多需解冻液解冻。

图 4-43　颗粒冻精

（3）精液冷冻保存注意事项。

1）贮存冻精的液氮罐设专人保管。冻精应贮存于液氮罐的液氮中，每周定时加一次液氮。

2）经常检查液氮罐的状况。如发现液氮罐外壳结白霜，立即将精液转移入其他液氮罐内保存。包装好的冻精由一个液氮罐转换到另一个液氮罐时，在液氮罐外停留时间不得超过 3s。

3）取存冻精后要盖好液氮罐塞。取、存冻精后要及时盖好液氮罐塞，取放液氮罐盖塞要垂直轻拿轻放，不得用力过猛，防止液氮罐塞折断或损坏。

4）移动和运输冻精液氮罐要注意安全。移动液氮罐不得在地上拖行，应提握液氮罐手柄抬起罐体后移动（图 4-44）。冻精运输过程中要有专人负责，液氮罐不得横倒、碰撞及剧烈震动，保证冻精始终浸在液氮中。

（五）羊的输精

输精是人工授精的最后一个技术环节。适时而准确地把一定量的优质精液输到发情母畜生殖道的一定部位是保证受胎率的关键。

1. 输精时间 羊采用 2 次输精。每天用试情公羊检查母羊群 2 次，上、下午各 1 次，公羊用试情布兜住腹部，避免发生自然交配。如果母羊接受公羊爬跨，证明已经发情。初配羊应于发现发情后 12h 第一次输精，间隔 12h 第二次输精。经产羊应于发现发情后 6~12h 第一次输精，间隔 12~16h 后第二次输精。

2. 输精前的准备 鲜精

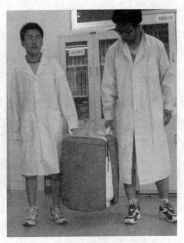

图 4-44　液氮罐移动方法

采精经稀释、精液品质检查符合要求后即可直接输精；低温保存时，输精前将精液经 10min 左右升温到 30~35℃再进行输精；颗粒冻精和细管冻精需要解冻后进行输精。

（1）颗粒冻精的解冻。

1）解冻所需器材、溶液：恒温水浴锅（可用烧杯或保温杯结合温度计代替）、1 000μL 移液枪、5mL 小试管、镊子、2.9% 柠檬酸钠溶液。

2）将水浴锅温度设定为 38~40℃，在小试管中加入 1mL 2.9%柠檬酸钠溶液，预温 2min 以上。

3）在液氮罐中用镊子夹取 1 个冻精颗粒投入到小试管中。由液氮罐提取冻精颗粒时，在液氮罐颈部停留时间不应超过 10s，贮精瓶停留部位应在距液氮罐颈部 8cm 以下，从液氮罐取出精液到投入小试管时间尽量控制在 3s 以内（图 4-45）。

4）轻轻摇晃小试管，使精液溶解并充分混匀（图 4-46）。

5）用输精器将解冻好的精液吸到输精器中，准备输精（图

4-47）。

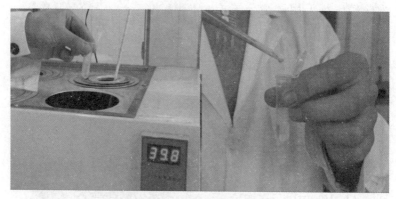

图 4-45　颗粒冻精的解冻

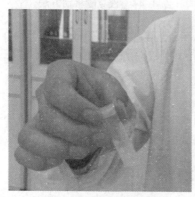

图 4-46　颗粒冻精的溶解

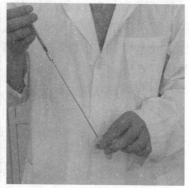

图 4-47　输精器吸取精液

（2）细管冻精的解冻。

1）解冻所需器材。恒温水浴锅（可用烧杯或保温杯结合温度计代替）、镊子、细管剪、输精枪及外套管等（图 4-48）。

2）从液氮罐中取出细管冻精。贮精瓶停留在液氮罐颈部 8cm 以下，用镊子从液氮罐取出细管冻精，在液氮罐颈部停留时间不超过10s，从取出冻精细管到投入保温杯时间尽量控制在3s以内（图4-49）。

图4-48 解冻所需器材　　　图4-49 从液氮罐中取出细管冻精

3）冻精细管直接投入到40℃水浴锅（或用温度计将保温杯水温调整至40℃），摇晃使其完全溶解。或将细管冻精投入到40℃水浴环境解冻3s左右，有一半溶解以后拿出使其完全溶解。

4）将解冻好的冻精细管装入输精器中，封口端朝外，再用细管钳将细管露出输精器的部分剪开，套上外套管，准备输精。

3. 输精操作。羊的输精主要采用开腔器输精法。输精前开腔器和输精器可采用火焰消毒，将酒精棉球点燃，利用火焰对开腔器和输精器进行消毒。并在开腔器前端涂上润滑剂（红霉素软膏或凡士林等均可），将精液吸入输精器。

（1）母羊的保定。母羊可采用保定架保定、单人保定和双人保定。对体格较大的母羊可采用保定架或双人保定（图4-50）。体格中、小的母羊可采用单人倒提保定（图4-51）。

对于大规模羊场来说，采用颈枷式围栏（图4-52）可以直接通过锁定颈枷达到保定羊只的目的，该装置极大节约了人力资源，每人每天可输精母羊200只以上。

（2）输精操作流程（图4-53）。

1）用卫生纸或捏干的酒精棉球将母羊外阴部粪便等污物擦

干净。

图 4-50　羊保定架输精

图 4-51　单人倒提保定

2）用开膣器先朝斜上方侧向进入阴道。

3）开膣器前端快抵达子宫颈口时，将开膣器转平，然后打开开膣器。

4）看到子宫颈口时，将输精器头旋转进入子宫颈。

5）等输精器无法再进入子宫时，将精液注入。

图 4-52　羊专用围栏颈枷

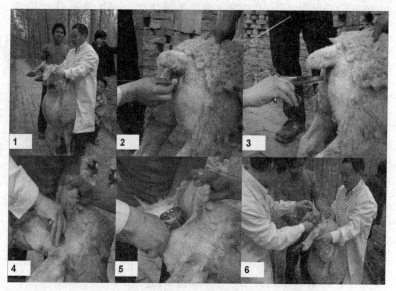

图 4-53 羊输精操作流程

（3）输精操作注意事项。

1）羊在输精时，输精器进入子宫时难度较大，通常深度为
2~3cm，最佳位置是通过子宫颈直接输到子宫体内。

2）输精完成后，将母羊再倒提保定 2min，防止精液倒流。

3）输精完成后，输精器和开膣器必须清洗干净。

第三节　羊的妊娠与分娩

一、羊的妊娠

（一）妊娠期

1. 妊娠期阶段的划分　母羊发情接受输精或交配后，从精卵结合形成胚胎一直到发育成熟的胎儿出生，胚胎在母体内发育的整个时期为妊娠期。此期是所孕育个体发育最强烈，细胞分化最强烈的时期，根据胚胎在母体子宫内所处的环境条件以及细胞分化和器官形成的时期不同可以分为胚期、胎前期、胎儿期。

（1）胚期：是指从受精卵开始发育到与母体建立联系（胚胎着床）为止，此期历时较短。

（2）胎前期：是指从胚胎着床到胎盘形成的时期，胚泡在子宫腔内游离一段时间以后由于泡腔内液体增多，胚泡变大，在子宫内的活动受到限制，位置逐渐固定下来，开始与子宫建立密切的联系，这一过程称为附植或着床。绵羊妊娠 10～20d 胚胎开始附植，山羊妊娠 16～20d 胚胎开始附植。

（3）胎儿期：从胎儿到出生的时期。此阶段体躯及各种组织器官迅速生长，体重增加很快，形成被毛与汗腺，品种特征逐渐明显。体重增重占整个胚胎期体重的3/4。

2. 妊娠期长短　母羊的妊娠期长短因品种、营养及单、双羔因素有所变化。一般山羊妊娠期略长于绵羊。山羊妊娠期正常范围为 142～161d，平均为 152d；绵羊妊娠期正常范围为 146～157d，平均为 150d。

（二）妊娠母羊的变化

妊娠期间，母羊的全身状态特别是生殖器官相应地会发生一些生理变化。

1. 体况的变化　妊娠母羊新陈代谢旺盛，食欲增强，消化能力提高；因胎儿的生长和母体自身重量的增加，怀孕母羊体重明显上升；怀孕前期因代谢旺盛，妊娠母羊营养状况改善，表现为毛色光润、膘肥体壮；怀孕后期则因胎儿急剧生长消耗母体营养，如饲养管理较差时，妊娠母羊则表现为瘦弱。

2. 妊娠母羊生殖器官的变化　母羊怀孕后，妊娠黄体在卵巢中持续存在，从而使发情周期中断；妊娠母羊子宫增生，继而生长和扩展，以适应胎儿的生长发育；怀孕初期阴门紧闭，阴唇收缩，阴道黏膜的颜色苍白。随着妊娠时间的延长，阴唇表现为水肿，其水肿程度逐渐增加。

（三）羊的妊娠诊断

配种后的母羊应尽早进行妊娠诊断，以便及时发现空怀母羊，采取补配措施。对已受孕的母羊应加强饲养管理，避免流产，这样可以有效提高羊群的受胎率和繁殖率。下面介绍生产中常用的几种妊娠诊断方法。

1. 外部观察法 母羊受孕后，在孕激素的制约下，发情周期停止，不再有发情征状表现，性情变得较为温顺。同时，甲状腺活动逐渐增强，孕羊的采食量增加，食欲增强，营养状况得到改善，毛色变得光亮润泽。仅靠表观症状观察不易确切诊断母羊是否怀孕，因此还应结合触诊法来确诊。

2. 触诊法 待检查母羊自然站立，然后用两只手以抬抱方式在羊腹壁前后滑动，抬抱的部位是乳房的前上方，用手触摸是否有胚胎包块。注意抬抱时手掌展开，动作要轻，以抱为主。另外一种方法是直肠—腹壁触诊。待查母羊用肥皂灌洗直肠排出粪便，使其仰卧，然后用直径 1.5cm、长约 50cm、前端圆如弹头状的光滑木棒或塑料棒作为触诊棒，使用时涂抹上润滑剂，经过肛门向直肠内插入 30cm 左右，插入时注意贴近脊椎。一只手用触诊棒轻轻把直肠挑起来以便托起胎胞，另一只手则在腹壁上触摸，如有包块状物体即表明已妊娠；如果摸到触诊棒，将棒稍微移动位置，反复挑起触摸 2~3 次，仍摸到触诊棒即表明未孕。注意，挑动时动作要轻以免损伤直肠。羊属于中小牲畜，不能像牛马那样能做直肠检查，因此触诊法对于羊的早期妊娠诊断来说是很重要的一种方法，而且准确率也很高。

3. 阴道检查法 母羊妊娠后，阴道黏膜的色泽、黏液性状及子宫颈口形状均有一些和妊娠相一致的规律变化。

（1）阴道黏膜。母羊怀孕后，阴道黏膜由空怀时的淡粉红色变为苍白色，但用开膣器打开阴道后，很短时间内即由白色又变成粉红色。空怀母羊黏膜始终为粉红色。

（2）阴道黏液。孕羊的阴道黏液呈透明状，量很少，因此也很浓稠，能在手指间牵成线。相反，如果黏液量多、稀薄、颜色灰白，表示母羊未孕。

（3）子宫颈。孕羊子宫颈紧闭，色泽苍白，并有糨糊状的黏块堵塞在子宫颈口，人们称之为"子宫栓"。和发情鉴定一样，在做阴道检查之前应认真对所用器械和羊外阴部进行清洁、消毒。

4. 免疫学诊断法　怀孕母羊的血液和组织中具有特异性抗原，能与血液中的红细胞结合在一起，用特异性抗原诱导制备的抗体血清和待查母羊的血液混合时，妊娠母羊的血液红细胞会出现凝集现象。如果待查母羊没有怀孕，就会因为没有与红细胞结合的抗原，加入抗体血清后红细胞不会发生凝集现象。由此可以判定被检母羊是否怀孕。

5. 黄体酮水平测定法　测定方法是将待查母羊在配种 20～25d 后采血制备血浆，再采用放射免疫标准试剂与之对比，判断血浆中的黄体酮含量，判定妊娠的参考标准为：绵羊每毫升血浆中黄体酮含量大于 1.5ng，山羊大于 2ng。

6. 返情检查和超声波诊断

（1）妊娠诊断时间。人工授精后 15～25d 用试情公羊试情，40d 以后用超声仪进行妊娠诊断。

（2）超声波探测法。超声波探测仪目前在生产中应用较为广泛，用它做早期妊娠诊断便捷可靠，便携式 B 超仪更方便生产中使用（图 4-54），检查方法是将待查母羊保定后，在腹下乳房前毛稀少的地方涂上凡士林或液状石蜡等耦合剂，将 B 型超声波探测仪的探头对着骨盆入口方向探查（图 4-55）。用超声波诊断羊早期妊娠的时间最好是配种 40d 以后，这时胎儿的鼻和眼已经分化，易于诊断。

图 4-54　便携式 B 型超声波探测仪

图 4-55　B 超进行妊娠诊断

　　试情检查结合 B 超进行妊娠诊断，是目前羊妊娠诊断最准确也最有效的方法。B 超的使用必须要熟练。

　　不同妊娠阶段 B 超观察到的胎儿发育情况见图 4-56。

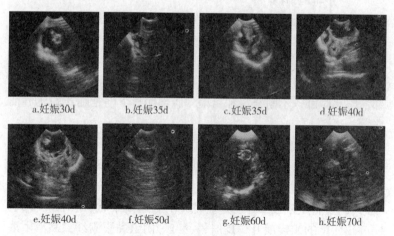

a.妊娠30d　　b.妊娠35d　　c.妊娠35d　　d 妊娠40d

e.妊娠40d　　f.妊娠50d　　g.妊娠60d　　h.妊娠70d

图 4-56　妊娠 B 超显示

　　7. 母羊预产期的推算　母羊妊娠后，为做好分娩前的准备工作，应准确推算产羔期，即预产期。羊的预产期可用公式推算，即配种月份加5，配种日期数减2。

例一：某羊于2017年5月24日配种，它的预产期为

5+5＝10（月）（预产月）

24−2＝22（日）（预产日期）

即该母羊的预产日期是2017年10月22日。

例二：某羊于2017年10月8日配种，它的预产期为

10+5＝15（月），大于12，可将分娩年份推迟一年，并将该月份减去12月，余数就是下一年预产月数，即

15−12＝3（月）（预产月）

8−2＝6（日）（预产日期）

即该母羊的预产期是2018年3月6日。

二、羊的分娩

(一) 羊的分娩

1. 母羊的分娩征兆　母羊在分娩之前行为上和生理上发生的一系列变化称为分娩征兆。母羊的分娩征兆主要体现在以下4个方面。

（1）行为变化。母羊分娩前精神不安，食欲减退，回顾腹部，时起时卧，不断努责和扒地，腹部明显下陷是临产的典型征兆。

（2）乳房变化。乳房在分娩前迅速发育，腺体充实，临近分娩时可从乳头中挤出少量清亮胶状液体或少量初乳，乳头增大变粗。

（3）外阴变化。临近分娩时，阴唇逐渐柔软，肿胀、增大，阴唇皮肤上的皱襞展开，皮肤稍变红。阴道黏膜潮红，黏液由浓厚黏稠变为稀薄滑润，排尿频繁。

（4）骨盆的变化。骨盆的耻骨联合，荐髂关节以及骨盆两侧的韧带活动性增强，在尾根及两侧松软，肷窝明显凹陷。用手

握住尾根做上下活动，感到荐骨向上活动的幅度增大。

2. 分娩过程 分娩是指妊娠子宫在内分泌调节和母体机械刺激下将胎儿和胎衣排出的过程。分娩过程分为三个阶段。

（1）准备阶段。准备阶段是以子宫颈的扩张和子宫肌肉有节律性地收缩为主要特征。在这一阶段的开始，每 15min 左右便发生 1 次收缩，每次约 20s，由于是一阵一阵的收缩，故称之为"阵缩"。在子宫阵缩的同时，母羊的腹壁也会伴随着发生收缩，称之为"努责"。阵缩与努责是胎儿产出的基本动力。在这个阶段，扩张的子宫颈和阴道成为一个连续管道。胎儿和尿囊绒毛膜随着进入骨盆入口，尿囊绒毛膜开始破裂，尿囊液流出阴门，称之为"破水"。羊分娩准备阶段的持续时间为 0.5~24h，平均为 2~6h。若尿囊破后超过 6h 胎儿仍未产出，即应考虑胎儿产式是否正常，超过 12h，即应按难产处理。

（2）胎儿产出阶段。胎儿随同羊膜继续向骨盆出口移动，同时引起膈肌和腹肌反射性收缩，使胎儿通过产道产出。胎儿从显露到产出体外的时间为 0.5~2h，产双羔时，先后间隔 5~30min。胎儿产出时间一般不会超过 2~3h，如果时间过长，则可能是胎儿产式不正常形成难产。

（3）胎衣排出阶段。羊的胎衣通常在分娩后 2~4h 内排出。胎衣排出的时间一般需要 0.5~8h，但不能超过 12h，否则会引起子宫炎等一系列疾病。

（二）接产

1. 了解母羊分娩前的表现 接产人员应该事先了解母羊在分娩前都会有哪些征兆，然后根据母羊的表现来判断母羊分娩时间，做好接产前的准备工作。

2. 提前做好接产准备

（1）产房的准备。母羊分娩舍要求光线充足、宽敞、卫生、地面干燥保暖，有害气体控制在允许范围内，没有贼风。有条件的地方可以单独建母羊分娩舍，将临近分娩的母羊送到分娩舍，产羔后再将母子送回母羊舍。由于产羔后母羊舍存栏的羊只数迅猛增加，所以，要求母羊舍必须宽敞，防止母羊相互争斗而受到伤害及母羊踩压死初生羔羊的情况发生。在产羔前，应对母羊舍、分娩舍等羔羊接触的地方用3%~5%的氢氧化钠溶液或10%~20%的石灰乳溶液进行一次彻底消毒。

（2）物资及药品的准备。需准备的用具、药品主要有脸盆、水桶、扫帚、毛巾、肥皂、抹布、手电、灯泡、火炉、大号工具、针管、产羔记录本、奶粉、奶瓶、奶羊、锹、水料槽、高锰酸钾粉、来苏儿溶液、乙醇、葡萄糖粉、破伤风抗毒素、"三联苗""羊痘苗""胸膜肺炎苗"等。

（3）精心挑选护羔人员。护羔员的责任心及技术水平是决定羔羊成活的重要因素。护羔工作要求心细、有耐心，且要求具有一定的养羊知识及常见病的治疗技术。既要做好羔羊哺乳、过乳、消毒、防疫、治疗，又要做好补饲、放牧、清扫圈舍、打耳标等工作。在有条件的情况下，应对护羔员做好接羔等有关技术培训工作（图4-57）。

图4-57　母羊分娩接产

3. 假死羔羊的急救

羔羊产出后，身体发育正常，心脏仍有跳动，但不呼吸，这种情况称为假死。羔羊假死主要是由于羔羊过早地呼吸而吸入羊水，或是子宫内缺氧、分娩时间过长、受凉等原因造成的。如果遇到羔羊假死情况，要及时进行抢救处理。

（1）如果羔羊有微弱呼吸，首先将口腔、鼻腔内的黏液和羊水清除干净，然后进行人工呼吸。方法：一人将羔羊的两后肢提起悬空，另一人两手握住羔羊的两前肢有节律的挤压胸腹部。或者让羔羊平卧，用两手有节律地推压胸部。刺激呼吸反射，同时及时清除从口鼻流出的黏液和羊水，直至羔羊出现呼吸动作。待羔羊复活后，将羔羊放到保温箱内使其尽快恢复体力，并进行人工哺乳。

（2）如果不见羔羊呼吸，应尽快将口腔、鼻腔内的黏液和羊水清除干净，然后进行人工呼吸，同时肌内注射尼可刹米或樟脑水 0.5mL。

（三）羊的诱导分娩

诱导分娩亦称人工引产，是指在妊娠末期的一定时间内，注射激素制剂，诱发孕羊妊娠终止，在比较确定的时间内分娩，产出正常的羔羊，针对个体称之为诱发分娩，针对群体则称之为同期分娩。通过人为诱导分娩能使同期受胎母羊的分娩更为集中，有利于羊群的管理工作，如有计划地在白天接产、护羔和育羔，能够提高羔羊的成活率。

1. 绵羊的引产方法　绵羊可行的引产方法是在妊娠 144d时，注射 12~16mg 地塞米松，多数母羊在 40~60h 内产羔。在预产前 3d 使用雌二醇苯甲酸盐或氯前列烯醇注射液 1~2mL，也能诱发母羊分娩，但效果不如糖皮质激素好。

2. 山羊的引产方法　山羊的诱发分娩与绵羊相似。妊娠144d 时，肌内注射氯前列烯醇钠 0.2mg 或地塞米松 16mg，至产羔平均时间分别为 32h 和 120h，而不处理的母羊为 197h。

在生产中经发情同期化处理，并对配种的母羊进行同期诱发分娩最有利，预产期接近的母羊可作为一批进行同期诱发分娩。例如，同期发情配种的母羊妊娠第 142d 晚上注射，第 144d 早上开始产羔，持续到第 145d 全部产完。

（四）产后母羊及羔羊的护理

1. 产后母羊的护理 母羊分娩后整个机体，特别是生殖器官发生了激烈的变化，机体抵抗力降低，产出胎儿子宫颈张开时，可能造成产道黏膜表皮的损伤，产后子宫内又积存大量的恶露，为微生物的侵入创造了条件，同时，分娩过程中母畜消耗了大量的体能并丧失了很多水分。因此，对产后的母羊应加强护理。

（1）母羊产后要供给足够的温水和麸皮盐水汤等。

（2）保持母羊外阴部清洁，每天用消毒溶液清洗母羊外阴部、尾巴及后躯，以利于母羊的产后恢复。

（3）供给优质、易消化的饲料，但不宜过多，否则容易引起消化道及乳腺疾病。饲料经过一周可逐渐变为正常。

（4）青饲料不宜过多，避免乳量分泌过多，引起母羊乳腺炎或羔羊拉稀。

（5）羊舍内垫上清洁的垫草，并及时更换。

（6）对产后母羊认真观察，一旦发现母羊出现病理现象，应及时妥善处理。

2. 羔羊的护理 初生羔羊是指从出生到脐带脱落这一时期的羔羊。羔羊脐带一般是在出生后的第 2d 开始干燥，6d 左右脱落，脐带干燥脱落的早晚与断脐的方法、气温及通风有关。初生羔羊的护理工作是羔羊生产的中心环节，要想提高羔羊成活率，除了做好怀孕母羊的饲养管理、使之产下健壮羔羊外，搞好羔羊护理也是关键所在。

（1）清除口鼻腔黏液。羔羊产出后，用干净的纱布迅速将羔羊口、鼻、耳中的黏液清除干净，防止羔羊窒息（图4-58）。

（2）擦干羊体。让母羊舔干羔羊身上的黏液。如母羊不舔，可在羔羊身上撒些麸皮，引诱母羊舔干。母羊舔舐羔羊能够增进母子感情，促进母羊体内催产素的分泌，有利于胎衣排出（图4-59）。

（3）断脐。多数羔羊产出后可自行扯断脐带，用5%的碘酊消毒

图4-58 清除黏液

脐带即可。如脐带未自行扯断，可在距腹部5~10cm处向腹部挤压血液后撕断，再用5%碘酊充分消毒（图4-60）。

图4-59 母羊舔舐羔羊

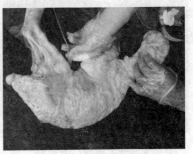

图4-60 羔羊断脐带

（4）称重。羔羊出生后，在第一次吃初乳之前对羔羊进行称重，并做记录（图4-61）。

（5）喂初乳。母羊产羔完毕后，剪掉母羊乳房周围的长毛，用温水清洗并用0.1%高锰酸钾消毒乳房，用毛巾擦干后挤出并弃去最初几滴乳汁，待羔羊自行站立后，辅助羔羊吃上初乳，以

获得营养与免疫抗体，一般要求羔羊出生后 30min 内吃上初乳（图 4-62 至图 4-64）。

图 4-61　称重

图 4-62　清洗、消毒母羊乳房

图 4-63　挤出几滴初乳

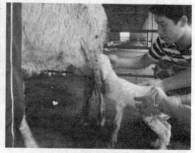

图 4-64　辅助羔羊吃到初乳

　　如果遇到母羊乳房疾病或泌乳不足时，可对羔羊进行寄养或人工哺喂，寄养时应选择产羔日龄相近的母羊，并将其尿液或胎衣涂抹在羔羊身上，经强迫哺乳几次之后即可寄养成功。人工哺喂羔羊可用羊奶、羔羊代乳粉，乳温要接近羔羊体温，每日哺喂4~6 次（图 4-65）。

　　（6）编号。羔羊生后 7d 内，应对羔羊打耳号或戴上耳标，以便于生产管理（图4-66）。

图4-65 人工哺喂羔羊

图4-66 戴耳标

（7）记录备案。对羔羊出生时的一些基本情况进行记录，以便日后查阅。

（8）注射破伤风抗毒素。在羔羊出生12h以内注射破伤风抗毒素。

（9）断尾。绵羊羔羊出生后7d内，在第3、第4尾椎处采取结扎法进行断尾（图4-67）。

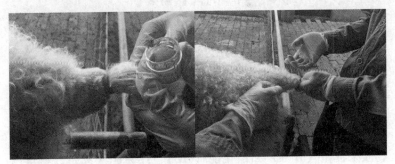

图4-67 结扎断尾

第五章 肉羊的饲料与营养

肉羊具有体格大、生长快、肌肉多、脂肪少的生理特点，并且肉羊具有食性广、耐粗饲的消化特点，在生产实践中要根据肉羊不同生理阶段的营养需求结合当地的饲料资源制定科学合理的日粮配方，以提高生产水平，降低饲料成本，增加经济效益。

第一节 肉羊的营养需要

一、肉用绵羊、羔羊的营养需要

肉用绵羊、羔羊不同生产阶段干物质采食量和消化能、代谢能、粗蛋白质、钙、磷、食用盐每日营养需要量见表 5-1 至表 5-6，对硫、维生素、矿物质微量元素的日粮添加量推荐值见表 5-7。

（一）生长育肥绵羊、羔羊每日营养需要量

4～20kg 体重阶段生长育肥绵羊、羔羊不同日增重下日粮干物质采食量（DMI）和消化能（DE）、代谢能（ME）、粗蛋白质、钙、总磷、食用盐每日营养需要量见表 5-1，硫、维生素 A 矿物质微量元素的日粮添加量见表 5-7。

表 5-1　生长育肥绵羊、羔羊每日营养需要量

体重 （kg）	日增重 （kg/d）	DMI （kg/d）	DE （MJ/d）	ME （MJ/d）	粗蛋白质 （g/d）	钙 （g/d）	总磷 （g/d）	食用盐 （g/d）
4	0.1	0.12	1.92	1.88	35	0.9	0.5	0.6
4	0.2	0.12	2.8	2.72	62	0.9	0.5	0.6
4	0.3	0.12	3.68	3.56	90	0.9	0.5	0.6
6	0.1	0.13	2.55	2.47	36	1.0	0.5	0.6
6	0.2	0.13	3.43	3.36	62	1.0	0.5	0.6
6	0.3	0.13	4.18	3.77	88	1.0	0.5	0.6
8	0.1	0.16	3.10	3.01	36	1.3	0.7	0.7
8	0.2	0.16	4.06	3.93	62	1.3	0.7	0.7
8	0.3	0.16	5.02	4.60	88	1.3	0.7	0.7
10	0.1	0.24	3.97	3.60	54	1.4	0.75	1.1
10	0.2	0.24	5.02	4.60	87	1.4	0.75	1.1
10	0.3	0.24	8.28	5.86	121	1.4	0.75	1.1
12	0.1	0.32	4.60	4.14	56	1.5	0.8	1.3
12	0.2	0.32	5.44	5.02	90	1.5	0.8	1.3
12	0.3	0.32	7.11	8.28	122	1.5	0.8	1.3
14	0.1	0.4	5.02	4.60	59	1.8	1.2	1.7
14	0.2	0.4	8.28	5.86	91	1.8	1.2	1.7
14	0.3	0.4	7.53	6.69	123	1.8	1.2	1.7
16	0.1	0.48	5.44	5.02	60	2.2	1.5	2.0
16	0.2	0.48	7.11	8.28	92	2.2	1.5	2.0
16	0.3	0.48	8.37	7.53	124	2.2	1.5	2.0
18	0.1	0.56	8.28	5.86	63	2.5	1.7	2.3
18	0.2	0.56	7.95	7.11	95	2.5	1.7	2.3
18	0.3	0.56	8.79	7.95	127	2.5	1.7	2.3
20	0.1	0.64	7.11	8.28	65	2.9	1.9	2.6
20	0.2	0.64	8.37	7.53	96	2.9	1.9	2.6
20	0.3	0.64	9.62	8.79	128	2.9	1.9	2.6

注：（1）表中日粮干物质采食量（DMI）、消化能（DE）、代谢能（ME）、粗蛋白
　　　质（CP）、钙、总磷、食用盐每日需要量推荐数值参考内蒙古自治区地方
　　　标准《细毛羊饲养标准》（DB 15/T30—92）。

　　（2）日粮中添加的食用盐应符合 GB/T 5461—2016《食用盐》中的规定。

（二）育成母绵羊每日营养需要量

25～50kg 体重阶段绵羊育成母羊日粮干物质采食量和消化能、代谢能、粗蛋白质、钙、磷、食用盐每日营养需要量见表 5-2，硫、维生素矿物质微量元素的日粮添加量见表 5-7。

表 5-2　育成母绵羊每日营养需要量

体重 （kg）	日增重 （kg/d）	DMI （kg/d）	DE （MJ/d）	ME （MJ/d）	粗蛋白质 （g/d）	钙 （g/d）	总磷 （g/d）	食用盐 （g/d）
25	0	0.8	5.86	4.60	47	3.6	1.8	3.3
25	0.03	0.8	6.70	5.44	69	3.6	1.8	3.3
25	0.06	0.8	7.11	5.86	90	3.6	1.8	3.3
25	0.09	0.8	8.37	6.69	112	3.6	1.8	3.3
30	0	1.0	6.70	5.44	54	4.0	2.0	4.1
30	0.03	1.0	7.95	6.28	75	4.0	2.0	4.1
30	0.06	1.0	8.79	7.11	96	4.0	2.0	4.1
30	0.09	1.0	9.20	7.53	117	4.0	2.0	4.1
35	0	1.2	7.95	6.28	61	4.5	2.3	5.0
35	0.03	1.2	8.79	7.11	82	4.5	2.3	5.0
35	0.06	1.2	9.62	7.95	103	4.5	2.3	5.0
35	0.09	1.2	10.88	8.79	123	4.5	2.3	5.0
40	0	1.4	8.37	6.69	67	4.5	2.3	5.8
40	0.03	1.4	9.62	7.95	88	4.5	2.3	5.8
40	0.06	1.4	10.88	8.79	108	4.5	2.3	5.8
40	0.09	1.4	12.55	10.04	129	4.5	2.3	5.8
45	0	1.5	9.20	8.79	94	5.0	2.5	6.2
45	0.03	1.5	10.88	9.62	114	5.0	2.5	6.2
45	0.06	1.5	11.71	10.88	135	5.0	2.5	6.2
45	0.09	1.5	13.39	12.10	80	5.0	2.5	6.2
50	0	1.6	9.62	7.95	80	5.0	2.5	6.6
50	0.03	1.6	11.30	9.20	100	5.0	2.5	6.6
50	0.06	1.6	13.39	10.88	120	5.0	2.5	6.6
50	0.09	1.6	15.06	12.13	140	5.0	2.5	6.6

注：（1）表中日粮干物质采食量（DMI）、消化能（DE）、代谢能（ME）、粗蛋白质（CP）、钙、总磷、食用盐每日需要量推荐数值参考内蒙古自治区地方标准《细毛羊饲养标准》（DB 15/T 30—92）。

（2）日粮中添加的食用盐应符合 GB 5461—2016《食用盐》中的规定。

（三）育成公绵羊每日营养需要量

20kg~70kg 体重阶段绵羊育成公羊日粮干物质采食量和消化能、代谢能、粗蛋白质、钙、总磷、食用盐每日营养需要量见表5-3，硫、维生素矿物质微量元素的日粮添加量见表5-7。

表5-3 育成公绵羊每日营养需要量

体重 （kg）	日增重 （kg/d）	DMI （kg/d）	DE （MJ/d）	ME （MJ/d）	粗蛋白质 （g/d）	钙 （g/d）	总磷 （g/d）	食用盐 （g/d）
20	0.05	0.9	8.17	6.70	95	2.4	1.1	7.6
20	0.10	0.9	9.76	8.00	114	3.3	1.5	7.6
20	0.15	1.0	12.20	10.00	132	4.3	2.0	7.6
25	0.05	1.0	8.78	7.20	105	2.8	1.3	7.6
25	0.10	1.0	10.98	9.00	123	3.7	1.7	7.6
25	0.15	1.1	13.54	11.10	142	4.6	2.1	7.6
30	0.05	1.1	10.37	8.50	114	3.2	1.4	8.6
30	0.10	1.1	12.20	10.00	132	4.1	1.9	8.6
30	0.15	1.2	14.76	12.10	150	5.0	2.3	8.6
35	0.05	1.2	11.34	9.30	122	3.5	1.6	8.6
35	0.10	1.2	13.29	10.90	140	4.5	2.0	8.6
35	0.15	1.3	16.10	13.20	159	5.4	2.5	8.6
40	0.05	1.3	12.44	10.20	130	3.9	1.8	9.6
40	0.10	1.3	14.39	11.80	149	4.8	2.2	9.6
40	0.15	1.3	17.32	14.20	167	5.8	2.6	9.6
45	0.05	1.3	13.54	11.10	138	4.3	1.9	9.6
45	0.10	1.3	15.49	12.70	156	5.2	2.9	9.6
45	0.15	1.4	18.66	15.30	175	6.1	2.8	9.6
50	0.05	1.4	14.39	11.80	146	4.7	2.1	11.0
50	0.10	1.4	16.59	13.60	165	5.6	2.5	11.0
50	0.15	1.5	19.76	16.20	182	6.5	3.0	11.0
55	0.05	1.5	15.37	12.60	153	5.0	2.3	11.0
55	0.10	1.5	17.68	14.50	172	6.0	2.7	11.0
55	0.15	1.6	20.98	17.20	190	6.9	3.1	11.0

体重 （kg）	日增重 （kg/d）	DMI （kg/d）	DE （MJ/d）	ME （MJ/d）	粗蛋白质 （g/d）	钙 （g/d）	总磷 （g/d）	食用盐 （g/d）
60	0.05	1.6	16.34	13.40	161	5.4	2.4	12.0
60	0.10	1.6	18.78	15.40	179	6.3	2.9	12.0
60	0.15	1.7	22.20	18.20	198	7.3	3.3	12.0
65	0.05	1.7	17.32	14.20	168	5.7	2.6	12.0
65	0.10	1.7	19.88	16.30	187	6.7	3.0	12.0
65	0.15	1.8	23.54	19.30	205	7.6	3.4	12.0
70	0.05	1.8	18.29	15.00	175	6.2	2.8	12.0
70	0.10	1.8	20.85	17.10	194	7.1	3.2	12.0
70	0.15	1.9	24.76	20.30	212	8.0	3.6	12.0

注：（1）表中日粮干物质采食量（DMI）、消化能（DE）、代谢能（ME）、粗蛋白质（CP）、钙、总磷、食用盐每日需要量推荐数值参考内蒙古自治区地方标准《细毛羊饲养标准》（DB 15/T 30—92）。

（2）日粮中添加的食用盐应符合 GB 5461—2016《食用盐》中的规定。

（四）育肥绵羊每日营养需要量

20~45kg 体重阶段舍饲育肥绵羊日粮干物质采食量和消化能、代谢能、粗蛋白质、钙、总磷、食用盐每日营养需要量见表5-4，硫、维生素、矿物质微量元素的日粮添加量见表5-7。

表5-4　育肥绵羊每日营养需要量

体重 （kg）	日增重 （kg/d）	DMI （kg/d）	DE （MJ/d）	ME （MJ/d）	粗蛋白质 （g/d）	钙 （g/d）	总磷 （g/d）	食用盐 （g/d）
20	0.10	0.8	9.00	8.40	111	1.9	1.8	7.6
20	0.20	0.9	11.30	9.30	158	2.8	2.4	7.6
20	0.30	1.0	13.60	11.20	183	3.8	3.1	7.6
20	0.45	1.0	15.01	11.82	210	4.6	3.7	7.6
25	0.10	0.9	10.50	8.60	121	2.2	2	7.6
25	0.20	1.0	13.20	10.80	168	3.2	2.7	7.6
25	0.30	1.1	15.80	13.00	191	4.3	3.4	7.6
25	0.45	1.1	17.45	14.35	218	5.4	4.2	7.6

续表

体重 （kg）	日增重 （kg/d）	DMI （kg/d）	DE （MJ/d）	ME （MJ/d）	粗蛋白质 （g/d）	钙 （g/d）	总磷 （g/d）	食用盐 （g/d）
30	0.10	1.0	12.00	9.80	132	2.5	2.2	8.6
30	0.20	1.1	15.00	12.30	178	3.6	3	8.6
30	0.30	1.2	18.10	14.80	200	4.8	3.8	8.6
30	0.45	1.2	19.95	16.34	351	6.0	4.6	8.6
35	0.10	1.2	13.40	11.10	141	2.8	2.5	8.6
35	0.20	1.3	16.90	13.80	187	4.0	3.3	8.6
35	0.30	1.3	18.20	16.60	207	5.2	4.1	8.6
35	0.45	1.3	20.19	18.26	233	6.4	5.0	8.6
40	0.10	1.3	14.90	12.20	143	3.1	2.7	9.6
40	0.20	1.3	18.80	15.30	183	4.4	3.6	9.6
40	0.30	1.4	22.60	18.40	204	5.7	4.5	9.6
40	0.45	1.4	24.99	20.30	227	7.0	5.4	9.6
45	0.10	1.4	16.40	13.40	152	3.4	2.9	9.6
45	0.20	1.4	20.60	16.80	192	4.8	3.9	9.6
45	0.30	1.5	24.80	20.30	210	6.2	4.9	9.6
45	0.45	1.5	27.38	22.39	233	7.4	6.0	9.6
50	0.10	1.5	17.90	14.60	159	3.7	3.2	11.0
50	0.20	1.6	22.50	18.30	198	5.2	4.2	11.0
50	0.30	1.6	27.20	22.10	215	6.7	5.2	11.0
50	0.45	1.6	30.03	24.38	237	8.5	6.5	11.0

注：（1）表中日粮干物质采食量（DMI）、消化能（DE）、代谢能（ME）、粗蛋白
　　　质（CP）、钙、总磷、食用盐每日需要量推荐数值参考新疆维吾尔自治区
　　　企业标准《新疆细毛羔羊舍饲育肥标准》（1985）。

　　（2）日粮中添加的食用盐应符合 GB 5461—2016《食用盐》中的规定。

（五）妊娠母绵羊每日营养需要量

　　妊娠母绵羊不同妊娠阶段日粮干物质采食量和消化能、代谢能、粗蛋白质、钙、总磷、食用盐每日营养需要量见表5-5，硫、维生素、矿物质微量元素的日粮添加量见表5-7。

表5-5　妊娠母绵羊每日营养需要量

妊娠阶段	体重（kg）	DMI（kg/d）	DE（MJ/d）	ME（MJ/d）	粗蛋白质（g/d）	钙（g/d）	总磷（g/d）	食用盐（g/d）
前期[a]	40	1.6	12.55	10.46	116	3.0	2.0	6.6
	50	1.8	15.06	12.55	124	3.2	2.5	7.5
	60	2.0	15.90	13.39	132	4.0	3.0	8.3
	70	2.2	16.74	14.23	141	4.5	3.5	9.1
后期[b]	40	1.8	15.06	12.55	146	6.0	3.5	7.5
	45	1.9	15.90	13.39	152	6.5	3.7	7.9
	50	2.0	16.74	14.23	159	7.0	3.9	8.3
	55	2.1	17.99	15.06	165	7.5	4.1	8.7
	60	2.2	18.83	15.90	172	8.0	4.3	9.1
	65	2.3	19.66	16.74	180	8.5	4.5	9.5
	70	2.4	20.92	17.57	187	9.0	4.7	9.9
后期[c]	40	1.8	16.74	14.23	167	7.0	4.0	7.9
	45	1.9	17.99	15.06	176	7.5	4.3	8.3
	50	2.0	19.25	16.32	184	8.0	4.6	8.7
	55	2.1	20.50	17.15	193	8.5	5.0	9.1
	60	2.2	21.76	18.41	203	9.0	5.3	9.5
	65	2.3	22.59	19.25	214	9.5	5.4	9.9
	70	2.4	24.27	20.50	226	10.0	5.6	11.0

注：（1）表中日粮干物质采食量（DMI）、消化能（DE）、代谢能（ME）、粗蛋白质（CP）、钙、总磷、食用盐每日需要量推荐数值参考内蒙古自治区地方标准《细毛羊饲养标准》（DB 15/T 30—92）。

（2）日粮中添加的食用盐应符合 GB 5461—2016《食用盐》中的规定。

a. 指妊娠期的第 1~3 个月。

b. 指母羊怀单羔妊娠期的第 4~5 个月。

c. 指母羊怀双羔妊娠期的第 4~5 个月。

（六）泌乳母绵羊每日营养需要量

40~70kg 泌乳母绵羊的日粮干物质采食量和消化能、代谢能、粗蛋白质、钙、总磷、食用盐每日营养需要量见表5-6，硫、维生素、矿物质微量元素的日粮添加量见表5-7。

表 5-6 泌乳母绵羊每日营养需要量

体重 （kg）	日增重 （kg/d）	DMI （kg/d）	DE （MJ/d）	ME （MJ/d）	粗蛋白质 （g/d）	钙 （g/d）	总磷 （g/d）	食用盐 （g/d）
40	0.2	2.0	12.97	10.46	119	7.0	4.3	8.3
40	0.4	2.0	15.48	12.55	139	7.0	4.3	8.3
40	0.6	2.0	17.99	14.64	157	7.0	4.3	8.3
40	0.8	2.0	20.5	16.74	176	7.0	4.3	8.3
40	1.0	2.0	23.01	18.83	196	7.0	4.3	8.3
40	1.2	2.0	25.94	20.92	216	7.0	4.3	8.3
40	1.4	2.0	28.45	23.01	236	7.0	4.3	8.3
40	1.6	2.0	30.96	25.10	254	7.0	4.3	8.3
40	1.8	2.0	33.47	27.20	274	7.0	4.3	8.3
50	0.2	2.2	15.06	12.13	122	7.5	4.7	9.1
50	0.4	2.2	17.57	14.23	142	7.5	4.7	9.1
50	0.6	2.2	20.08	16.32	162	7.5	4.7	9.1
50	0.8	2.2	22.59	18.41	180	7.5	4.7	9.1
50	1.0	2.2	25.10	20.50	200	7.5	4.7	9.1
50	1.2	2.2	28.03	22.59	219	7.5	4.7	9.1
50	1.4	2.2	30.54	24.69	239	7.5	4.7	9.1
50	1.6	2.2	33.05	26.78	257	7.5	4.7	9.1
50	1.8	2.2	35.56	28.87	277	7.5	4.7	9.1
60	0.2	2.4	16.32	13.39	125	8.0	5.1	9.9
60	0.4	2.4	19.25	15.48	145	8.0	5.1	9.9
60	0.6	2.4	21.76	17.57	165	8.0	5.1	9.9
60	0.8	2.4	24.27	19.66	183	8.0	5.1	9.9
60	1.0	2.4	26.78	21.76	203	8.0	5.1	9.9
60	1.2	2.4	29.29	23.85	223	8.0	5.1	9.9
60	1.4	2.4	31.8	25.94	241	8.0	5.1	9.9
60	1.6	2.4	34.73	28.03	261	8.0	5.1	9.9
60	1.8	2.4	37.24	30.12	275	8.0	5.1	9.9

续表

体重 （kg）	日增重 （kg/d）	DMI （kg/d）	DE （MJ/d）	ME （MJ/d）	粗蛋白质 （g/d）	钙 （g/d）	总磷 （g/d）	食用盐 （g/d）
70	0.2	2.6	17.99	14.64	129	8.5	5.6	11.0
70	0.4	2.6	20.50	16.70	148	8.5	5.6	11.0
70	0.6	2.6	23.01	18.83	166	8.5	5.6	11.0
70	0.8	2.6	25.94	20.92	186	8.5	5.6	11.0
70	1.0	2.6	28.45	23.01	206	8.5	5.6	11.0
70	1.2	2.6	30.96	25.10	226	8.5	5.6	11.0
70	1.4	2.6	33.89	27.61	244	8.5	5.6	11.0
70	1.6	2.6	36.40	29.71	264	8.5	5.6	11.0
70	1.8	2.6	39.33	31.80	284	8.5	5.6	11.0

注：（1）表中日粮干物质采食量（DMI）、消化能（DE）、代谢能（ME）、粗蛋白质（CP）、钙、总磷、食用盐每日需要量推荐数值参考内蒙古自治区地方标准《细毛羊饲养标准》（DB 15/T 30—92）。

（2）日粮中添加的食用盐应符合 GB 5461—2016《食用盐》中的规定。

表5-7　肉用绵羊硫、维生素、矿物质微量元素的日粮添加量
（以干物质为基础）

体重阶段	生长羔羊 4~20kg	育成母羊 25~50kg	育成公羊 20~70kg	育肥羊 20~50kg	妊娠母羊 40~70kg	泌乳母羊 40~70kg	最大耐 受浓度[b]
硫（g/d）	0.24~1.2	1.4~2.9	2.8~3.5	2.8~3.5	2.0~3.0	2.5~3.7	-
维生素 A （IU/d）	188~940	1 175~2 350	940~3 290	940~2 350	1 880~3 948	1 880~3 434	-
维生素 D （IU/d）	26~132	137~275	111~389	111~278	222~440	222~380	-
维生素 E （IU/d）	2.4~12.8	12~24	12~29	12~23	18~35	26~34	-
钴 （mg/kg）	0.018~0.096	0.12~0.24	0.21~0.33	0.2~0.35	0.27~0.36	0.3~0.39	10
铜[a] （mg/kg）	0.97~5.2	6.5~13	11~18	11~19	16~22	13~18	25

续表

体重阶段	生长羔羊 4~20kg	育成母羊 25~50kg	育成公羊 20~70kg	育肥羊 20~50kg	妊娠母羊 40~70kg	泌乳母羊 40~70kg	最大耐 受浓度[b]
碘 （mg/kg）	0.08~0.46	0.58~1.2	1.0~1.6	0.94~1.7	1.3~1.7	1.4~1.9	50
铁 （mg/kg）	4.3~23	29~58	50~79	47~83	65~86	72~94	500
锰 （mg/kg）	2.2~12	14~29	25~40	23~41	32~44	36~47	1 000
硒 （mg/kg）	0.016~0.086	0.11~0.22	0.19~0.30	0.18~0.31	0.24~0.31	0.27~0.35	2
锌 （mg/kg）	2.7~14	18~36	50~79	29~52	53~71	59~77	750

注：表中维生素A、维生素D、维生素E每日需要量数据参考NRC（1985），维生素A最低需
要量：47IU/kg体重，1mgβ-胡萝卜素效价相当于681IU维生素A。维生素D需要量：早
期断奶羔羊最低需要量为5.55IU/kg体重；其他生产阶段绵羊对维生素D的最低需要量为
6.66IU/kg体重，1IU维生素D相当于0.025μg胆钙化醇。维生素E需要量：体重低于
20kg的羔羊对维生素E的最低需要量为20IU/kg干物质采食量；体重大于20kg的各生产
阶段绵羊对维生素E的最低需要量为15IU/kg干物质采食量，1IU维生素E效价相当于
1mgD, L-α-生育酚醋酸酯。

a. 当日粮中钼含量大于3mg/kg时，铜的添加量要在表中推荐值基础上增加1倍。

b. 参考NRC（1985）提供的估计数据。

二、肉用山羊的营养需要

（一）生长肥育山羊羔羊每日营养需要量

生长肥育山羊羔羊每日营养需要量见表5-8。

表5-8 生长肥育山羊羔羊每日营养需要量

体重 （kg）	日增重 （kg/d）	DMI （kg/d）	DE （MJ/d）	ME （MJ/d）	粗蛋白质 （g/d）	钙 （g/d）	总磷 （g/d）	食用盐 （g/d）
1	0	0.12	0.55	0.46	3	0.1	0.0	0.6
1	0.02	0.12	0.71	0.60	9	0.8	0.5	0.6
1	0.04	0.12	0.89	0.75	14	1.5	1.0	0.6

续表

体重 （kg）	日增重 （kg/d）	DMI （kg/d）	DE （MJ/d）	ME （MJ/d）	粗蛋白质 （g/d）	钙 （g/d）	总磷 （g/d）	食用盐 （g/d）
2	0	0.13	0.90	0.76	5	0.1	0.1	0.7
2	0.02	0.13	1.08	0.91	11	0.8	0.6	0.7
2	0.04	0.13	1.26	1.06	16	1.6	1.0	0.7
2	0.06	0.13	1.43	1.20	22	2.3	1.5	0.7
4	0	0.18	1.64	1.38	9	0.3	0.2	0.9
4	0.02	0.18	1.93	1.62	16	1.0	0.7	0.9
4	0.04	0.18	2.20	1.85	22	1.7	1.1	0.9
4	0.06	0.18	2.48	2.08	29	2.4	1.6	0.9
4	0.08	0.18	2.76	2.32	35	3.1	2.1	0.9
6	0	0.27	2.29	1.88	11	0.4	0.3	1.3
6	0.02	0.27	2.32	1.90	22	1.1	0.7	1.3
6	0.04	0.27	3.06	2.51	33	1.8	1.2	1.3
6	0.06	0.27	3.79	3.11	44	2.5	1.7	1.3
6	0.08	0.27	4.54	3.72	55	3.3	2.2	1.3
6	0.10	0.27	5.27	4.32	67	4.0	2.6	1.3
8	0	0.33	1.96	1.61	13	0.5	0.4	1.7
8	0.02	0.33	3.05	2.5	24	1.2	0.8	1.7
8	0.04	0.33	4.11	3.37	36	2.0	1.3	1.7
8	0.06	0.33	5.18	4.25	47	2.7	1.8	1.7
8	0.08	0.33	6.26	5.13	58	3.4	2.3	1.7
8	0.10	0.33	7.33	6.01	69	4.1	2.7	1.7
10	0	0.46	2.33	1.91	16	0.7	0.4	2.3
10	0.02	0.48	3.73	3.06	27	1.4	0.9	2.4
10	0.04	0.50	5.15	4.22	38	2.1	1.4	2.5
10	0.06	0.52	6.55	5.37	49	2.8	1.9	2.6
10	0.08	0.54	7.96	6.53	60	3.5	2.3	2.7
10	0.10	0.56	9.38	7.69	72	4.2	2.8	2.8

续表

体重 (kg)	日增重 (kg/d)	DMI (kg/d)	DE (MJ/d)	ME (MJ/d)	粗蛋白质 (g/d)	钙 (g/d)	总磷 (g/d)	食用盐 (g/d)
12	0	0.48	2.67	2.19	18	0.8	0.5	2.4
12	0.02	0.50	4.41	3.62	29	1.5	1.0	2.5
12	0.04	0.52	6.16	5.05	40	2.2	1.5	2.6
12	0.06	0.54	7.90	6.48	52	2.9	2.0	2.7
12	0.08	0.56	9.65	7.91	63	3.7	2.4	2.8
12	0.10	0.58	11.40	9.35	74	4.4	2.9	2.9
14	0	0.50	2.99	2.45	20	0.9	0.6	2.5
14	0.02	0.52	5.07	4.16	31	1.6	1.1	2.6
14	0.04	0.54	7.16	5.87	43	2.4	1.6	2.7
14	0.06	0.56	9.24	7.58	54	3.1	2.0	2.8
14	0.08	0.58	11.33	9.29	65	3.8	2.5	2.9
14	0.10	0.60	13.40	10.99	76	4.5	3.0	3.0
16	0	0.52	3.30	2.71	22	1.1	0.7	2.6
16	0.02	0.54	5.73	4.70	34	1.8	1.2	2.7
16	0.04	0.56	8.15	6.68	45	2.5	1.7	2.8
16	0.06	0.58	10.56	8.66	56	3.2	2.1	2.9
16	0.08	0.60	12.99	10.65	67	3.9	2.6	3.0
16	0 10	0.62	15.43	12.65	78	4.6	3.1	3.1

注:(1) 表中 0~8kg 体重阶段肉用山羊羔羊日粮干物质进食量（DMI）按每千克
代谢体重 0.07kg 估算；体重大于 10kg 时，按中国农业科学院畜牧研究所
2003 年提供的如下公式计算：

$$DMI = (26.45 \times W^{0.75} + 0.99 \times ADG) / 1\,000$$

式中：DMI 表示干物质采食量，单位为 kg/d；W 表示体重，单位为 kg。

(2) 表中代谢能（ME）、粗蛋白质（CP）数值参考杨在宾等（1997）对青山
羊的数据资料。

(3) 表中消化能（DE）需要量数值根据 ME/0.82 估算。

(4) 表中钙需要量按表 5-14 中提供参数估算得到，总磷需要量根据钙、磷比
为 1.5∶1 估算获得。

(5) 日粮中添加的食用盐应符合 GB 5461—2016《食用盐》中的规定。

15～30kg 体重阶段肥育山羊采食量、消化能、代谢能、粗蛋白质、钙、总磷、食用盐每日营养需要量见表5-9。

表5-9　肥育山羊每日营养需要量

体重 （kg）	日增重 （kg/d）	DMI （kg/d）	DE （MJ/d）	ME （MJ/d）	粗蛋白质 （g/d）	钙 （g/d）	总磷 （g/d）	食用盐 （g/d）
15	0	0.51	5.36	4.40	43	1.0	0.7	2.6
15	0.05	0.56	5.83	4.78	54	2.8	1.9	2.8
15	0.10	0.61	6.29	5.15	64	4.6	3.0	3.1
15	0.15	0.66	6.75	5.54	74	6.4	4.2	3.3
15	0.20	0.71	7.21	5.91	84	8.1	5.4	3.6
20	0	0.56	6.44	5.28	47	1.3	0.9	2.8
20	0.05	0.61	6.91	5.66	57	3.1	2.1	3.1
20	0.10	0.66	7.37	6.04	67	4.9	3.3	3.3
20	0.15	0.71	7.83	6.42	77	6.7	4.5	3.6
20	0.20	0.76	8.29	6.80	87	8.5	5.6	3.8
25	0	0.61	7.46	6.12	50	1.7	1.1	3.0
25	0.05	0.66	7.92	6.49	60	3.5	2.3	3.3
25	0.10	0.71	8.38	6.87	70	5.2	3.5	3.5
25	0.15	0.76	8.84	7.25	81	7.0	4.7	3.8
25	0.20	0.81	9.31	7.63	91	8.8	5.9	4.0
30	0	0.65	8.42	6.90	53	2.0	1.3	3.3
30	0.05	0.70	8.88	7.28	63	3.8	2.5	3.5
30	0.10	0.75	9.35	7.66	74	5.6	3.7	3.8
30	0.15	0.80	9.81	8.04	84	7.4	4.9	4.0
30	0.20	0.85	10.27	8.42	94	9.1	6.1	4.2

注：（1）表中干物质采食量（DMI）、消化能（DE）、代谢能（ME）、粗蛋白质（CP）数值来源于中国农业科学院畜牧所（2003），具体的计算公式如下：

$$DMI=（26.45×W0.75+0.99×ADG）/1\,000（单位：kg/d）$$

$$DE=4.184×（140.61×LBW0.75+2.21×ADG+210.3）/1\,000（单位：MJ/d）$$

$$ME=4.184×（0.475×ADG+95.19）×LBW0.75/1\,000（单位：MJ/d）$$

CP=28. 86十1. 905×LBW0. 75+0. 2024×ADG（单位：g/d）

以上式中：DMI 表示干物质采食量，单位为 kg/d；DE 表示消化能，单位为 MJ/d；ME 表示代谢能，单位为 MJ/d；CP 表示粗蛋白质，单位为 g/d；LBW 表示活体重，单位为 kg；ADG 表示平均日增重，单位为 g/d。

（2）表中钙、总磷每日需要量来源见表 5-8 中注（4）。

（3）日粮中添加的食用盐应符合 GB 5461—2016《食用盐》中的规定。

（二）后备公山羊每日营养需要量

后备公山羊每日营养需要量见表 5-10。

表 5-10 后备公山羊每日营养需要量

体重 (kg)	日增重 (kg/d)	DMI (kg/d)	DE (MJ/d)	ME (MJ/d)	粗蛋白质 (g/d)	钙 (g/d)	总磷 (g/d)	食用盐 (g/d)
12	0	0.48	3.78	3.10	24	0.8	0.5	2.4
12	0.02	0.50	4.10	3.36	32	1.5	1.0	2.5
12	0.04	0.52	4.43	3.63	40	2.2	1.5	2.6
12	0.06	0.54	4.74	3.89	49	2.9	2.0	2.7
12	0.08	0.56	5.06	4.15	57	3.7	2.4	2.8
12	0.10	0.58	5.38	4.41	66	4.4	2.9	2.9
15	0	0.51	4.48	3.67	28	1.0	0.7	2.6
15	0.02	0.53	5.28	4.33	36	1.7	1.1	2.7
15	0.04	0.55	6.10	5.00	45	2.4	1.6	2.8
15	0.06	0.57	5.70	4.67	53	3.1	2.1	2.9
15	0.08	0.59	7.72	6.33	61	3.9	2.6	3.0
15	0.10	0.61	8.54	7.00	70	4.6	3.0	3.1
18	0	0.54	5.12	4.20	32	1.2	0.8	2.7
18	0.02	0.56	6.44	5.28	40	1.9	1.3	2.8
18	0.04	0.58	7.74	6.35	49	2.6	1.8	2.9
18	0.06	0.60	9.05	7.42	57	3.3	2.2	3.0
18	0.08	0.62	10.35	8.49	66	4.1	2.7	3.1
18	0.10	0.64	11.66	9.56	74	4.8	3.2	3.2

续表

体重 （kg）	日增重 （kg/d）	DMI （kg/d）	DE （MJ/d）	ME （MJ/d）	粗蛋白质 （g/d）	钙 （g/d）	总磷 （g/d）	食用盐 （g/d）
21	0	0.57	5.76	4.72	36	1.4	0.9	2.9
21	0.02	0.59	7.56	6.20	44	2.1	1.4	3.0
21	0.04	0.61	9.35	7.67	53	2.8	1.9	3.1
21	0.06	0.63	11.16	9.15	61	3.5	2.4	3.2
21	0.08	0.65	12.96	10.63	70	4.3	2.8	3.3
21	0.10	0.67	14.76	12.10	78	5.0	3.3	3.4
24	0	0.60	6.37	5.22	40	1.6	1.1	3.0
24	0.02	0.62	8.66	7.10	48	2.3	1.5	3.1
24	0.04	0.64	10.95	8.98	56	3.0	2.0	3.2
24	0.06	0.66	13.27	10.88	65	3.7	2.5	3.3
24	0.08	0.68	15.54	12.74	73	4.5	3.0	3.4
24	0.10	0.70	17.83	14.62	82	5.2	3.4	3.5

注：日粮中添加的食用盐应符合 GB 5461—2016《食用盐》中的规定。

（三）母山羊空怀期、妊娠期每日营养需要量

母山羊空怀期、妊娠期每日营养需要量见表 5-11。

表 5-11　母山羊空怀期、妊娠期每日营养需要量

生理 阶段	体重 （kg）	DMI （kg/d）	DE （MJ/d）	ME （MJ/d）	粗蛋白质 （g/d）	钙 （g/d）	总磷 （g/d）	食用盐 （g/d）
空怀期	10	0.39	3.37	2.76	34	4.5	3.0	2.0
	15	0.53	4.54	3.72	43	4.8	3.2	2.7
	20	0.66	5.62	4.61	52	5.2	3.4	3.3
	25	0.78	6.63	5.44	60	5.5	3.7	3.9
	30	0.90	7.59	6.22	67	5.8	3.9	4.5
妊娠 1~90d	10	0.39	4.80	3.94	55	4.5	3.0	2.0
	15	0.53	6.82	5.59	65	4.8	3.2	2.7
	20	0.66	8.72	7.15	73	5.2	3.4	3.3

续表

生理阶段	体重 (kg)	DMI (kg/d)	DE (MJ/d)	ME (MJ/d)	粗蛋白质 (g/d)	钙 (g/d)	总磷 (g/d)	食用盐 (g/d)
妊娠 1~90d	25	0.78	10.56	8.66	81	5.5	3.7	3.9
	30	0.90	12.34	10.12	89	5.8	3.9	4.5
妊娠 91~ 120d	15	0.53	7.55	6.19	97	4.8	3.2	2.7
	20	0.66	9.51	7.8	105	5.2	3.4	3.3
	25	0.78	11.39	9.34	113	5.5	3.7	3.9
	30	0.90	13.20	10.82	121	5.8	3.9	4.5
120d 以上	15	0.53	8.54	7.00	124	4.8	3.2	2.7
	20	0.66	10.54	8.64	132	5.2	3.4	3.3
	25	0.78	12.43	10.19	140	5.5	3.7	3.9
	30	0.90	14.27	11.7	148	5.8	3.9	4.5

注：日粮中添加的食用盐应符合 GB 5461—2016《食用盐》中的规定。

(四) 母山羊泌乳期每日营养需要量

（1）母山羊泌乳前期每日营养需要量见表5-12。

表5-12 母山羊泌乳前期每日营养需要量

体重 (kg)	泌乳量 (kg/d)	DMI (kg/d)	DE (MJ/d)	ME (MJ/d)	粗蛋白质 (g/d)	钙 (g/d)	总磷 (g/d)	食用盐 (g/d)
10	0	0.39	3.12	2.56	24	0.7	0.4	2.0
10	0.50	0.39	5.73	4.70	73	2.8	1.8	2.0
10	0.75	0.39	7.04	5.77	97	3.8	2.5	2.0
10	1.00	0.39	8.34	6.84	122	4.8	3.2	2.0
10	1.25	0.39	9.65	7.91	146	5.9	3.9	2.0
10	1.50	0.39	10.95	8.98	170	6.9	4.6	2.0

续表

体重 （kg）	泌乳量 （kg/d）	DMI （kg/d）	DE （MJ/d）	ME （MJ/d）	粗蛋白质 （g/d）	钙 （g/d）	总磷 （g/d）	食用盐 （g/d）
15	0	0.53	4.24	3.48	33	1.0	0.7	2.7
15	0.50	0.53	6.84	5.61	81	3.1	2.1	2.7
15	0.75	0.53	8.15	6.68	106	4.1	2.8	2.7
15	1.00	0.53	9.45	7.75	130	5.2	3.4	2.7
15	1.25	0.53	10.76	8.82	154	6.2	4.1	2.7
15	1.50	0.53	12.06	9.89	179	7.3	4.8	2.7
20	0	0.66	5.26	4.31	40	1.3	0.9	3.3
20	0.50	0.66	7.87	6.45	89	3.4	2.3	3.3
20	0.75	0.66	9.17	7.52	114	4.5	3.0	3.3
20	1.00	0.66	10.48	8.59	138	5.5	3.7	3.3
20	1.25	0.66	11.78	9.66	162	6.5	4.4	3.3
20	1.50	0.66	13.09	10.73	187	7.6	5.1	3.3
25	0	0.78	6.22	5.10	48	1.7	1.1	3.9
25	0.50	0.78	8.83	7.24	97	3.8	2.5	3.9
25	0.75	0.78	10.13	8.31	121	4.8	3.2	3.9
25	1.00	0.78	11.44	9.38	145	5.8	3.9	3.9
25	1.25	0.78	12.73	10.44	170	6.9	4.6	3.9
25	1.50	0.78	14.04	11.51	194	7.9	5.3	3.9
30	0	0.90	6.70	5.49	55	2.0	1.3	4.5
30	0.50	0.90	9.73	7.98	104	4.1	2.7	4.5
30	0.75	0.90	11.04	9.05	128	5.1	3.4	4.5
30	1.00	0.90	12.34	10.12	152	6.2	4.1	4.5
30	1.25	0.90	13.65	11.19	177	7.2	4.8	4.5
30	1.50	0.90	14.95	12.26	201	8.3	5.5	4.5

注：（1）泌乳前期指泌乳第1~30d。

（2）日粮中添加的食用盐应符合 GB 5461—2016《食用盐》中的规定。

（2）母山羊泌乳后期每日营养需要量见表5-13。

表5-13　母山羊泌乳后期每日营养需要量

体重 （kg）	泌乳量 （kg/d）	DMI （kg/d）	DE （MJ/d）	ME （MJ/d）	粗蛋白质 （g/d）	钙 （g/d）	总磷 （g/d）	食用盐 （g/d）
10	0	0.39	3.12	2.56	24	0.7	0.4	2.0
10	0.50	0.39	5.73	4.70	73	2.8	1.8	2.0
10	0.75	0.39	7.04	5.77	97	3.8	2.5	2.0
10	1.00	0.39	8.34	6.84	122	4.8	3.2	2.0
10	1.25	0.39	9.65	7.91	146	5.9	3.9	2.0
10	1.50	0.39	10.95	8.98	170	6.9	4.6	2.0
15	0	0.53	4.24	3.48	33	1.0	0.7	2.7
15	0.50	0.53	6.84	5.61	81	3.1	2.1	2.7
15	0.75	0.53	8.15	6.68	106	4.1	2.8	2.7
15	1.00	0.53	9.45	7.75	130	5.2	3.4	2.7
15	1.25	0.53	10.76	8.82	154	6.2	4.1	2.7
15	1.50	0.53	12.06	9.89	179	7.3	4.8	2.7
20	0	0.66	5.26	4.31	40	1.3	0.9	3.3
20	0.50	0.66	7.87	6.45	89	3.4	2.3	3.3
20	0.75	0.66	9.17	7.52	114	4.5	3.0	3.3
20	1.00	0.66	10.48	8.59	138	5.5	3.7	3.3
25	0	0.78	7.38	6.05	44	1.7	1.1	3.9
25	0.15	0.78	8.34	6.84	69	2.3	1.5	3.9
25	0.25	0.78	8.98	7.36	87	2.7	1.8	3.9
25	0.5	0.78	10.57	8.67	129	3.8	2.5	3.9
25	0.75	0.78	12.17	9.98	172	4.8	3.2	3.9
25	1.00	0.78	13.77	11.29	215	5.8	3.9	3.9
30	0	0.90	8.46	6.94	50	2.0	1.3	4.5
30	0.15	0.90	9.41	7.72	76	2.6	1.8	4.5
30	0.25	0.90	10.06	8.25	93	3.0	2.0	4.5
30	0.50	0.90	11.66	9.56	136	4.1	2.7	4.5
30	0.75	0.90	13.24	10.86	179	5.1	3.4	4.5
30	1.00	0.90	14.85	12.18	222	6.2	4.1	4.5

注：（1）泌乳后期指泌乳第31~70d。

　　（2）日粮中添加的食用盐应符合 GB 5461—2016《食用盐》中的规定。

（3）母山羊对矿物质常量元素每日营养需要量见表5-14。

表5-14　母山羊对矿物质常量元素每日营养需要量

常量元素	维持 （mg/kg 体重）	妊娠 （g/kg 胎儿）	泌乳 （g/kg 产奶）	生长 （g/kg）	吸收率 （%）
钙	20	11.5	1.25	10.7	30
总磷	30	6.6	1.0	6.0	65
镁	3.5	0.3	0.14	0.4	20
钾	50	2.1	2.1	2.4	90
钠	15	1.7	0.4	1.6	80

硫 0.16%~0.32%（以采食日粮干物质为基础）。

注：表中参数参考 Kessler（1991）和 Haenlein（1987）资料信息。

（4）母山羊对矿物质微量元素需要量见表5-15。

表5-15　母山羊对矿物质微量元素需要量（以采食日粮干物质为基础）

微量元素	推荐量（mg/kg）
铁	30~40
铜	10~20
钴	0.11~0.2
碘	0.15~2.0
锰	60~120
锌	50~80
硒	0.05

注：表中推荐数值参考 AFRC（1998），以采食日粮干物质为基础。

第二节　肉羊的饲料配方

一、肉羊饲料配方设计概述

不同品种的肉羊由于受到遗传、生理状态、生产水平和环境条件等诸多因素的影响，营养需要往往也存在较大差异，因此，生产实践中不能把饲养标准看成一成不变的规定，而应当参考饲养标准结合当地养殖环境综合考虑，最终达到营养和效益相统一的目的。

标准的配合饲料又称全价配合饲料或全价料，是由多种饲料原料（包括合成的氨基酸、维生素、矿物质元素及非营养性添加剂）混合而成的，为肉羊提供各种营养物质。设计肉羊饲料配方的原则是根据肉羊不同品种、发育阶段和生产情况，制定既能满足肉羊的生理需要又不造成营养浪费的适宜的饲养标准，立足当地资源，在保证营养成分的前提下尽量降低成本，使饲养者获得更大的经济效益。选择适口性好并有一定体积的原料，保证肉羊每天都能采食足够的营养。多种原料搭配，以发挥相互之间的营养互补作用。选用的原料质量要好，没有发霉变质，没有受到农药污染。

二、肉羊饲料配方设计方法

饲料配方的方法很多，常用的有手算法和电脑运算法。随着近年来计算机技术的快速发展，人们已经开发出了功能越来越完全、速度越来越快的计算机专用配方软件，使用起来越来越简单，大大方便了广大养殖户。

（一）电脑运算法

运用电脑制定饲料配方，主要根据所用饲料的品种和营养成分、羊对各种营养物质的需要量及市场价格变动情况等条件，将有关数据输入计算机，并提出约束条件（如饲料配比、营养指标等），根据线性规划原理很快就可计算出能满足营养要求而价格较低的饲料配方，即最佳饲料配方。

电脑运算法配方的优点是速度快，计算准确，是饲料工业现代化的标志之一。但需要有一定的设备和专业技术人员。

（二）手算法

手算法包括试差法、对角线法和代数法等。其中以"试差法"较为实用。试差法是专业知识、算术运算及计算经验相结合的一种配方计算方法。可以同时计算多个营养指标。不受饲料原料种数限制。但要配平一个营养指标满足已确定的营养需要，一般要反复试算多次才可能达到目的。在对配方设计要求不太严格的条件下，此法仍是一种简便可行的计算方法。现以体重35kg，预期日增重200g的生长育肥绵羊饲料配方为例，举例说明如下（表5-16）。

1. 查肉羊饲养标准

表5-16　体重35g，日增重200g的生长育肥羊饲养标准

干物质 [kg/（只· 日）]	消化能 [MJ/（只· 日）]	粗蛋白 [g/（只· 日）]	钙 [g/（只· 日）]	磷 [g/（只· 日）]	食盐 [g/（只· 日）]
1.05～1.75	16.89	187	4.0	3.3	9

2. 查饲料成分表

根据羊场现有的饲料原料，可利用饲料为玉米秸青贮、野干草、玉米、麸皮、棉籽饼、豆饼、磷酸氢钙、食盐（表5-17）。

表5-17　供选饲料养分含量

饲料名称	干物质 （%）	消化能 （MJ/kg）	粗蛋白 （%）	钙 （%）	磷 （%）
玉米秸青贮	26	2.47	2.1	0.18	0.03
野干草	90.6	7.99	8.9	0.54	0.09
玉米	88.4	15.40	8.6	0.04	0.21
麸皮	88.6	11.09	14.4	0.18	0.78
棉籽饼	92.2	13.72	33.8	0.31	0.64
豆饼	90.6	15.94	43.0	0.32	0.50
磷酸氢钙				32	16

3. 确定粗饲料采食量 一般羊粗饲料干物质采食量为体重的 2%~3%，取中等用量 2.5%，则 35kg 体重羊需粗饲料干物质为 0.875kg。按玉米秸青贮和野干草各占 50% 计算，用量分别为 0.875×50%=0.44kg，然后计算出粗饲料提供的养分含量（图 5-18）。

表 5-18 粗饲料提供的养分含量

饲料名称	干物质 （kg）	消化能 （MJ）	粗蛋白 （g）	钙 （g）	磷 （g）
玉米秸青贮	0.44	4.17	35.5	3.04	0.51
野干草	0.44	3.88	43.25	2.62	0.44
合计	0.88	8.05	78.75	5.66	0.95
与标准差值	-（0.17~0.87）	-8.84	-108.25	+1.66	-2.35

4. 试定各种精料用量并计算出养分含量 见表 5-19。

表 5-19 试定精料养分含量

饲料名称	用量 （kg）	干物质 （kg）	消化能 （MJ）	粗蛋白质 （g）	钙 （g）	磷 （g）
玉米	0.36	0.32	5.544	30.96	0.14	0.76
麸皮	0.14	0.124	1.553	20.16	0.25	1.09
棉籽饼	0.08	0.07	1.098	27.04	0.25	0.51
豆饼	0.04	0.036	0.638	17.2	0.13	0.2
尿素	0.005	0.005		14.4		
食盐	0.009	0.009				
合计	0.634	0.56	8.832	109.76	0.77	2.56

由上表可见，日粮中的消化能和粗蛋白已基本符合要求，如果消化能高（或低），应相应减（或增）能量饲料，粗蛋白也是如此，能量和蛋白符合要求后，再看钙和磷的水平，两者都已超

出标准，且钙、磷比为 1.78：1，属正常范围 [（1.5~2）：1]，不必补充相应的饲料。

5. 定出饲料配方　此育肥羊日粮配方为：玉米秸青贮 1.69（0.44/0.26）kg，野干草 0.49（0.44/0.906）kg，玉米 0.36kg，麸皮 0.14kg，棉籽饼 0.08kg，豆饼 0.04kg，尿素 5g，食盐 9g，另加预混料添加剂。

精料混合料配方（%）：玉米 56.9%，麸皮 22%，棉籽饼 12.6%，豆饼 6.3%，尿素 0.8%，食盐 1.4%，预混料添加剂另加。

（三）典型饲料配方举例

设计和采用科学、实用的饲料配方是合理利用当地饲料资源、提高肉羊生产水平、保证羊群健康、获得较高经济效益的重要保证（表 5-20、表 5-21）。

表 5-20　体重 15~20kg，日增重 200g 羔羊育肥日粮推荐配方

饲料原料	采食量（g/d）	全日粮配比（%）	精料配比（%）	营养水平	
花生蔓	430.0	38.3	—	DE（MJ/kg）	10.70
野干草	320.0	29.1	—	CP（%）	12.36
玉米	226.7	18.9	58.0	NFC（%）	27.28
小麦麸	22.1	2.0	6.0	NDF（%）	48.52
棉粕	29.2	2.6	8.0	ADF（%）	34.18
豆粕	85.4	7.5	23.0	Ca（%）	0.62
食盐	4.9	0.49	1.5	P（%）	0.31
磷酸氢钙	1.6	0.16	0.5	Ca/P	2.01
石粉	2.6	0.26	0.8	RDP/RUP	1.61
碳酸氢钠	3.9	0.39	1.2		
预混料	3.3	0.33	1.0		
合计（kg）	1.13	100.0	100.0		

表 5-21 体重 20~25kg，日增重 200g 羔羊育肥日粮推荐配方

饲料原料	采食量 （g/d）	全日粮配比 （%）	精料配比 （%）	营养水平	
玉米秸青贮	2 000.0	38.9	—	DE（MJ/kg）	10.9
花生蔓	500.0	34.5	—	CP（%）	11.3
玉米	241.1	15.4	58.0	NFC（%）	27.6
小麦麸	39.2	2.7	10.0	NDF（%）	50.6
棉粕	31.1	2.1	8.0	ADF（%）	35.2
豆粕	78.9	5.3	20.0	Ca（%）	0.66
食盐	5.2	0.4	1.5	P（%）	0.32
磷酸氢钙	3.5	0.3	1.0	Ca/P	2.09
石粉	1.7	0.1	0.5	RDP/RUP	1.66
碳酸氢钠	1.7	0.1	0.5		
预混料	1.7	0.1	0.5		
合计（kg）	2.90	100.0	100.0		

第三节 肉羊粗饲料的加工调制

一、青干草的加工

（一）青干草的营养特点

青干草容积大，每单位自然容积的重量轻，能量含量低；青干草粗纤维含量占干物质的 25%~35%，并且粗纤维中有较难消化的木质素成分，故消化率较低；青干草矿物质含量以铁、钾和微量元素较高，而磷的含量相对较低；青干草含有较多的脂溶性维生素，如维生素 A 原、维生素 D、维生素 E 等，豆科青干草还富含 B 族维生素；不同种类的青干草蛋白质含量差异较大，如豆科青干草粗蛋白质含量接近 20%，禾本科青干草在 10% 以下，作物秸秆只有3%~5%，见表5-22、表5-23。因调制青干草的原料品种、生育期、加工方法的不同，品质差异较大。

表5-22　玉米和几种干草的化学成分与营养价值比较

牧草	干物质（%）	粗蛋白（%）	粗脂肪（%）	粗纤维（%）	灰分（%）	产奶净能（MJ/kg）	可消化蛋白（g/kg）
苜蓿	91.3	18.7	3.0	27.8	6.8	1.31	112
草木樨	88.3	16.8	1.6	27.9	13.8	1.02	101
羊草	91.6	7.4	3.6	29.4	4.6	1.03	44
燕麦草	86.5	7.7	1.4	28.4	8.1	0.99	45
玉米	88.4	8.6	3.5	2.0	1.4	1.71	56

注：引自中国饲料成分与营养价值表及奶牛饲养标准。

表5-23　玉米和苜蓿青干草维生素含量比较（单位：mg/kg）

牧草	样品说明	干物质（%）	胡萝卜素	硫胺素	核黄素	烟酸	泛酸	胆碱	叶酸	维生素E
玉米	黄玉米	88	1.3	3.7	1.1	21.5	5.7	440	0.4	22
苜蓿	日晒	90.7	3.6	2.8	8.7	35.3	15.3	1 500	1.3	40
苜蓿	人工干燥	93.1	148.8	3.9	15.5	54.6	32.6	1 614	2.6	147

注：引自中国饲料成分与营养价值表。

（二）青干草的刈割

　　处于不同生育期的牧草或饲料作物不仅产量不同，而且营养物质含量也有很大的差异。随着饲料作物生育期的推移，其体内最宝贵的营养物质，如粗蛋白质、胡萝卜素等的含量会大大减少，而粗纤维的含量却逐渐增加，因此要根据不同牧草或饲料作物的产量及营养物质的含量适时刈割。

　　牧草或饲料作物适宜刈割期的一般原则：一是以单位面积内营养物质的产量最高时期或以单位面积的总消化养分（TDN）最高期为标准；二是有利于牧草或饲料作物的再生；三是根据不同的利用目的来确定。

一般禾本科牧草的适宜刈割期为抽穗开花初期，豆科牧草为现蕾至开花期，主要禾本科和豆科牧草的适宜刈割时期见表5-24。

表5-24　几种主要豆科、禾本科牧草的适宜刈割期

名称	刈割期	备注
羊草	开花期	一般在6月底至7月底
无芒雀麦	孕穗—抽穗期	
黑麦草	抽穗—初花期	
苜蓿	现蕾—始花期	
红豆草	现蕾—开花期	
苏丹草	抽穗期	
红三叶	初花期至中花期	

（三）青干草的干燥方法

1. 牧草和饲料作物干燥的基本原则　根据牧草和饲料作物干燥时水分散发的规律和营养物质变化的情况，干燥时必须掌握以下基本原则。

（1）干燥时间要短。缩短干燥所需的时间，可以减少生理和化学作用造成的损失，减少遭受雨露打湿的机会。

（2）防止被雨和露水打湿。苏丹草等在凋萎过程中，应当尽量防止被雨露淋湿，因为遭受雨淋时，茎叶中的水溶性营养物质会被淋溶，从而使干草的质量下降。

2. 鲜草干燥的主要方法　饲料作物干燥的方法很多，大体上可分为自然干燥法和人工干燥法两类，自然干燥法又可分为地面干燥法、草架干燥法两种。

（1）地面干燥法。是指牧草或饲料作物刈割后，原地暴晒4~5h，使之凋萎，含水量降至40%左右。然后，用搂草机或人工把草搂成垄，继续干燥4~5h，使其含水量降至35%左右。用集草器或人工集成小堆干燥，再经1~2天晾晒后，就可以调制

成含水量为15%左右的优质青干草（图5-1）。

图5-1　搂草与翻晒

（2）草架干燥法。在气候湿润地或多雨季节收获青草，为防止晾晒过程中变黑、发霉或腐烂可采用草架干燥法。用草架干燥时，首先应把割下的饲料作物在地面干燥半天或1天，使含水量降至40%~50%，然后用草叉将草上架。堆放时应自下往上逐层堆放，饲料作物的顶端朝里，最底下一层与地面应有一定距离，这样既有利于通风，也可避免与地面接触吸潮。草架干燥法可以大大提高饲料作物的干燥速度，保证干草质量，减少各种营养物质的损失，但投入的劳力和设备费用都比较大。干草架按其形式和用材的不同，可以分为以下几种形式：树干三脚架、幕式棚架、铁丝长架和活动式干草架（图5-2）。

（3）人工干燥法。饲料作物人工干燥法基本分为三种：常温通风干燥法、低温烘干法和高温快速干燥法。

常温通风干燥法是先建一个干燥草库，库房内设置大功率鼓风机若干台，地面安置通风管道，管道上设通气孔；需干燥的青草，经刈割压扁后，在田间干燥至含水量40%~95%时运往草库，堆在通风管上，开动鼓风机完成干燥。

低温烘干法是先建造饲料作物干燥室、空气预热锅炉、设置鼓风机和牧草传送设备；用煤或电作能量将空气加热到50~70℃

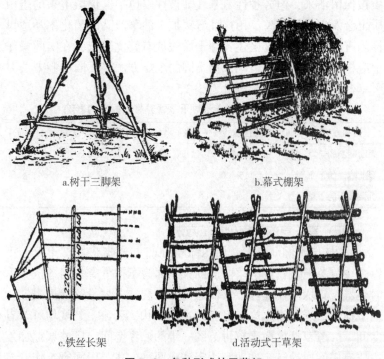

a.树干三脚架

b.幕式棚架

c.铁丝长架

d.活动式干草架

图5-2 各种形式的干草架

或120~150℃，鼓入干燥室；利用热气流经数小时完成干燥。浅箱式干燥机日加工能力为2 000~3 000kg干草，传送带式干燥机每小时加工200~1 000kg干草。

高温快速干燥法是利用高温气流（温度为500~1 000℃及以上），将饲料作物水分含量在数分钟甚至数秒内降到14%~15%。

用自然干燥法生产出来的草产品由于芳香性氨基酸未被破坏，草产品具有青草的芳香味，尽管粗蛋白有所损失，但这种方法生产的草产品有很好的消化率和适口性。相反，用人工或混合干燥法加工出来的草产品经过高温脱水过程，尽管有较多的蛋白质被保留下来，但芳香性氨基酸却被挥发掉了，保留下来的蛋白质也会发生老化现象，用这种方法加工的草产品的消化率和适口性均有所降低。所以上述各种干燥法均有其优缺点，在实际操作中应根据当地的具体情况采用不同的干燥方法。不同调制方法对干草营养物质损失的影响见表5-25。

表5-25 不同调制方法对干草营养物质损失的影响

调制方法	可消化蛋白质的损失（%）	每千克干草胡萝卜素的含量（mg）
地面晒制的干草	20~50	15
架上晒制的干草	15~20	40
机械烘干的干草	5	120

（四）青干草的规模化加工方法

1. 小方草捆的加工 用压缩草捆的方式收获加工干草，可以减少牧草最富营养的草叶的损失，因为压捆可省去制备散干草时集堆、集垛等作业环节，而这些作业会造成大量落叶损失。压缩草捆比散干草密度高，且有固定的形状，运输、贮藏均可节省空间。一般草捆比散干草可节约一半的贮存空间。压缩草捆加工主要有田间捡拾行走作业和固定作业两种方式。田间行走作业多用于大面积天然草地及人工草地的干草收获，固定作业常用于分散小地块干草的集中打捆及已收获农作物秸秆和散干草的常年打捆。草捆的形状主要有方形和圆形两种，每种草捆又有大小不同的规格。在各种形状及规格的草捆中，以小方草捆的生产最为广泛。

小方草捆是由小方捆捡拾压捆机（即常规打捆机）将田间晾晒好的含水率在17%~22%的牧草捡拾压缩成的长方体草捆，打成的草捆密度一般在120~260kg/m³，草捆重量在10~40kg，草捆截面尺寸（30×45）cm~（40×50）cm，草捆长度0.5~1.2m，这样的形状、重量和尺寸非常适于人工搬运、饲喂，在运输、贮藏及机械化处理等方面均具有优越性。以小方草捆的形式收获加工干草，无论是对于天然草地还是人工草地都是最常见的（图5-3）。

打好的草捆含水率达到12%～14%时才能堆垛贮藏，堆放位置最好选择在靠近农牧场较高的草棚中，应注意防火、

图5-3 小方草捆

防鼠，如露天堆放，要尽量减少风和降雨对干草的损害，可采用帆布、聚乙烯塑料布等临时遮盖物或在草捆垛上面覆盖一层麦秸或劣质干草，达到遮风避雨的效果。堆垛时草捆垛中间部分应高出一些，而且草捆垛顶部朝主导风向的一侧，应稍带坡度。

草捆堆垛的最简单形状为长方形，在草垛底部铺放一层厚20～30cm的秸秆或干树枝使草捆不接触地面，堆放在底层的草捆应选择压得最实、形状规则的草捆，堆放第一层时草捆不要彼此靠得过紧，以便于以后各层草捆堆放。堆放时草捆应像砌砖墙那样相互咬合，即每一捆草都应压住下面一层草捆彼此间的接缝处。捆扎较好的草捆应排放在外层，尤其是草垛的四角，而捆得较松的草捆一般摆往草垛中间。每一层草捆的堆放都应从草垛的一角开始，沿外侧摆放，最后再放草垛的中间部分。

2. 大圆草捆的加工 大圆草捆是由大圆捆打捆机将田间晾晒好的牧草捡拾并自动打成的大圆柱形草捆（图5-4）。加工大圆草捆劳动量小，适合劳动力缺乏的地区使用。典型的大圆草捆密度为100～180kg/m³，大多数圆草捆直径为1.5～2.1m（国产机型打出的大圆草捆直径为1.6～1.8m），长度1.2～2.1m，重量在400～1 500kg，体积和重量之大限制了大圆草捆的室内贮藏及长距离运输，大圆草捆常在室外露天贮存并多数在产地自用，一

般不作为商品草出售。许多作
物都可以打成大圆草捆,如各
类禾本科、豆科牧草及农作物
结秆, 但对于干草的打捆还是
禾本科干草更适宜,因为打捆
过程中会造成豆科干草大量落
叶损失, 而对禾本科干草造成
的损失相对较小。

图 5-4 大圆草捆

　　大圆草捆常露天存放,圆
形有助于抵御雨水侵蚀及风吹,大圆草捆打捆后几天内,草捆外
层可形成一防护壳阻止雨雪降入,当草捆成形良好并较紧密的情
况下,这层防护壳厚度不超过 7~15cm。为了减少底部腐烂,大
圆草捆最好从田间移到排水良好且离饲喂点较近的地方贮存。

　　3. 草块　草块(图 5-5)
是由切碎或粉碎干草经压块机压
制成的块状饲料,草块不需捆扎,
草块密度及堆积容重较高,贮
存空间比草捆少 1/3,同时草块
的饲喂损失比草捆低 10%,相
对于草捆在运输、贮存、饲喂
等方面更具优越性;与草颗粒
相比,压块前由于不需将干草

图 5-5 草块

弄得很细碎,从而节约粉碎能耗。用优质牧草制成的草块,如苜
蓿草块,极具商业价值,在草产业发达的国家,如美国,生产的
草块大多作为商品出售。

　　(1)田间压块:采用自走式或牵引式压块机,机具在田间
作业过程中,可一次完成干草捡拾、切碎、成块的全部工作。田
间压块方式适用于牧草能在田间干燥的地区,这些地区割倒牧草

能在短时间内自然干燥到适宜压块的含水率，田间压块主要用于纯苜蓿草地或者苜蓿占90%牧草地收获压块。

（2）固定压块：是用固定式压块机进行规模化压块，生产较先进的工艺流程是先将原料干草运至粉碎区，将粉碎的干草放入计量箱，混入膨润土和水后卸入压块机，压好的草块在冷却器冷却1h，由输送带送至草块堆垛机上，均匀堆贮。

制成的草块可以堆贮或装袋贮存，一般压出草块经冷却后含水率可降至14%以下，能够安全存放。

（五）青干草的品质鉴定

对于青干草的品质鉴定，生产中常采用感官鉴定法，鉴定内容主要包括对青干草收割时期、颜色、叶量的多少、气味、病虫害的感染情况等方面进行鉴定。

1. 收割时期 收割时期是对质量影响最大的因素。一般来讲，质量随植株成熟度的增加而降低，尤其是刈割前后成熟度变化速度非常快，有可能收割期仅相差2~3d时，其质量之间就会产生显著差异。

2. 颜色 优质青干草颜色较绿，一般绿色越深，其营养物质损失越少，所含的可溶性营养物质、胡萝卜素及其他维生素也越多。褐色、黄色或黑色的青干草质量较差。

3. 叶量的多少 叶片比茎秆含有更多的非结构性碳水化合物（糖类和淀粉）和粗蛋白质，所以，青干草中叶量的多少，是确定干草品质的重要指标，叶量越多，营养价值越高。

4. 气味 优良的青干草一般都具有较浓郁的芳香味。这种香味能刺激肉羊的食欲，增强适口性，如果有霉烂及焦灼的气味，则品质低劣。

5. 病虫害的感染情况 病害和虫害发生较为严重时，会损失大量的叶片，降低草产品质量。

（六）青干草的使用

青干草切成 2~3cm 后喂羊或打成草粉拌入配合饲料中饲喂。用草时先喂陈草，后喂新草；先取粗草，后取细草、陈草。

二、秸秆等农作物下脚料的加工与贮藏

（一）秸秆类饲料的营养特点

秸秆类饲料的主要特点是粗纤维含量特别高，一般为 25% 以上，个别可达 50% 以上，其中木质素含量非常高，粗蛋白质含量一般不超过 10%，可消化蛋白质含量更少；粗灰分则高达 6% 以上，粗灰分中可利用的矿物质钙、磷含量很少；各种维生素含量极低。秸秆类饲料的营养价值见表 5-26。

表 5-26　秸秆类饲料的营养价值（干物质基础:%、MJ/kg）

干草	干物质 （DM）	粗蛋白 （CP）	粗纤维 （CF）	钙 （Ca）	磷 （P）
玉米秸	91.3	9.3	26.2	0.43	0.25
小麦秸	91.6	3.1	44.7	0.28	0.03
大麦秸	88.4	5.5	38.2	0.06	0.07
粟秸	90.7	5.0	35.9	0.37	0.03
稻草	92.2	3.5	35.5	0.16	0.04
大豆秸	89.7	3.6	52.1	0.68	0.03
豌豆秸	87.0	8.9	39.5	1.31	0.40
蚕豆秸	93.1	16.4	35.4	——	——
花生秸	91.3	12.0	32.4	2.69	0.04
甘薯藤	88.0	9.2	32.4	1.76	0.13

注：摘自姚军虎主编的《动物营养与饲料》。

（二）肉羊常用的秸秆类饲料

1. 肉羊常用秸秆、藤蔓类饲料 秸秆类饲料禾本科有玉米秸、稻草、小麦秸、大麦秸、粟秸（谷草）等；豆科有大豆秸、蚕豆秸、豌豆秸、花生秸等。藤蔓类主要是指甘薯藤。

（1）玉米秸。我国玉米秸秆资源丰富，每年产量达 2.65 亿 t左右，玉米秸秆粗蛋白质含量为 6.5%，粗纤维含量为 34%，秸秆青绿时，胡萝卜素含量较高，为 3～7mg/kg。夏播的玉米秸秆由于生长期短，粗纤维少，易消化。同一株玉米，上部比下部营养价值高。叶片比茎秆营养价值高，易消化。玉米梢的营养价值又稍优于玉米芯，而和玉米苞叶营养价值相仿。青贮是保存玉米秸秆养分的有效方法，玉米青贮饲料是羊常用粗饲料。

（2）稻草。稻草是我国南方农区主要的粗饲料来源，全国每年生产量约为 1.88 亿 t。其营养价值低，粗纤维含量约为 35%，粗蛋白质 3%～5%，粗脂肪 1%左右，粗灰分 17%（其中硅酸盐所占比例大）；钙和磷含量低，分别约为 0.29% 和0.07%。生产中一般将稻草与优质干草搭配使用。为了提高稻草的饲用价值，可添加矿物质和能量饲料，并对稻草进行氨化、碱化处理。

（3）麦秸。麦秸的营养价值因品种、生长期不同而有所不同。常做饲料的有小麦秸、大麦秸和燕麦秸，其中小麦秸产量最多。小麦秸粗蛋白质为 3.1%～5.0%，粗纤维含量高。

（4）谷草。我国为谷子生产大国，全国谷子种植面积 125 万hm²，谷子是粮饲兼用作物，其粮草比为 1：（1～3），谷草产量可观。在禾本科秸秆中，谷草品质最好，谷草质地柔软、营养价值较麦秸、稻草高，谷草干草中粗蛋白含量为 5%左右，粗纤维含量 35.9%，谷草的纤维品质次于青干草、羊草，但明显优于玉米青贮、苜蓿、玉米秸等，从粗纤维的角度来评定谷草，谷草是一种可被绵羊利用的优质饲草，其饲料价值接近豆科牧草。

（5）花生秧。我国河南省、山东省为花生的主产区，花生和花生秧的比例接近1：1，花生秧营养丰富，近些年被广泛用于饲料。据分析测定，匍匐生长的花生秧茎叶中含有12.9%粗蛋白质、2%粗脂肪、46.8%碳水化合物，其中花生叶的粗蛋白质含量高达20%。就可消化蛋白质而言，1kg干花生秧含可消化蛋白质70g左右，还含有17g钙、7g磷。花生秧中的粗蛋白质含量是豌豆秧的1.6倍、稻草的6倍。花生秧不仅营养丰富，而且价格低廉质地松软，可以晒干使用，也可以用于青贮。

（6）豆秸。豆秸是各类豆科作物收获了籽粒后的秸秆总称，包括大豆、黑豆、豌豆、蚕豆、豇豆、绿豆等的茎叶，它们都是豆科作物成熟后的副产品，在豆秸中，蚕豆和豌豆秸粗蛋白质的含量最高，品质较好。我国东北三省年约产大豆秸秆近375万t，质地坚硬，茎也多木质化，但其中粗蛋白质的含量和消化率较高，适口性不太好，经过氨化处理营养价值和利用率都得到提高。

（7）甘薯藤及其他蔓秧。甘薯藤等都是收获地下根茎后的地上茎叶部分。这部分藤类虽然产量不高，但茎叶柔软、适口性好，营养价值和采食利用率、消化率都较高。甘薯藤干物质中粗蛋白质含量为7.2%，粗纤维含量为36.9%。产区一般将甘薯藤等刈割后青贮使用。

2. 农作物秸秆的加工调制　秸秆加工调制的方法有三种：物理加工方法、化学处理方法和生物学处理方法。

（1）物理加工方法。秸秆的物理加工指机械粉碎、揉搓、压制颗粒，加压蒸汽处理，热喷处理和高能辐射处理等物理方法。这些方法对提高秸秆的消化率和营养价值都有一定的效果，就目前生产和经济水平来说，粉碎、揉搓、压制颗粒等方法比较简便可行。其他方法因耗能多、设备贵、技术较复杂等原因，处理成本较高。

1）机械粉碎。机械粉碎是加工秸秆常用的方法，用电或柴油发动机为动力，采用合适的机械将秸秆打碎。

2）秸秆揉搓技术。使用揉搓机将秸秆揉搓成条状后再进行饲喂，秸秆的揉搓、丝化加工技术不仅为农作秸秆的综合利用提供了一种手段，而且还可弥补我国饲草短缺，为农作物秸秆，尤其是玉米秸等生物资源向工业品转化开辟了新渠道。这一技术将收获后的玉米秆压扁并切成细丝，经短时间干燥后机械打捆，成为饲草和植物纤维工业原料直接进入流通市场。更进一步的技术是将农作物秸秆进行切丝后揉搓，破坏其表皮结构，大大增加水分蒸发面积，使秸秆3~5个月的干燥期缩短到1~3d，并且不破坏其纤维强度，保持了秸秆的营养成分（图5-6、图5-7）。

3）热喷处理方法。热喷处理是运用气体分子动力学的原理和相应机械结合，在高温高压作用下，通过喷放的机械效应加工秸秆的方法，也是一种膨化技术，可以处理木质素含量高的粗饲料。经温度、压力和喷放作用的结果，细胞间木质素熔化，某些结合键断开，打乱了纤维素细胞的晶体结构，细胞组织被"撕"开呈游离状态，提高消化率。

图5-6 青秸秆揉丝效果

图5-7 干秸秆揉丝效果

（2）化学处理方法。秸秆的化学处理是指用氢氧化钠、氨、尿素、氨水、碳酸氢铵、石灰等碱性或碱性含氮的化合物处理秸秆的方法。在碱的作用下，可以打开纤维素、半纤维素与木质素之间对碱不稳定的酯键，溶解半纤维素和一部分木质素及硅酸盐。纤维发生膨胀，让瘤胃中微生物的酶能够渗入，从而改善适口性，增加采食量，提高秸秆的消化率，是目前生产中效果比较明显的处理秸秆的方法。但从经济、技术及对环境的影响几方面综合分析，氨化处理秸秆比较适用，也是联合国粮农组织正在推广的方法（图5-8）。

图5-8 秸秆氨化处理

（3）生物学处理方法。秸秆的生物学处理方法是利用乳酸菌、纤维分解菌、酵母菌等一些有益微生物和酶在适宜的条件下，使其生长繁殖，分解饲料中难以被家畜消化利用的纤维素和木质素，同时可增加一些菌体蛋白质、维生素及其他有益物质，软化饲料，改善味道，提高适口性和营养价值。秸秆的生物学处理方法主要有以下几种。

1）自然发酵。将秸秆粉与水按1∶1搅拌均匀，冬天最好用50℃温水，可在地面堆积（图5-9）、水泥池中压实和装缸压实进行发酵，地面堆积需用塑料薄膜包好，3d后即可完成发酵。

图5-9 秸秆地面堆积自然发酵

发酵的饲料具有酸香、酒香味。

2）加精料发酵。在自然发酵的秸秆粉中加一定量的麦麸、玉米面等无氮浸出物含量较高的原料，还可添加一定量的尿素等，促进微生物大量繁殖，2~3d 可完成发酵，这种发酵效果非常好。

3）秸秆微贮。在农作物秸秆中加入微生物高效活性菌种，放于密封容器中贮藏，经一定时间厌氧发酵，使秸秆变成具有酸香味并可长期保存的饲料。制作良好的微贮饲料能显著提高消化率、适口性、采食量；微生物的活动，也大大提高了饲料的营养价值。但这种方法需要细致的操作和特定的环境与设备，成本相对较高。

三、青贮饲料的制作

青贮饲料是利用乳酸菌对原料进行厌氧发酵，产生乳酸，当酸度降到 pH 值 4.0 左右时，包括乳酸菌在内的所有微生物停止活动，且原料养分不再继续分解或消耗，从而制成能长期保存的饲料（图 5-10）。

（一）青贮饲料的特点

1. 营养物质损失少，营养性增加 由于青贮不受日晒、雨淋的影响，养分损失一般为 10%~15%，而干草的晒制过程中，营养物质损失达 30%~50%。同时，青贮饲料中存在大量的乳酸菌，菌体蛋白含量比青贮前提高 20%~30%，每千克青贮饲料大约含可消化蛋白质 90g。

图 5-10　青贮饲料

2. 省时、省力 一次青贮全年饲喂；制作方便成本低廉。

3. 适口性好，易消化 青贮饲料质地柔软、香酸适口、含水量大，羊爱吃、易消化。同样的饲料，青贮饲料的营养物质消化利用率较高，平均70%左右，而干草不足64%。

4. 功能 既能满足羊对粗纤维的需要，又能满足能量的需要。

5. 使用添加剂制作青贮，明显提高饲料价值 玉米青（黄）贮粗蛋白质不足2%，不能满足瘤胃微生物合成菌体蛋白所需要的氮量，通过青贮，按5‰（每吨青贮原料加尿素5kg）添加尿素，就可获得羊对蛋白质的需要。

6. 青贮可扩大饲料来源 如甘薯蔓、马铃薯叶茎等。

7. 青贮能杀虫卵、病菌，减少病害 经青贮的饲料在无空气、酸度大环境中其茎叶中的虫卵、病菌无法存活。

青贮发酵由三个时期组成，分别是：厌氧形成期、厌氧发酵期和稳定期。新制作的青贮饲料虽然已压实封严，但植物细胞的呼吸作用仍然进行，植株被切碎造成组织损伤释放出液体可使呼吸作用增强，在植物细胞中呼吸酶的作用下将组织中糖分进行氧化，并产生一定的热量，此时温度升高，随着呼吸作用的进行，青贮窖中不多的一些空气逐渐被消耗形成厌氧条件，这就是厌氧形成期，也可称为呼吸期，正常情况下2~3d完成。青贮发酵的第二个时期是厌氧发酵期，随着青贮窖内厌氧环境的形成，乳酸菌等厌氧菌迅速增殖，使pH值迅速下降，在青贮后第10~12天，达到pH值4.0，饲料变酸。青贮发酵的第三个时期是青贮稳定期，生物化学变化相对稳定，青贮饲料在窖中可以长期保存。

（二）青贮饲料原料的选择

1. 青贮原料的条件 适宜制作青贮的原料应具备以下条件。

（1）有一定糖分，即水溶性碳水化合物，要求新鲜饲料中含量在 2% 以上。

（2）较低的缓冲能力，即容易调制成酸性或碱性，因为缓冲力是指抗酸碱性变化的能力。

（3）青饲料的干物质含量在 20% 以上，即原料的含水量要低于 80%。

（4）具有理想的物理结构，即容易切碎和压实。

这些条件是相互联系的，如某种原料的糖分含量达到要求，但原料的水分含量太高，调制的青贮饲料酸度就过高，水溶性养分损失多，青贮饲料质量不高。而在原料不具备某些条件时，可采取措施创造适宜条件。如原料含水量太高，则在田间晾晒蒸发一部分水分或添加一定量的低水分饲料。

2. 青贮原料　适合制作青贮饲料的原料范围十分广泛。玉米、高粱、黑麦、燕麦等禾谷类饲料作物，野生及栽培牧草，甘薯、甜菜、芜菁等的茎叶，甘蓝、牛皮菜、苦荬菜、猪苋菜、聚合草等叶菜类饲料作物，以及树叶和小灌木的嫩枝等均可用于调制青贮饲料。

青贮原料因植物种类不同，含糖量的差异很大。根据含糖量的多少，青贮原料可分为以下三类。

（1）易青贮的原料。玉米、高粱、禾本科牧草、芜菁、甘蓝等，这些饲料中含有适量或较多的可溶性碳水化合物，青贮比较容易成功。

（2）不易青贮的原料。三叶草、草木樨、大豆、紫云英等豆科牧草和饲料作物含可溶性碳水化合物较少，需与第一类原料混贮才能成功。

（3）不能单独青贮的原料。南瓜蔓、甘薯藤等含糖量极低，单独青贮不易成功，只有和其他易于青贮的原料混贮或者添加富含碳水化合物或者加酸青贮才能成功。

（三）制作青贮饲料的方法

1. 青贮作物收获　原料的收割时期是影响青贮饲料质量的重要因素。随着牧草生育期走向成熟阶段，牧草干物质产量逐渐提高，而营养物质的消化率逐渐下降。一般豆科牧草在花蕾期至盛花期收割，禾本科牧草在抽穗期至乳熟期收割，全株玉米青贮的最佳收割期应选择在籽粒乳熟后期至蜡熟前期。

2. 调制青贮饲料前的准备工作　调制青贮饲料之前应做好原料运输和粉碎机械、青贮窖或青贮设施及塑料膜、劳动力等物资和人员的准备工作。

（1）原料：根据饲养羊的数量、种类，计算需要贮备的量。

（2）运输工具和机械设备：全部机械作业情况下，由收割机在田间收割和切碎原料，由汽车将切碎的原料运送至青贮窖；在一部分机械、一部分人工作业条件下，通常将地里收割的饲料原料用车运送至青贮窖旁，再由青饲料粉碎机切碎，风送至窖内。由于每一窖青贮要求在 2~3d 内完成，第一，要准备足够的运输车，从饲料地向青贮窖运送原料；第二，要准备足够的、效率高的粉碎机械；第三，准备好机械维修人员与易损零配件。这样才能保证青贮调制过程连续作业。

（3）劳动力：除运输车辆的司机外，每台粉碎机械视机器大小配备人员，其他还需有搬运、窖内平整人员，小型青贮窖由人工踩紧，大型青贮窖用履带式拖拉机镇压，边角用人力踩实。因此，要依机械化程度组织所需劳动力，以便每窖能及时封顶。

（4）覆盖用塑料膜：要求厚度 0.12mm 以上，有较好的延伸性与气密性，多用黑色膜覆盖，有利于保护青饲料中的维生素等营养成分，土造窖还需用塑料薄膜垫底。

3. 青贮设施　青贮设施是用于保存青贮饲料不透空气或厌氧结构的设备，青贮设施的建筑与设计依各地经济条件、环境条件、羊场规模的不同，分别采取以下不同形式。

（1）青贮壕：分两种形式。

1）壕沟式。即在山坡或土丘上挖一个长条形沟，依地下水位情况，沟深2~3m，宽与长度依原料多少而定，沟壁和底部要求平整，上口比底略宽，沟的一端或两端有斜坡连接地面，如果直接使用，壁和底应铺垫塑料膜，最好砌砖石，水泥抹平（图5-11、图5-12）；装填青贮饲料时汽车或拖拉机可从一头开进至另一头开出；此法人工或机械作业方便，造价低，能适应不同生产规模，但要求地面排水良好。

图5-11 土质青贮壕塑料薄膜垫底　　图5-12 水泥青贮壕

2）箱板式。此法适于建立在地势平坦、石头地面或各种不宜挖沟的地方，两侧为钢筋水泥预制板块，可以拼接，外面用柱子顶住，板块略向外倾斜，使上口比底大，使用时内壁衬贴塑料膜，此种结构是青贮壕的发展，也可称作地面青贮堆，便于机械作业，建设地点灵活，可以搬迁。

（2）青贮坑（窖）：我国北方地区常用此形式。选择地势高燥、临近道路的地点建设，分地上式、地下式和半地下式，多采用长方形，永久性的青贮坑可用砖石砌，水泥抹平，一端留有斜坡，以便取料时进出方便；半地下式用在地下水位较高的地区，不宜挖得太深，砌墙时高出地面1m左右，墙外仍须堆土加固，若机械作业，青贮窖宽3m以上，深度2~4m，长度依地形和贮存原料多少而定（图5-13、图5-14）。

图5-13 地下式青贮窖　　　　图5-14 地上式青贮窖

（3）青贮塔：畜牧业发达的国家把青贮塔看作是常规的青贮设施，青贮塔是直立的地上建筑物，呈圆柱形，类似瞭望塔，这是一种永久性设施，结构上必须能承受装满饲料后青贮塔内部形成的巨大压力，内壁要求平滑，饲料能顺利自然下沉。外壳用金属材料，内为水泥预制件衬里，也有用搪瓷材料的；上有防雨顶盖，塔的大小不定，通常直径3~6m、高12~14m，取用装填青贮饲料均用机械作业，贮存损失小，使用期长，占地相对较少；寒冷天气等不良气候条件下，取用方便是它的优点。主要问题是投资高，构造比较复杂，附属设施较多，制造工艺水平要求高，我国除东北部分地区外极少采用（图5-15、图5-16）。

（4）青贮袋：袋装青贮技术的出现，使青贮饲料的使用进一步扩大，但成功的使用必须与相应的机械结合，塑料袋的原材料厚度为0.15~0.2mm，深色，有较强的抗拉力，气密性好，存放场地要防止鼠虫为害（图5-17）。

（5）草捆青贮：主要适用于牧草，将收割的青牧草用机械压制成圆形紧实的草捆，装入塑料袋并扎紧袋口便可存放，或由缠绕机用薄膜将草捆缠绕紧实。其他要求与青贮袋相同（图5-18、图5-19）。

图 5-15 砖混式青贮塔

图 5-16 金属外壁青贮塔

图 5-17 青贮袋

图 5-18 田间机械压制打包草捆

图 5-19 青贮草捆存放

4. 青贮饲料的调制步骤 含水率40%~80%的青绿植物原料均可调制成青贮饲料，由于原料含水率是影响青贮饲料质量的重要因素，为便于指导生产，依原料含水率高低将青贮饲料分为三类：含水率70%以上的为高水分青贮，含水率60%~70%的称萎蔫青贮，含水率40%~60%的叫半干青贮。

（1）调节原料的含水率。青贮原料的含水量是影响青贮成败和品质的重要因素。一般禾本科饲料作物和牧草的含水量以65%~75%为佳，豆科牧草含水量以60%~70%为佳。质地粗硬的原料含水量可高些，以78%~82%为佳；幼嫩多汁的原料含水量应低些，以60%为最佳。原料含水量较高时，可采用晾晒的方式或掺入粉碎的干草、干枯秸秆及谷物等含水量少的原料加以调节；含水量过低时，可掺入新割的含水量较高的原料混合青贮。青贮现场测定水分的方法：抓一把刚切割的青贮原料用力挤压，若从手指缝向下流水，说明水分含量过高；若手指缝不见出水，说明原料含水量过低；若从手指缝刚出水，又不流下，说明原料水分含量适宜。准确的水分含量测定方法是利用实验室的通风干燥箱烘干测定或用快速水分测定仪测定。

（2）调节原料的含糖量。含糖量即水溶性碳水化合物的含量，据测定乳熟期——蜡熟期收割的玉米和高粱植株等含糖量较高，干物质中含量在16%~20%。青大麦、黑麦草、苏丹草等禾本科牧草也能达到青贮的要求，而豆科牧草含糖量较低，干物质中含量9%~11%，不宜单独青贮。对于糖分含量低的原料的调节，一是降低原料含水量，使糖分含量的相对浓度提高；二是直接加一定量的糖蜜；三是与含糖分高的饲料混合青贮。

（3）切短。青贮原料切短是为了压得紧实，为了最大限度地排除窖内的空气，给乳酸菌发酵创造条件。青饲料切得短，汁液流出多，为乳酸菌提供营养，以便尽快实现乳酸发酵，减少原料养分的损耗。一般要求粗硬的原料、含水量较低的原料切得短些，如玉米，建议 6.5~13mm；含水量较高、较细软的牧草可切得长一些，建议 10~25mm（图 5-20）。原料的切碎，常使用青贮联合收割机、青贮饲料切碎机、饲料揉切机或滚筒式铡草机。根据原料的不同，把机器调节到粗切和细切的部位。

（4）装填。青贮原料应随切碎随装填，原料切碎机最好设置在青贮设备旁边，尽量避免切碎原料的暴晒。青贮原料的填装，既要快速，又要压实。

青贮原料装填之前，要对青贮设施清扫、消毒；可在青贮窖或青贮壕底铺一层 10~15cm 厚的切短秸秆或软草，以便吸收青贮汁液。窖壁四周铺一层塑料薄膜，以加强密封性，避免漏气和渗水。一旦开始装填，应尽快装填完毕，以避免原料在装满和密封之前腐败。一般说来，一个青贮设施，要在 2~5d 内装满。装填时间越短越好（图 5-21、图 5-22）。

图 5-20 田间机械收割、切短

图 5-21 机械装填

（5）压实。压实是保证青贮饲料质量的关键，无论是青贮窖或是坑，压得越实越易形成厌氧环境，越有利于乳酸菌活动和繁殖。大约每装填 30cm 厚，压实一遍；装入青贮壕时可酌情分成几段，顺序装填，边装填边压实。注意不遗漏边角地方。压实过程中，不要带进泥土、油垢和铁钉、铁丝等，以免污染青贮原料（图 5-23、图 5-24）。

图 5-22 人工、机械混合作业青贮（切短、装填）

图 5-23 人工压实　　　　　图 5-24 机械压实

（6）密封。快装、封严也是得到优质青贮饲料的关键。制作青贮时，尽快装满封窖，及时密封和覆盖，目的是造成设备内的厌氧状态，抑制好氧菌的发酵。一般应将原料装至高出窖面1m左右，在原料上面盖一层 10~20cm 切短的秸秆或牧草，覆上塑料薄膜后，再覆上 30~50cm 的土，踩踏成馒头形或屋脊形，以免雨水流入窖内（图 5-25）。

（7）后期管理。在封严覆土后，要注意后期管理，要在四周挖好排水沟，防止雨水渗入；要注意鼠害，发现老鼠盗洞要及时填补。杜绝透气并防止雨水渗入。最好能在青贮窖、青贮壕或青贮堆周围设置围栏，以防牲畜践踏，踩破覆盖物。一般经过30~60d，就可开窖使用。

（8）使用青贮。开启使用时应注意防止二次发酵，降低青

图 5-25 密封

贮品质。故每次使用青贮饲料后都应妥善再密封好；每个容器中的青贮饲料，开启后应尽快用完。

5. 青贮饲料品质鉴定 青贮饲料品质的优劣，随原料和调制技术好坏而变化，往往优劣相差悬殊。启用时应做评定，最简单的是做感观鉴定，在必要时才进一步做实验室鉴定（表 5-27）。

表 5-27 几种青贮饲料营养成分

	苜蓿青贮	全株玉米青贮	燕麦草青贮	黑麦草青贮	甘薯茎叶青贮	马铃薯茎叶青贮
干物质（%）	28.3	23.2	32.4	27.6	2.1	14.8
粗灰分（%）	2.6	1.4	2.7	2.2	1.4	2.8
粗纤维（%）	9.1	5.9	11.5	10.2	3.5	3.4
粗脂肪（%）	0.9	0.8	1.0	0.9	0.5	0.5
无氮浸出物（%）	10.5	14.1	14.3	11.5	5.1	5.7
粗蛋白质（%）	5.1	2.0	2.9	2.9	1.6	2.3
消化粗蛋白（牛）	3.4	0.9	1.6	1.6	1.0	1.5
消化能（牛）（MJ/kg）	0.70	0.72	0.84	0.68	0.28	0.38
总消化养分（牛）（%）	15.9	16.3	19.0	15.3	6.3	8.7

续表

	苜蓿 青贮	全株玉米 青贮	燕麦草 青贮	黑麦草 青贮	甘薯茎叶 青贮	马铃薯茎 叶青贮
钙（%）	0.40					0.3
磷（%）	0.10					0.30
胡萝卜素（mg/kg）	34.4	11.0				

（1）感观鉴定。青贮饲料感观鉴定是从色、香、味和质地来决定。

1）颜色。因原料与调制方法不同而有差异。青贮饲料的颜色越近似于原料颜色，则说明青贮过程是好的。品质良好的青贮饲料，颜色呈黄绿色；中等呈黄褐色或褐绿色；劣等的为褐色或黑色（图5-26）。

图5-26　不同品质青贮饲料

2）气味。正常青贮有一种酸香味，略带水果香味者为佳。

凡有刺鼻的酸味，则表示含有醋酸较多，品质较次。霉烂腐败并带有丁酸味（臭）者为劣等，不宜饲喂。换言之，酸而喜闻者为上等，酸而刺鼻者为中等，臭而难闻者为劣等。

3）质地。品质好的青贮饲料在窖里压得非常紧实，拿到手里却是松散柔软，略带潮湿，不粘手，茎、叶、花仍能辨认清楚。若结成一团，发黏，分不清原有结构或过于干硬，都为劣等青贮饲料。

（2）实验室鉴定。青贮饲料实验室鉴定的项目可根据需要而定。一般鉴定时，首先测定 pH 值、氨量、微生物种类及数量，进一步测定其各种有机酸和营养成分的含量。

pH 值在 4.0~4.5 为上等；pH 值在 4.5~5.0 为中等；pH 值在 5.0 以上为劣等。正常青贮饲料中蛋白质仅分解到氨基酸。如有氨存在，表示已有腐败过程。

第四节　肉羊饲料的配制

肉羊饲料配制是根据不同生理阶段羊的营养需要，按照饲料配方将粗饲料、精饲料和各种添加剂充分混合成营养相对平衡的日粮。

一、配制肉羊饲料概述

（一）配制肉羊饲料的原料

肉羊原料包括青粗类饲料（青干草、花生秧、红薯秧、豆秸、花生壳、米糠、谷糠，青贮饲料等），精饲料（玉米、豆粕、棉粕、麸皮等），糟渣类饲料（豆腐渣、酒糟、啤酒渣、果渣、药厂的糖渣等）和预混料。

其中青粗类饲料的加工调制前已述及，精饲料、糟渣类饲料一般根据季节和当地资源购买存放，下面主要介绍一下羊用预混料。

根据羊的营养需求，羊的预混料基本分为羔羊预混料、育肥羊预混料和种羊预混料 3 种。羊专用预混料主要包括钴、钼、铜、碘、铁、锰、硒、锌等各种微量元素，食盐，磷酸氢钙和维生素 A、维生素 D、维生素 E 等各种维生素。预混料是舍饲养羊所必需的，任何一种物质的缺乏均会导致繁殖下降，甚至繁殖障碍。

目前，市场上常见到的羊预混料往往以添加百分多少为主，因羊每天对预混料的需求量是相对稳定的，百分多少的预混料在配方设计上均没有标记按羊采食多少精饲料添加，在养羊场（户）使用时，往往造成预混料不足或者过量，均影响羊的正常生长发育和繁殖。建议羊专用预混料使用量：舍饲羊只按 50kg 体重每天专用预混料需求量计算，食盐要大于 6g，磷酸氢钙要大于 6g，各种微量元素大于 6g，再加佐剂、维生素等，每天 50kg 体重羊专用预混料添加在 30g 左右。

羊专用预混料使用注意事项：不可直接饲喂，使用时尽量与精饲料混合均匀，合格的羊专用预混料无须另行添加其他添加剂，有特殊情况的例外。

（二）配制肉羊饲料的原则：

1. 科学性　饲料要符合饲养标准，既要满足羊只所需要的各种营养物质，又要兼顾各地自然条件和羊的生产力水平，一般通过实际饲养效果酌情修订饲养标准。确定合理的精粗比例和饲料用量范围，选用饲料的种类和比例取决于当地的饲料来源、饲料的适口性，饲料的体积保证羊只能够全部采食进去并保证供给 15%~20% 的粗纤维。

2. 经济性　在保障营养供给的前提下尽量降低饲料成本，因地制宜，充分利用当地的青、粗饲料资源，合理使用饼粕糟渣类副产品。

3. 安全性 选用的饲料原料和添加剂均应符合国家标准，确保饲料对羊无毒害作用，或某些成分在产品中的残留在允许范围之内。

4. 稳定性 饲料种类尽量保持稳定，以免影响羊只的消化功能甚至导致消化道疾病。确需改变饲料种类时，应逐渐改变，使羊只有一个适应过程，过渡期一般为 7~10d。

二、全混合日粮配制技术

全混合日粮（Total Mixed Ration，TMR），羊用 TMR 饲料是指根据羊在不同生长阶段对营养的需要进行科学调配，将多种饲料原料，包括粗饲料、精饲料及饲料添加剂等成分，用特定设备经粉碎、混匀而制成的全价配合饲料。TMR 保证了羊所采食每一口饲料都具有均衡性的营养。TMR 在规模化羊场得到了迅速推广，是规模化养羊发展的必然。

1. TMR 饲养工艺的优点

（1）精粗饲料均匀混合，避免羊挑食，增强瘤胃机能，有效预防消化道疾病。传统饲喂时精、粗料分开添加，羊单独采食精料后，瘤胃内产生大量的酸，TMR 使羊均匀地采食精粗饲料，维持相对稳定的瘤胃 pH 值，有效地把瘤胃的 pH 值控制在 6.4~6.8，有利于瘤胃微生物的活性及其蛋白质的合成，从而避免瘤胃酸中毒和其他相关疾病的发生。

（2）改善了饲料的适口性，增加羊干物质采食量，提高饲料转化效率。与传统的粗、精饲料分开饲喂的方法相比，TMR 可增加羊体内益生菌的繁殖和生长，促进营养的充分吸收，提高饲料利用效率，可有效解决营养负平衡时期的营养供给问题。根据羊生长各个阶段所需不同的营养，更精确地配制均衡营养的饲料配方，使日增重大大提高，缩短了存栏期。例如，山羊 10~40kg 期间，日增重可达到 200g，与普通自配料相比可以缩短存栏期 3

个月。

（3）充分利用农副产品和一些适口性差的饲料原料，减少饲料浪费，降低饲料成本。

（4）便于机械饲喂，简化了饲喂程序，提高了劳动生产率。降低了人工饲养的随意性，使管理的精准程度大大提高，提高了劳动生产率，降低了管理成本，提高了养羊业生产的专业化程度。

2. 使用 TMR 的关键点

（1）羊只分群。使用 TMR 饲养的前提是必须对羊群实行分群管理，合理的分群对保证羊群健康、提高羊只产量以及科学控制饲料成本等都十分重要。对规模化羊场来讲，根据不同生长发育阶段羊的营养需要，结合 TMR 工艺的操作要求及可行性合理化分群。

（2）TMR 的调配。根据不同群别的营养需要，要求调制不同营养水平的 TMR。对于一些健康方面存在问题的特殊羊群，可根据羊群的健康状况和进食情况饲喂相应合理的 TMR 或粗饲料。

哺乳期羔羊开食料指的是精料，要求营养丰富全面，适口性好，可以给予少量 TMR，让其自由采食，引导羔羊采食粗饲料。断奶后到 6 月龄以前主要供给育肥羊 TMR。

3. TMR 的制作

（1）添加顺序。基本原则：遵循先干后湿，先粗后精，先轻后重的原则。添加顺序：干草、粗饲料、精料、青贮、湿糟类等。如果是立式饲料搅拌车应将精料和干草添加顺序颠倒。

（2）搅拌时间。掌握适宜搅拌时间的原则，最后一种饲料加入后搅拌 5~8min 即可。

（3）效果评价。从感官上制作效果好的 TMR 表现为：精粗饲料混合均匀，松散不分离，色泽均匀，新鲜不发热、无异味，不结块。

（4）水分控制。水分控制在 45%～55%。

4. 配制 TMR 注意事项

（1）根据搅拌车的说明，掌握适宜的搅拌量，避免过多装载，影响搅拌效果。通常装载量以占总容积的 60%～75% 为宜。

（2）严格按照日粮配方配制饲料，保证各组分精确给量，定期校正计量控制器。

（3）根据青贮及豆腐渣等农副产品的含水量，掌握控制 TMR 水分含量。

（4）制作过程中，防止铁器、石块、包装绳等杂质混入搅拌车，造成车辆损坏。

（5）TMR 饲养工艺讲求的是群体饲养效果，同一群体内的个体差异被忽略，不能对羊进行单独饲喂，产量及体况在一定程度上取决于个体采食量差异。

三、全价颗粒饲料生产技术

肉羊全价颗粒饲料是指根据肉羊生长发育阶段和生产、生理状态的营养需求和饲养目的，将多种饲料原料，包括粗饲料、精饲料及饲料添加剂等成分，用特定设备经粉碎、混匀、制粒而形成的颗粒状饲料。

国外养羊业发达的国家集约化饲养早就应用全价颗粒饲料喂羊，我国个别地区也开始试用。全价颗粒饲料便于应用现代营养学原理和反刍动物营养调控技术，有利于大规模工厂化饲料生产，制成颗粒后有利于贮存和运输，饲喂管理省工省时，不需要另外饲喂任何饲料，提高了规模效益和劳动生产率。同时减少了饲喂过程中的饲料浪费、粉尘等问题。

采食全价颗粒饲料的羊与同等情况下精粗料分饲的羊相比，其瘤胃液的 pH 值稍高，因而更有利于纤维素的消化分解。调制和制粒过程中产热破坏了淀粉支链结构，使得饲料更易于在小肠消化。颗粒料中大量糊化淀粉的存在，将蛋白质紧密地与淀粉基质结合在一起，生成瘤胃不可降解的蛋白，即过瘤胃蛋白，可直接进入肠道消化，以氨基酸的形式被吸收，有利于反刍动物对蛋白氮的消化吸收。若膨化后再制粒更可显著增加过瘤胃蛋白的含量。羊用颗粒饲料既可以保证羊的正常反刍，又大大减少了羊反刍活动所消耗的能量，实践证明，使用数月羊用全配合颗粒饲料，不仅可降低消化道疾病90%以上，而且还可以提高羊只的免疫力，减少流行性疾病的发生。

饲喂羊全价颗粒饲料是集约化、科学化养羊的方法，目前存在的问题是制粒成本偏高，成品容积大，运输费用也是一笔不小的开支。专业羊全价颗粒饲料生产厂家刚刚起步，成品运输距离远，大量的粗饲料收集、存放也是面临的主要问题，需要一段时间推广。

第六章 肉羊的饲养管理

肉羊群体按用途可以分为繁殖种羊群、留种羔羊群、育成羊群和育肥羊群。肉羊的饲养管理可根据不同用途进行分类饲养管理。

第一节 繁殖种羊群的饲养管理

繁殖用种羊群包括繁殖母羊和种公羊，下面分别叙述繁殖母羊和种公羊的饲养管理。

一、繁殖母羊的饲养管理

繁殖母羊按照生理阶段可分为空怀期、妊娠期和哺乳期三个阶段，其中妊娠期可分为前期（3个月）和后期（2个月）；哺乳期也分为前期和后期（各为2个月）。饲养管理的重点是妊娠后期和哺乳前期，共约4个月。

（一）繁殖母羊的饲养

1. 空怀母羊的饲养 空怀期母羊的饲养任务是恢复体况，为配种做好准备。当空怀母羊膘情达到七成以上可以参加配种。空怀期母羊配种前10~15d饲料的饲喂量按干物质计算约为体重的3%，全价混合日粮水分控制在50%左右，日饲喂量3~4kg，其中精料0.15~0.2kg，含预混料24g。

2. 妊娠母羊的饲养　　妊娠期母羊的饲养任务是为母羊提供适宜的全价营养饲料，保证胎儿发育良好，兼顾母羊体况，确保母羊健康结实，且不过肥不过瘦。在妊娠前 3 个月，母羊营养需要与空怀期基本相同。在妊娠的后 2 个月，比空怀期饲料的蛋白质提高 15%～20%，钙、磷含量增加 40%～50%，日粮中要有足量的维生素 A、维生素 E 和维生素 D。妊娠后期，每天每只母羊补饲混合精料 0.2kg。确保母羊饲料的安全供给，不得饲喂发霉、变质、冰冻或其他异常饲料，不得空腹饮水和饮冰碴水。

3. 哺乳母羊的饲养　　母羊产后 2 月为哺乳期，哺乳期的饲养任务是保证供给母羊营养全价的饲料，以确保母羊有充足的奶水哺育羔羊。母羊产后 1～3d 内，不能喂过多的精料，不能喂冷、冰水。在母羊产后的 7d 内，除正常采食全价饲料外，可让母羊自由饮用米汤、米淅水；产后 15～20d，根据母羊乳汁产量可适当增加补饲，除每天采食全价混合日粮 3～4kg 外，可以额外每天补饲精料 0.2～0.3kg。羔羊断奶前，应逐渐减少多汁饲料和精料喂量，防止发生乳房疾病。

（二）繁殖母羊的管理

1. 制定好完整的繁殖规划　　母羊群的繁殖配种规划要科学、合理、可操作性强，依据规划能够指导羊群顺利生产，保证各类羊舍充分利用，循环有序。

2. 怀孕母羊的日常管理　　日常管理中注意不要惊吓、剧烈驱赶妊娠母羊，特别是羊在出入圈门或补饲时，要防止相互拥挤。妊娠后期的母羊要根据膘情和体况适当给予补饲，不宜进行防疫注射。如放牧饲养，注意不走陡坡，不走结冰道路，防止跌倒打滑导致流产。日常活动要以"慢、稳"为主，不能喂霉变饲料和冰冻饲料以防流产。

3. 哺乳母羊的日常管理　　经常检查哺乳母羊的乳房，如有乳房发炎、化脓等情况，要及时采取相应措施予以处理。哺乳母羊舍要经常扫打、消毒，应保持圈舍清洁干燥，及时清除胎衣、毛团、塑料袋（膜）等，防止羔羊吞食异物发病。尽量保证羔羊在2月龄以内断奶，最高可提前到6周龄断奶，可以保证母羊的及时发情、及时配种（人工授精）。

4. 空怀母羊的日常管理 母羊断奶后在1月内完成统一发情和配种（人工授精），尽量避开7~9月季节的配种，防止12月、1月和2月产羔，羔羊死亡率增加。对受精2月的母羊及时做好妊娠诊断，减少空怀。

二、种公羊的饲养管理

种公羊的品质决定着整个羊群的遗传素质和生产性能的高低，俗话说："母羊好，好一窝，公羊好，好一坡"。生产中种公羊数量少，担负着提高群体主要生产力水平的重要责任，故在饲养管理上要求很高，要求保持良好的种用体况，即四肢健壮、体质结实，膘情适中，精力充沛，性欲旺盛，精液品质良好，以保证和提高种羊的利用率。

（一）种公羊的饲养

对种公羊必须精心饲养，种公羊的饲料要求营养价值高，有足量的蛋白质、维生素和矿物质，且易消化，适口性好。理想的粗饲料有苜蓿干草、三叶草干草和青燕麦干草等；精料有玉米、大麦、豌豆、豆饼、麸皮等；多汁饲料有胡萝卜、甜菜、玉米青贮饲料等。精料中不可多用玉米或大麦，且需要添加麸皮、豌豆、大豆或饼渣类补充蛋白质。配种任务繁重的优秀公羊可补动物性饲料。饲喂种公羊的草料尽量多种多样，互相搭配，营养全价，容易消化，适口性好，含有丰富的蛋白质、维生素和无机盐。

1. 种公羊非配种期的饲养 种公羊非配种期也需要加强饲养，每日一般补给精料0.4~0.5kg、优质干草2.0~3kg、青贮饲料 2.0kg、块茎饲料 0.5kg、食盐 5~10g、骨粉 5g，每日喂 3~4次，饮水 1~2 次。

2. 种公羊配种期的饲养　种公羊配种期可分为预备配种期（配种前 1~1.5 个月）和配种期两个阶段。

（1）预备配种期的饲养。种公羊预备配种期开始补喂精料，饲喂量为配种期标准的 60%~70%，然后逐渐增加到配种期的饲养标准，要定期抽检精液品质。饲料种类应力求多样化，根据当地情况，有目的、有针对性地选用饲料原料，互相搭配，以便营养价值全面、容易消化、适口性好。

（2）配种期的饲养。种公羊配种时期每天必须增补精料和蛋白质。1mL 精液需要消化蛋白质 50g。体重 80~90kg 的种公羊，每天需要 250g 以上的可消化粗蛋白质，并且随日采精次数的多少，相应调整标准喂量及其他特需饲料如牛奶、鸡蛋等。

日粮定额一般可按混合精料 1.2~1.4kg，优质青干草 2kg，胡萝卜等多汁饲料 0.5~1.5kg，有放牧条件者青干草和多汁饲料可全减或酌减，鸡蛋 1~4 个或牛奶 0.5~1.0kg，食盐 15~20g，骨粉 5~10g 的标准喂给。分 2~3 次给草料和饮水 3~4 次。每日放牧或运动时间约 6h。配好的精料要均匀地撒在食槽内，要经常观察种公羊食欲好坏，判别种公羊的健康状况，以便及时调整饲料。

燕麦是配种期中最好的饲料。黍米可改善性腺活动，提高精液品质。谷类豆饼与麸皮混合喂饲，比单喂更能促进精子形成。

（二）种公羊的管理

1. 种公羊的环境管理　种公羊舍要求安静，远离母羊舍，以减少发情母羊和公羊之间的相互干扰。种公羊舍应选择通风、向阳、干燥的地方，高温、潮湿会对精液品质产生不良影响。种公羊应单独饲养，每只公羊约需面积 2m²，以免相互爬胯和顶撞。

2. 种公羊要求专人饲养　种公羊要求专人专养，公羊的饲养人员要固定，同时采精工作也应该由饲养员负责，有利于公羊和饲养员之间的交流，增进人羊感情，方便建立条件反射，减少应激。

3. 注重种公羊的培育　对于后备小公羊要及时进行生殖器官检查，对睾丸小、阴茎短、包皮偏后、独睾、隐睾、附睾不明显、公羊母相、8 月龄无精或死精的个体要严格淘汰。个体外貌和生殖器官检查合格的个体继续培育，严格坚持运动，每天运动时间 1~2h，经常刷拭，每季度修蹄 1 次。饲养员调教小公羊要耐心，和蔼待羊，驯养为主，防止恶癖。10 月龄时可适量采精或交配，种公羊在采精初期，每周采精最好不要超过 2 次。1 岁可正式投入采精生产，每周采精 4 次左右。若饲养条件好且种公羊体质好，每周采精次数可适当增加。

4. 采精频率适度　种公羊配种采精要适度，一般 1 只公羊即可承担 30~50 只母羊的配种任务。种公羊配种前 1~1.5 个月开始采精，同时检查精液品质。开始 1 周采精 1 次，以后增加到一周 2 次，到配种季节每天可采精 1~2 次，不要连续采精。对 1.5 岁的种公羊，一天内采精不宜超过 1~2 次，每次采精收集 2 次射精量，两次采精间隔 10~15min。2.5 岁种公羊每天可采精 3~4 次，期间要有休息。公羊在采精前不宜吃得过饱。

第二节　羔羊和育成羊的饲养管理

一、羔羊的饲养管理

羔羊指从出生到断奶阶段（60d 左右）的羊只。此阶段饲养管理的主要任务是保证羔羊及时吃好初乳和常乳，提高羔羊成活率，提早补料促进羔羊消化系统快速发育，为顺利断奶打下基础。

（一）羔羊的饲养

1. 初乳阶段（出生后 7d 内）　初乳期羔羊要尽量使其吃初乳，多吃初乳。羊羔至少每日早、中、晚各吃 1 次奶。初乳不足或母羊因特殊原因不能哺乳的羔羊应及时找好保姆羊或人工代乳，同时，要做好肺炎、肠胃炎、脐带炎和羔羊痢疾的预防工作。

2. 常奶阶段（1 周龄至断奶前）

（1）安排好羔羊的吃奶时间。最好让羔羊能在早、中、晚各吃一次奶。

（2）提早训练羔羊采食草料。羔羊 10～14 日龄开始训练采食草料，要将幼嫩青干草捆成把吊在空中，让小羊自由采食。精料放在饲槽里用开水烫后制成半湿混合精料，注意烫料的温度不可过高，应与奶温相同。也可以使用羔羊诱食全价颗粒饲料供小羊自由采食。

（3）羔羊饲料供给量。每只羔羊日粮供给量（以干物质为基础）：1 月龄内，每日补饲精料 0.05～0.1kg，干草 0.1kg；1～2 月龄，每日补饲精料 0.15～0.2kg，干草 0.3～0.5kg，青贮饲料 0.2kg；3 月龄，每日补饲精料 0.2～0.25kg，干草 0.5～0.8kg，青贮饲料 0.2～0.3kg。2 月龄以后，日粮中可消化蛋白质以 16%～20% 为佳，可消化总养分以 74% 为宜（表 6-1）。

表 6-1　羔羊配合饲料配方（%）

配方	玉米	豆饼	麸皮	苜蓿粉	蜜糖	食盐	碳酸钙	无机盐
1	50	30	12	1	2	0.5	0.9	0.3
2	55	32	–	3	5	1	0.7	0.3
3	48	30	10	1.6	3	0.5	0.8	0.3

3. 羔羊的断奶　羔羊精饲料日补饲超过 200g 时，60 日龄即可实施断奶。

4. 羔羊的补饲注意事项

（1）羔羊尽可能提早补饲。

（2）当羔羊习惯采食饲料后，所用的饲料要多样化、营养好、易消化。

（3）饲喂羔羊时要做到少喂勤添。

（4）羔羊补饲要做到定时、定量、定点。

（5）保证饲槽和饮水的清洁、卫生。

（二）羔羊的管理

1. 做好产后护理 包括羔羊出生时帮助去除口鼻黏液，擦干羊体。遇到假死羔羊实施正确有效的急救措施使其复苏，及时正确协助羔羊扯断脐带并消毒，辅助羔羊及时吃上初乳等。

2. 羔羊鉴定 初生羔羊的鉴定是对羔羊的初步挑选。尽可能较早知道种公羊的后裔测验结果，确定羔羊种用价值。初步鉴定后可把羔羊分为优、良、中、劣四级。挑选出来的优秀个体，可用母子群的饲养管理方式加强培育，作为将来的候选种羊。

3. 编号 编号对于羊只识别和选种选配是一项必不可少的基础性工作，羔羊出生后 3 天内，打耳号或带耳标。目前羊的编号主要采取耳标形式，耳标用来记载羊的个体号、品种符号及出生年份。耳标用铝片或塑料制成，耳标形状有长方形和圆形等，都要固定在羊的耳朵上，用红、黄、蓝三种颜色代表羊的等级。耳标的第一个号数是年份，取该羊出生年份的最末两个字，第三、四个数代表月份，后面的数字代表个体号，为了区分性别，公羊用单数表示，母羊用双数表示，每年由 1 和 2 编起。有的有品种符号，如小尾寒羊用"XH"表示，如某小尾寒羊羊场的某只羊的耳号为 XH1712012，即是指"小尾寒羊 2017 年 12 月出生的 12 号母羊"。戴耳标时，先将羊的编号烫印在塑料片或铝片的耳标上或书写在耳标上，然后在羊的左耳基部用碘酒消毒后，再用打孔钳在无血管处打孔，之后将打好号码的耳标穿过圆孔，固定在羊耳上。戴耳标最好避开蚊蝇滋生的季节，以防蚊蝇叮咬而感染。编号的号码，字迹要清晰工整，能够长久保存。若耳标丢失要及时补标，以利于资料记载和统计育种及生产管理（图6-1）。

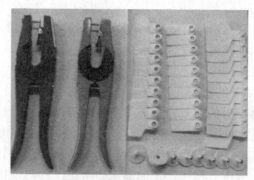

图6-1　羊耳标钳及耳标牌

4. 断尾　绵羊羔羊出生后10d内，为了保持羊毛的清洁，防止发生寄生虫病，有利于母羊配种，羔羊生后一周左右即可断尾，身体瘦弱的，或天气过冷时，羔羊断尾日龄可适当延长。断尾最好在晴天的早上进行，不要在阴雨天或傍晚进行。

（1）热断法。需要一个特制的断尾铲和两块20cm见方的两面钉上铁皮的木板。一块木板的下方，凿一个半圆形的缺口，断尾时把尾巴正压在半圆形的缺口里。这块木板不但用来压住尾巴，而且断尾时可防止灼热的断尾铲烫伤羔羊的肛门和睾丸。另一块木板断尾时衬在板凳上面，以免把凳子烫坏。断尾时需两人配合，一人保定羔羊，一个人在离尾根4cm处（第三、第四尾椎之间），用带有半圆形缺口的木板把尾巴紧紧压住，把灼热的断尾铲放在尾巴上稍微用力往下压即将尾巴断下。切的速度不宜过快，否则止不住血。断下尾巴后若仍出血，可用热铲烫一烫，然后用碘酊消毒。

（2）结扎法。用橡皮筋在第三、第四尾椎之间紧紧扎住，断绝血液流通，下端的尾巴10d左右即可自行脱落。

5. 去势 凡不作种用的公羔生后1~2周进行去势，过早或过晚均不适宜。如遇天气寒冷或体弱的羔羊，去势可适当延迟，去势和断尾可同时进行，最好在上午进行，以便全天观察和护理去势羊。去势后羊性情温顺，管理方便，节省饲料，肉的膻味小。

（1）刀切法。用手术刀切开阴囊，摘除睾丸。手术时需两个人配合，1人保定羊，1人做手术。阴囊外部用碘酒消毒后，术者一手握住阴囊上方以防睾丸回缩腹腔内，另一手在阴囊侧下方切开一小口，长度以能挤出睾丸为度。切开后把睾丸连同精索拉出，为防止出血过多最好用手撕断，不用刀割或剪刀剪。一侧的睾丸取出后，如法取出另一侧的睾丸。睾丸摘除后，阴囊内撒20万~30万IU的青霉素，然后对切口消毒。

（2）去势钳法。用特制的去势钳（图6-2），在阴囊上部用力将精索挟断后，睾丸会逐渐萎缩。

图6-2　羊去势钳

（3）结扎法。将睾丸挤进阴囊里，用橡皮筋或细绳紧紧地结扎阴囊的上部，断绝睾丸的血液流通，经15d左右，阴囊及睾丸萎缩后会自动脱落。

去势操作要严格进行消毒，刀切法去势后阴囊内要用碘酊彻底消毒并施以抗生素消炎，结扎法去势一定要紧紧结扎，否则容易感染。

6. 羔羊圈舍卫生管理　羔羊圈舍过于狭小、脏、烂、阴暗潮湿、闷热不堪、通气不良，都可引起羔羊病的大量发生，因此必须搞好圈舍卫生并对周围环境及用具消毒，防寒防湿、通风保暖，为羔羊提供适宜的生活环境。

7. 羔羊运动管理　羔羊初生到 20d 以前，可在运动场上或羊圈周围任其自由活动，20d 以后可组成羔羊群外出运动。每天不超过 4h，距离不超过 500m。两个月以后每天可运动 6h 左右，往返距离不超过 1 000m。要特别注意防止羔羊吃毛、吃土等。

8. 羔羊饮水管理　羔羊每天饮水 2～3 次，水槽内应经常有清洁的饮水，最好是井水，水温最宜不低于 8℃。

9. 搞好羔羊免疫工作　羔羊的免疫力主要从初乳中获得，羔羊出生后应保证其尽快吃到初乳。对半月龄以内的羔羊，疫苗主要用于紧急免疫，一般暂不注射。羔羊常用疫苗和使用方法见表 6-2。

表 6-2　羔羊常用疫苗和使用方法

时间	疫苗名称	剂量	方法	备注
出生 2h 内	破伤风抗毒素	1mL／只	肌内注射	预防破伤风
16～30 日龄	羊痘弱毒疫苗	1 头份／只	尾根内侧皮内注射	预防羊痘
	三联四防（梭菌疫苗）	1mL／只	肌内注射	预防羔羊痢疾（魏氏梭菌、黑疫）、猝疽、肠毒血症、快疫
	小反刍兽疫疫苗	1 头份／只	肌内注射	预防小反刍兽疫
30～45 日龄	羊传染性胸膜肺炎氢氧化铝菌苗	2mL／只	肌内注射	预防羊传染性胸膜肺炎
	口蹄疫疫苗	1mL／只	皮下注射	预防羊口蹄疫

二、育成羊的饲养管理

育成羊指断奶到第一次配种的羊，这一时期是育成羊生长发育最旺盛的时期，生长发育先经过性成熟，并继续发育到体成熟，需要大量的营养，如果此时无法满足其营养需要，就会使其生长发育受到影响，导致其体重较轻，体形较小，胸窄，四肢较高，同时还会导致体质变差，被毛稀疏无光泽，延迟性成熟和体成熟，无法适时进行配种，从而使生产性能受到影响，严重时甚至会导致失去种用价值，因此育成期的饲养管理对整个羊群的未来具有较大影响。育成期公羊的培养目标是膘情良好，体质健壮，性欲旺盛，精液品质优良。母羊的培养目标是配种前体况保持良好，争取以满膘状态进入配种，能够多排卵、多产羔、多成活。

（一）育成羊的饲养

羊的育成期通常可分成两个阶段，即3~8月龄是育成前期，8月龄至初配适龄是育成后期。

1. 育成前期 断奶后的羔羊处于生长发育迅速的阶段，特别是刚刚断奶的羔羊，由于瘤胃容积较小且机能还没有发育完善，消化利用粗饲料的能力较弱。舍饲育成羊饲喂的日粮要以精料为主，并搭配适量的青干草、优质苜蓿和青绿多汁饲料，确保日粮中含有17%以下的粗纤维，控制日粮中粗饲料的比例在50%以下。有放牧条件的羊场，冬季出生的羔羊断奶后正好进入青草发芽阶段，可选择放牧青草，并适当补饲精料。

育成前期（3~8月龄）参考精料配方：

（1）玉米68%，花生饼12%，豆饼7%，麦麸10%，磷酸氢钙1%，添加剂1%，食盐1%。舍饲条件下日粮组成：精料0.4kg，苜蓿0.6kg，玉米秸秆0.2kg。

（2）玉米50%，花生饼20%，豆饼15%，麦麸12%，石粉1%，添加剂1%，食盐1%。舍饲条件下日粮组成：精料0.4kg，青贮 1.5kg，干草或稻草 0.2kg。

2. 育成后期　此时羊的瘤胃消化机能基本发育完善，能够采食大量的农作物秸秆和牧草，但身体依旧处于发育阶段。育成羊此时不适宜饲喂粗劣的秸秆，即使饲喂也要注意控制其在日粮中所占的比例在 20% 以下，且使用前还必须进行适当的加工调制。由于公羊在该阶段生长发育迅速，需要更多的营养，可适当增加精料的饲喂量。同时，育成羊在该阶段还要注意补饲矿物质，如钙、磷、盐等，还要补充适量的维生素 A、维生素 D。

育成后期（8 月龄至初配适龄）参考精料配方如下。

（1）玉米 45%，花生饼 25%，葵花饼 13%，麦麸 15%，磷酸氢钙 1%，添加剂 1%，食盐 1%。舍饲条件下日粮组成：精料 0.5kg，青贮 3kg，干草或稻草 0.6kg。

（2）玉米 80%，花生饼 8%，麦麸 10%，添加剂 1%，食盐 1%。舍饲条件下日粮组成：精料 0.4kg，苜蓿 0.5kg，玉米秸秆 1kg。

（二）育成羊的管理

1. 选留分群　羔羊断乳以后按性别、大小、强弱分群，主要的选留标准是根据羔羊自身的生产成绩、体形外貌进行挑选，同时结合系谱审查，符合选留标准的羔羊（品种特性优良、种用价值高、高产母羊羔和公羊羔）编入育成群，不符合选留标准的羔羊编入育肥群。按饲养标准采取不同的饲养方案。育成羊每月抽测体重，根据增重情况调整饲养方案。

2. 运动管理　舍饲公羊需要较大的活动场所，一般确保每只羊要占有 4m² 以上圈舍面积，必要时驱赶强化运动。舍饲母羊要保持充足光照及适当运动即可。放牧的公、母羊春季着重防止跑青，放牧时要注意实行先阴后阳，控制游走速度增加采食时间，控制羊群少走多吃。寒冷的冬季暖圈饲养为主，辅助放牧，维持运动量。

3. 圈舍环境管理 保持圈舍环境卫生，勤打扫，定期消毒，夏季注意防暑降温，夜间休息确保圈舍通风良好。冬季注意防寒保暖。

4. 初配管理 育成公羊 10 月龄后方可配种，配种羊要及时进行精液品质检查，无精或死精的公羊要及时予以淘汰；育成母羊 6~7 月龄后、体重达到成年母羊体重的 70% 时才能配种，由于育成母羊发情不会像成年母羊一样明显和规律，因此必须加强发情鉴定，防止发生漏配。对不发情的母羊可用公羊诱情，发情症状不明显的母羊可用试情公羊试情，并进行细微观察，发现其发情后可及时配种。

5. 免疫 根据羊场免疫程序按时免疫。

第三节　育肥羊的饲养管理

一、育肥方式

羊群中除了繁殖种用的羊之外，其他羊只均可以育肥肉用。各地区因自然环境条件、养殖水平不同采用的育肥方式也不一样。一般牧区的羊群可以采用放牧育肥和放牧、补饲混合育肥方式，农区或规模化肉羊场则更多采用舍饲育肥方式。

（一）放牧育肥

放牧育肥常常是草地畜牧业的基本育肥方式，要求必须有较好的草场。北方省份一般 5 月中下旬至 10 月中旬期间处于青草期，放牧育肥在此期间进行，一般经过夏抓"水膘"和秋抓"油膘"两个阶段。放牧育肥的优点是成本低和效益相对较高，缺点是常常要受气候和草场长势等多种不稳定因素变化的影响，并因此使得育肥效果不稳定、不理想。放牧育肥羊一定要保证每只羊每日采食的青草量，放牧育肥的关键是水、草、盐这几方面要同时配合好，如经常口淡口渴或放牧不得法，则必定会影响育肥效果。

放牧育肥管理要点：

1. 多吃少消耗　放牧羊群在草场上要求走慢、走少、吃饱、吃好，羊吃草时间长，游走距离短则达到多吃少消耗、快速育肥的目的。

2. 三稳四勤　三稳是羊群稳、饮水稳、出入圈稳。四勤是指放牧人员要腿勤、手勤、嘴勤、眼勤，达到羊群要慢则慢、要快则快，使羊群充分合理利用草地，保证吃饱吃好，羊群易健康壮膘。

3. 领羊、挡羊、喊羊、折羊相结合　草场上放牧羊群应有一定的队形和行进速度，牧工领羊按一定队形前进，控制采食速度和前进方向，保证羊只能够有一定的采食范围，既能充分采食牧草又要保证不浪费资源，也没有过度放牧。牧工及时挡住走出群的羊，保证所有羊只都在管控范围内。折羊指使羊群改变前进方向，把羊群赶向既定的草场、水源的道路上。牧工放牧时呼以口令，使落后的羊跟上队、抢前的羊缓慢前进，平时要训练好头羊，有了头羊带队，容易控制羊群，使放牧羊群按放牧工的意图行动。

（二）混合育肥

混合育肥大体有两种形式：一种是在育肥全期，羊每天均放牧且补饲一定数量的混合精料，以确保育肥羊的营养需要，这种方式适用于生长强度较大和增重速度较快的羔羊；另一种是把整个育肥期分为2~3期，前期全放牧，中、后期按照从少到多的原则，逐渐增加补饲混合精料的量再配合其他饲料来育肥。开始补饲育肥羊的混合精料为每天200~300g，最后1个月增至每天400~500g，这种方式则适用于生长强度较小及增重速度较慢的羔羊和周岁羊。

混合育肥方式可使育肥羊在整个育肥期内的增重比单纯依靠放牧育肥的提高50%左右，同时，屠宰后羊肉的味道也较好。

（三）舍饲育肥

　　舍饲育肥是根据羊只育肥前的状态，按照饲养标准的饲料营养价值配制羊的饲喂日粮，并完全在羊舍内喂、饮的一种育肥方式。采取舍饲育肥虽然饲料投入相对较高，但可按市场需要实行大规模、集约化、工厂化养羊。这能使房舍、设备和劳动力得到充分利用，劳动生产效率也较高。这种育肥方法在育肥期内可使羊增重较快，出栏育肥羊的活重较放牧育肥和混合育肥羊高10%～20%。在市场需要的情况下，可确保育肥羊在30～60d迅速达到上市标准。

二、育肥准备

（一）准备圈舍、饲料

　　舍饲、混合育肥均需要羊舍，育肥羊舍要求冬暖夏凉、清洁卫生、平坦高燥，圈舍大小按每只羊占地面积 $0.8～1.0m^2$ 计算。在中国北方地区可以推广使用塑料暖棚育肥。育肥羊的饲料种类应多样化，尽量选用营养价值高、适口性好、易消化的饲料，主要包括精料、粗饲料、多汁饲料、青绿饲料，还需准备一定量的微量元素添加剂、维生素、抗生素添加剂以及食盐、骨粉等，粉渣、酒糟、甜菜渣等加工副产品也可以适当选用。

（二）育肥羊分群

　　根据育肥羊的年龄阶段和状态，把育肥羊分成不同的群。可以分为哺乳羔羊早期育肥群，断奶羔羊育肥群，淘汰的成年公、母羊育肥群。同期育肥羊根据瘦弱状况、性别、年龄、体重等再分成适宜管理的小群。

（三）育肥前羊只处理

　　收购的待育肥羔羊或者本场繁殖转群育肥的羔羊，育肥前一般都要进行驱虫，常用驱虫药为丙硫苯咪唑，同时进行羊四联、羊肠毒血症及羊痘疫苗的免疫。根据季节和气温情况适时剪毛，以利于羔羊生长。本场淘汰成年公、母羊同样进行驱虫、剪毛处理。

三、育肥期饲养管理

根据肉羊育肥方式和预期育肥效果制定合理的育肥方案，并严格按照方案进行育肥羊的饲养管理工作，下面以舍饲育肥方式介绍育肥羊的饲养管理。

（一）舍饲育肥的日程安排

育肥羊舍每天的工作相对固定，日粮一般按每天2~3次定时定量投喂，为防止羊抢食，且便于准确观察每只羊的采食情况，应训练羊在固定位置采食。羊舍内或运动场内应备有饮水设施，定时供给清洁饮水。育肥开始后，观察羊只表现，及时挑出伤、病、弱羊只，给予治疗并改善管理条件。育肥羊舍每天的工作日程如表6-3，仅供参考。

表6-3 舍饲育肥羊饲养管理日程表

时间	任务
7：30~9：00	清扫饲槽，第一次饲喂
9：00~12：00	将羊赶到运动场，打扫圈舍卫生
12：00~14：30	羊饮水，躺卧休息
14：30~16：00	第二次饲喂
16：00~18：00	将羊赶到运动场，清扫饲槽
18：00~20：00	第三次饲喂
20：00~22：00	躺卧休息，饮水
22：00以后	饲槽中投放铡短的干草，供羊夜间采食

（二）不同年龄羊只的育肥应采取不同的措施

1. 哺乳羔羊早期育肥 这种育肥方法目的是利用母羊的全年繁殖，安排秋季和初冬季节产羔，供应节日特需的羔羊肉。

（1）挑选羔羊。从哺乳羔羊群中挑选体格较大、早熟性好的公羔作为育肥羊，以舍饲为主，育肥期一般为 50~60d。

（2）提高羔羊补饲水平。羔羊不提前断奶，保留原有的母子对，不断水断料，提高隔栏补饲水平。羔羊要求尽早开食，每天喂 2 次，饲料以谷物粒料为主，搭配适量豆饼，粗料用上等苜蓿干草，让羔羊自由采食。

（3）早期出栏。羔羊 3 月龄后体重达到 25~27kg 时即可出栏上市，活重达不到此标准者继续饲养，通常在 4 月龄全部达到上市要求。

2. 断奶后羔羊育肥 从中国羊肉生产的总体形势看，正常断奶羔羊育肥是最普遍的羊肉生产方式，也是向工厂化高效肉羊生产过渡的主要途径。

（1）断奶及转群。羔羊在断奶时势必承受母子分离、转群的环境变化及饲料条件等多方面的断奶应激。为减轻断奶应激，在转群和运输时应先将羔羊群集中，暂停供水供草，空腹一夜，第二天清晨称重后运出。在整个的装、卸车过程中应注意小心操作，避免损伤羔羊四肢。驱赶转群时。每大的驱赶路程不超过15km。

（2）转群后状态调整。转群后按照羔羊体格大小合理分群，羔羊转群进入育肥场的第 2~3 周是育肥成败的关键时期，羔羊死亡则损失较大，加大在转群前的补饲可降低损失。进入育肥圈后应减少对羔羊的人为惊扰，保证羔羊充分的休息和饮水，必要时可给羔羊提供营养补充剂。

（3）育肥过程管理。羔羊断奶后育肥分为预饲期和正式育肥期两个阶段。

1）预饲期。羔羊进入育肥期后，一般要有15d的预饲期以适应日粮的过渡。

整个预饲期大致可分为3个阶段。第一阶段为第1～3天，只喂干草，让羔羊适应新的环境。第二阶段为第4～10天，日粮仍以干草为主，逐步添加配合日粮，此阶段日粮含蛋白质13%，钙0.78%，磷0.24%，精饲料占36%，粗饲料占64%。第三阶段为第11～14天，从第11天起逐步用第三阶段日粮，第15天结束后，转入正式育肥期。

预饲期平均每只羔羊应保证占有25～30cm长的饲槽，防止采食时拥挤。以日喂2次为宜，每次投料量以羔羊45min内能吃完为准。饲料不足要及时添加，饲料过剩应及时清扫料槽以防饲料霉变。羔羊采食饲料时，饲养员要勤观察羔羊的采食行为和习惯，发现问题应及时调整。如果要加大饲喂量或变更饲料配方，饲料过渡期应至少为3d，切忌变换过快。

2）正式育肥期。预饲期结束到出栏为正式育肥期。

体格大的羔羊可适当优先给予精料型日粮，进行短期强度育肥提早上市，经40～55d出栏体重达到48～50kg。育肥期日粮中含蛋白质12.2%，钙0.62%，磷0.26%，育肥期日粮以混合精料的含量为45%、粗料和其他饲料含量为55%的配比较为合适。如果要求育肥强度再大些，混合精料的含量可增加到60%，但绝对不能超过60%。一定要注意防止因此而引发肠毒血症，以及因钙磷比例失调而发生尿结石。

体重小或体况差的断奶羔羊进行适度育肥，日粮中精料比例可适当降低。日粮以青贮玉米为主，青贮玉米可占日粮的67.5%～87.5%，育肥期在80d以上，日粮的喂量逐日增加。

3. 成年羊育肥　按成年羊品种、活重和预期日增重等主要指标来确定育肥方式和日粮标准。

第四节　肉羊场的档案管理

　　肉羊场应建立完备的档案，尤其是第一手的生产记录，关系着羊场生产各个环节的协调和统筹、经营决策的参考和效益分析，甚至是工资待遇的参考标准。羊场所有生产记录应准确、可靠、完整。包括各种生产用材料的购入、消耗、库存记录，种羊配种、繁殖记录，羔羊出生、断奶、转群、留种、生产性能测定、体重、体尺测量记录，饲料配方、添加剂使用记录，疫苗免疫接种记录，疾病诊断治疗记录，引进种羊要有种羊系谱档案卡和主要生产性能记录，种羊和商品羊出场销售记录。上述有关资料应保留 3 年以上，最好电脑备案，专人管理。

一、羊只档案信息

（一）羊只基本信息

羊只基本信息见表 6-4。

表 6-4　羊只基本信息

羊场编号	羊只编号							二维码	照片
	品种	年	月		编号				
			初生日期			性别			
来源			同胎只数						

　　1. 羊场编号　羊场编号由 10 位数字组成，分别为省市县（区）6 位代码和企业 4 位顺序号组成（表 6-5）。

表6-5　羊场编号数字组成表举例

省	市	县（区）	乡镇村			
河南省	郑州市	金水区	企业编号（顺序号）			
4　1	0　1	0　5				

　　按照国家行政区划编码确定各省（市、区）编号，由两位数码组成，第一位是国家行政区划的大区号，例如，北京市属"华北"，编码是"1"，第二位是大区内省市号，"北京市"是"1"，因此，北京编号是"11"（表6-6）。

表6-6　中国羊只各省（市、区）编号表

省（区）市	编号	省（区）市	编号	省（区）市	编号
北京	11	安徽	34	贵州	52
天津	12	福建	35	云南	53
河北	13	江西	36	西藏	54
山西	14	山东	37	重庆	55
内蒙古	15	河南	41	陕西	61
辽宁	21	湖北	42	甘肃	62
吉林	22	湖南	43	青海	63
黑龙江	23	广东	44	宁夏	64
上海	31	广西	45	新疆	65
江苏	32	海南	46	台湾	71

　　2. 羊只编号（个体标识）　　个体标识是对羊群管理的首要步骤。个体标识有耳标、液氮烙号、条形码、电子识别标识，目前常用的主要是耳标识牌。建议标识牌数字采用10位标识系统，即：2位品种+2位出生年后两位+2位出生月份+4位顺序号，按照公单母双标记。

　　例如，某场2016年8月出生的第一只小尾寒羊公羊，编号如表 6-7 和图 6-3 所示。

表 6-7　羊只编号方法

品种代码		初生年		出生月份		顺序号（公单母双）			
X	H	1	6	0	8	0	0	0	1

图 6-3　羊耳标编号方法

品种代码采用与羊只品种名称（英文名称或汉语拼音）有关的两位大写英文字母组成（表 6-8）。

表 6-8　中国羊只品种代码表

品种	代码	品种	代码	品种	代码
滩羊	TA	考力代羊	KO	青海毛肉兼用细毛羊	QX
同羊	TO	腾冲绵羊	TM	青海高原毛肉兼用细毛羊	QB
兰州大尾羊	LD	藏羊	ZA	凉山细毛羊	LB
和田羊	HT	子午岭黑山羊	ZH	中国美利奴羊	ZM
哈萨克羊	HS	承德无角山羊	CW	巴美肉羊	BM
贵德黑裘皮羊	GH	太行山羊	TS	豫西脂尾羊	YZ
多浪羊	DL	中卫山羊	ZS	乌珠穆沁羊	UJ
阿勒泰羊	AL	柴达木山羊	CS	洼地绵羊	WM
湘东黑山羊	XH	吕梁黑山羊	LH	蒙古羊	MG
马头山羊	MT	澳洲美利奴羊	AM	小尾寒羊	XH

续表

品种	代码	品种	代码	品种	代码
波尔山羊	BG	黔北麻羊	QM	昭通山羊	ZS
德国肉用美利奴羊	DM	夏洛莱羊	CH	重庆黑山羊	CH
杜泊羊	DO	萨福克羊	SU	广灵大尾羊	GD
大足黑山羊	DZ	圭山山羊	GZ	川南黑山羊	CN
贵州白山羊	GB	川中黑山羊	CZ	贵州黑山羊	GH
成都麻羊	CM	建昌黑山羊	JH	马关无角山羊	WW
德克赛尔羊	TE	无角道赛特羊	PD	南江黄羊	NH
藏山羊	ZS	新疆细毛羊	XX	大尾寒羊	DW

3. 三代系谱　三代系谱是按照3代系谱记录羊只的遗传信息，见表6-9。

表6-9　羊只系谱　　　个体编号_____　性别_____

系谱								
	编号	等级		编号	等级		编号	等级
父			父父			父父父		
						父父母		
			父母			父母父		
						父母母		
父			母父			母父父		
						母父母		
			母母			母母父		
						母母母		

（二）羊只生长发育测定

按照初生、断奶（45d）、3月龄、6月龄、12月龄和成年等6个阶段分别记录羊只的生长发育情况，见表6-10。

表 6-10 羊只个体生长发育测定

羊只编号＿＿＿＿＿性别＿＿记录员＿＿＿＿＿

年龄	体高（cm）	体长（cm）	胸围（cm）	管围（cm）	体重（kg）
初生	–	–	–	–	
断奶（45d）	–	–	–	–	
3 月龄					
6 月龄					
12 月龄					
成年					

（三）繁殖档案

繁殖档案见表 6-11 至表 6-14。

表 6-11 母羊繁殖记录卡 羊只编号＿＿＿＿＿记录员＿＿＿＿

配种日期	与配公羊		分娩日期	胎次	产羔羊数			
	编号	等级			公	母	死胎	合计

公羔编号	母羔编号	去向					备注
		售出羊号	屠宰羊号	死亡羊号	留种羊号	育肥羊号	

表 6-12 公羊繁殖记录卡采精记录

羊号					
采精时间	精液量	活力	密度	其他	采精人员（签名）

表 6-13　公羊繁殖记录卡配种记录

公羊号				
配种母羊号	第一次配种时间	配种次数	备注（结果）	输精员（签名）

表 6-14　繁殖月报表　时间：＿＿年＿月　填表人＿＿＿＿

羊舍	配种羊数	返情羊数	流产羊数	分娩羊数	产羔数	产活羔数	备注	饲养员
合计								

（四）饲料生产和饲喂档案

饲料生产和饲喂档案见表 6-15 至表 6-18。

表 6-15　饲料生产记录表（单位：kg）

时间	玉米	饼粕类	麸皮	预混料	青贮	干草	豆腐渣	备注	合计	人员

表 6-16　饲料生产月报表（单位：kg）　＿＿＿年＿月　填表人＿＿＿＿

玉米	饼粕类	麸皮	预混料	青贮	干草	豆腐渣	其他	合计	人员

表6-17　饲料使用记录表（单位：kg）

时间	羊舍						
	饲喂量						
	饲养员						
	饲喂量						
	饲养员						

表6-18　羊只饲喂月报表（单位：kg）　　＿＿年＿月　填表人＿＿＿＿

羊舍					备注	饲养员
饲料量						
合计						

（五）疫病防治记录

疫病防治记录见表6-19、表6-20。

表6-19　防疫记录

时间	免疫羊只年龄	免疫头数	疫苗名称	使用方法	剂量	备注及操作人

表6-20　疫病防治月报表　　＿＿年＿月　填表人＿＿＿＿

羊舍	发病数	治疗数	结果				备注	饲养员
			痊愈	淘汰	死亡	其他		
合计								

（六）育肥档案

育肥舍羊只月报表见表6-21。

表6-21　育肥舍羊只月报表　　　年　月　填表人　　　

羊舍	转入时间	羊只数	转入体重（kg）	转出时间	羊只数	转出体重（kg）	备注	饲养员
育肥一舍								
育肥二舍								
育肥三舍								
育肥四舍								
合计								

二、羊场生产数据管理

羊场相关生产记录一手资料由一线员工据实记载，由羊场相关技术人员汇总为周报表，由技术场长将周报表汇总为月报表，归纳存档，由档案负责人员保存或录入成为永久性电子档案。

第七章 肉羊的安全生产与疫病控制技术

第一节 肉羊场的安全生产措施

一、羊场疾病的综合防控措施

羊是草食性动物，生活力比较强，能适应多种复杂的环境，同时具有抗病力强、疾病发生少的特点。但是随着羊的养殖规模越来越大、区域越来越集中、不同羊场之间的交流越来越频繁，羊群各种疾病的发生也越来越多，越来越复杂，一部分疾病对羊的危害越来越突出，需要引起养殖者的高度重视，而且一定要采取科学的防治措施，才能更好地保证养殖效益。由于疾病的发生往往是多方面因素作用的结果，所以对于防治疾病也需要采取综合性的卫生防疫措施。

（一）做好场址选择和场区规划

1. 场址选择 养羊场要求远离村庄、居民区、大型饲养场、屠宰场和公路主干道，符合上述条件的羊场才能够远离污染源，便于环境控制，利于疾病防控。

2. 场区规划 养羊场要严格划分场内的各功能区域，避免场区污染和传染病的流行。首先要求生产区与办公区分开，生产区中不同饲养阶段羊舍要有一定距离。生产区的道路分为净道和脏道，净道供饲养人员运输饲料、干净垫料使用，脏道供卫生人员清理粪便、脏垫料、处理病死羊等使用。

（二）加强羊场环境治理和控制

适宜的环境包括合理的温度和湿度及合理的饲养密度等饲养最基本的条件。在合理的环境条件下，羊群生长发育良好，成活率高，饲料转化率高，经济效益显著。羊舍和运动场是羊生活、生产和活动的主要场所，应该搞好环境卫生，减少环境条件对疾病的诱发，如果卫生条件不好，对羊的健康具有严重的不良影响。

1. 羊舍的卫生管理　羊舍的卫生管理包括地面、墙壁、料槽、供水等卫生管理。羊舍地面要求干燥、平整，羊舍的地面卫生包括粪便、剩余饲料、脏污垫草及时清扫移除，堆积过久容易滋生病菌，发酵释放有害气体污染羊舍，从而引起羊体不适或羊群感染发病。保持羊舍地面干燥，如果羊舍地面泥泞会污染羊的体表，易发生寄生虫病和关节性疾病。及时清理料槽的剩余饲料，水槽要经常刷洗消毒，料槽水槽的卫生如果管理不善造成饲料、饮水污染，易引起羊只消化道疾病进而造成大群传播。

2. 羊运动场的卫生管理　运动场的卫生包括运动场地面、围栏、料槽、水槽等的卫生管理。地面卫生主要是保持干燥、清洁。粪便要及时清理、打扫，地面要平整，及时清理运动场的垃圾和污物，运动场积水或泥泞会污染羊体、饲料、饮水，一旦有病羊则会引起交叉感染。

（三）搞好引羊隔离和病羊隔离工作

1. 引羊隔离　羊场最好坚持自繁自养的原则，若确实需要引种，从外面引进的种羊及商品羊在进场前一定要进行检疫，确认健康后才能引入，引入后要在进场动物隔离区进行隔离饲养，必须隔离45d，确认健康无病原携带并接种疫苗后方可调入生产区。

2. 病羊隔离　当羊群出现少量病羊时，病羊与健康羊应隔离饲养，饲养于患病动物隔离区。当某种疾病在本地区或本场流行时，要及时采取相应的防治措施，并要按规定上报主管部门，采取隔离、封锁措施。做好发病时畜禽隔离、检疫和治疗工作，控制疫病范围，做好病后的净群消毒等工作。

（四）搞好羊场污物和病死羊的无害化处理

1. 羊场污物处理　羊场污物包括羊的粪便、废弃垫料、污水等。羊的粪便和垫料可以集中到粪场堆积发酵后作为有机肥料回归农田。羊场的污水可以排放到专门设计的污水沉淀池中，经过一段时间沉淀后，上面的水可以抽出灌溉农田，沉积在底部的粪污可以定期清理。如果羊场的污物随意排放，容易污染周边的环境，也会造成疫病的传播和扩散，给养羊场造成巨大的损失。

2. 病死羊只无害化处理　养羊场都会出现因疾病而死亡的病羊，这些因疾病死亡的病羊，既不能食用，又不能随意丢弃，否则会造成中毒和污染环境的现象。对于此类情况的发生只有采取病羊无害化处理方法，深埋法、尸体焚化法、自然分解法是常用方法。

（1）深埋法。挖一深坑将病羊尸体掩埋，坑的长度和宽度能容纳侧卧的羊的尸体即可，坑的深度为从尸体表面至坑沿不少于1.5~2m，放入尸体前，将坑底铺上2~5cm厚的生石灰，尸体投入后，将污染的土壤一起放入坑内，然后再撒上一层石灰，填土夯实。掩埋的地方应选择在远离生活区、养殖场、水源、牧草地和道路，地势高，地下水位低，并能避开水流、山洪冲刷的僻静地方。此方法简便易行，但并不是最彻底的处置方法，患烈性传染病病羊的尸体不宜掩埋。

（2）尸体焚烧法。这种方法一般猪、牛、羊养殖场经常采用，如果养殖场周围有采用焚烧炉的垃圾处理场，则可以把病死羊集中运输到垃圾处理厂，让专业的焚烧炉进行焚烧。这种方法比较适合大规模养羊场等企业无害化处理病死羊。对于附近无垃圾焚烧厂的养羊场或小规模养殖户，则可自行建造小型焚烧炉，配合利用沼气、木柴等生态燃料对病死羊尸体进行焚烧，但需配套安装炉盖与废气导管，并在废气排出口安装简易的喷淋装置，以作净化废气用。另外，焚烧炉要建在远离水源和居民生活区的空旷地，且要在居民生活区的下风处。

（3）自然分解法。自然分解法就是建造一个容积大的带密封盖的水泥池井，池底不需铺水泥硬化，把病死羊投进池井里，再用盖子封紧井口，让病死羊的尸体自然分解。如果是疫病引起的病死羊，最好混合生石灰一起投池井内。分解池的建造也要远离水源和居民生活区，虽然前期投入的成本比较高，但利用自然分解是无害化处理病死羊最环保节能的方法，处理能力也比较好，适合大量集中处理病死羊只。

二、消毒措施

消毒是贯彻"预防为主"方针的一项重要措施，不少养羊场对防疫工作中的消毒认识不够，消毒制度贯彻不力，导致羊病时有发生。有的羊场无任何出入场消毒设施，没有制定消毒制度，常年不消毒或消毒非常随意。有的羊场消毒池内的消毒液长期不换，不知消毒液已过期，致使车辆及人员进出羊场等于没有消毒。有的羊场长期使用一种消毒剂进行消毒，不定期更换消毒药品，致使病原菌产生耐药性，影响消毒效果。羊场饲养员在配制消毒液时任意增减浓度，配制好后又不及时使用，这样不仅降低了药物的消毒效果，还达不到消毒目的。有的羊场平时不消毒，有疫情时才消毒。现就规模化羊场的消毒方法、消毒技术要点以及注意事项进行总结，以期降低疫病的发生率，提高经济效益。

（一）羊场常用消毒方法

1. 喷雾消毒 用规定浓度的次氯酸盐、有机碘化合物、过氧乙酸、新洁而灭、煤酚等，进行羊舍消毒、带羊环境消毒、羊场道路和周围消毒，以及进入场区的车辆消毒。

2. 浸液消毒 用规定浓度的新洁尔灭、有机碘混合物或煤酚的水溶液，洗手、洗工作服或对胶靴进行消毒。

3. 熏蒸消毒 用甲醛等对饲喂用具和器械，在密闭的室内或容器内进行熏蒸。

4. 喷洒消毒 在羊舍周围、入口、产房和羊床下面撒生石灰或氢氧化钠进行的消毒。

5. 紫外线消毒 在人员入口处设立消毒室，在天花板上，离地面 2.5m 左右安装紫外线灯，通常 6～15m³ 用 1 支 15W 紫外线灯。用紫外线灯对污染物表面消毒时，灯管距污染物表面不宜超过 1.0m，时间 30min 左右，消毒有效区为灯管周围 1.5～2.0m。

（二）肉羊场的消毒

1. 清扫与洗刷 为了避免尘土及微生物飞扬，先用水或消毒液喷洒，然后再清扫。主要清除粪便、垫料、剩余饲料、灰尘及墙壁和顶棚上的蜘蛛网、尘土等。

2. 羊舍消毒 消毒液的用量为 1.0L/m³，泥土地面、运动场为 1.5L/m³ 左右。消毒顺序一般从离门远处开始，以墙壁、顶棚、地面的顺序喷洒一遍，再从内向外将地面重复喷洒 1 次，关闭门窗 2～3h，然后打开门窗通风换气，再用清水清洗饲槽、水槽及饲养用具等。

（1）饮水消毒。肉羊的饮水应符合畜禽饮用水水质标准，对饮水槽的水应隔 3～4h 更换 1 次，饮水槽和饮水器要定期消毒，为了杜绝疾病发生，有条件者可用含氯消毒剂进行饮水消毒。

（2）空气消毒。一般肉羊舍被污染的空气中微生物数量在 10 个/m³ 以上，当清扫、更换垫草、出栏时更多。空气消毒最简单的方法是通风，其次是利用紫外线杀菌或甲醛气体熏蒸。

（3）消毒池的管理。在肉羊场大门口应设置消毒池，长度不小于汽车轮胎的周长，2m 以上，宽度应与门的宽度相同，水深 10~15cm，内放 2%~3% 氢氧化钠溶液或 5% 来苏儿溶液和草酸。消毒液 1 周更换 1 次，北方在冬季可使用生石灰代替氢氧化钠。

（4）粪便消毒。粪便消毒通常有掩埋法、焚烧法及化学消毒法几种。掩埋法是将粪便与漂白粉或新鲜生石灰混合，然后深埋于地下 2m 左右处。对患有烈性传染病家畜的粪便进行焚烧，方法是挖 1 个深75cm，长、宽各 75~100cm 的坑，在距坑底 40~50cm 处加一层铁炉箅子，对湿粪可加一些干草，用汽油或酒精点燃。常用的粪便消毒方法是发酵消毒法。

（5）污水消毒。一般污水量小，可拌洒在粪中堆集发酵，必要时可用漂白粉按 8~10g/m³ 搅拌均匀消毒。

3. 人员及其他消毒

（1）人员消毒。

1）饲养管理人员应保持个人卫生，定期进行人畜共患病检疫，并进行免疫接种，如卡介苗、狂犬病疫苗等。如发现患有危害肉羊及人的传染病者，应及时调离，以防传染。

2）饲养人员进入肉羊舍时，应穿专用的工作服、胶靴等，并对其定期消毒。工作服采取煮沸消毒，胶靴用 3%~5% 来苏儿浸泡。工作人员在工作结束后，尤其在场内发生疫病时，工作完毕，必须经过消毒后方可离开现场。具体消毒方法是将穿戴的工作服、帽及器械物品浸泡于有效化学消毒液中。对于接触过烈性传染病的工作人员可采用有效抗生素预防治疗。平时的消毒可采用消毒药液喷洒法，不需浸泡。直接将消毒液喷洒于工作服、帽上；工作人员的手及皮肤裸露处，以及器械物品，可用蘸有消毒液的纱布擦拭，而后再用水清洗。

3）饲养人员除工作需要外，一律不准在不同区域或栋舍之间相互走动，工具不得互相借用。任何人不准带饭，更不能将生肉及含肉制品的食物带入场内。场内职工和食堂均不得从市场购肉，所有进入生产区的人员，必须坚持在场区门前踏3%氢氧化钠溶液池、更衣室更衣、消毒液洗手，条件具备时，要先沐浴、更衣，再消毒才能进入羊舍内。

4）场区禁止参观，严格控制非生产人员进入生产区，若生产或业务必须，经兽医同意、场领导批准后更换工作服、鞋、帽，经消毒室消毒后方可进入。严禁外来车辆入内，若生产或业务必须，车身经过全面消毒后方可入内。在生产区使用的车辆、用具，一律不得外出，更不得私用。

5）生产区不准养猫、狗，职工不得将宠物带入场内，不准在兽医诊疗室以外的地方解剖尸体。建立严格的兽医卫生防疫制度，肉羊场生产区和生活区分开，入口处设消毒池，设置专门的隔离室和兽医室，做好发病时隔离、检疫和治疗工作，控制疫病范围，做好病后的消毒净群等工作。当某种疫病在本地区或本场流行时，要及时采取相应的防制措施，并要按规定上报主管部门，采取隔离、封锁等措施。

6）常年定期灭鼠，及时消灭蚊蝇，以防疾病传播。对于死亡羊只的检查，包括剖检等工作，必须在兽医诊疗室内进行，或在距离水源较远的地方检查。剖检后的尸体以及死亡的畜禽尸体应深埋或焚烧。本场外出的人员和车辆，必须经过全面消毒后方可回场。运送饲料的包装袋，回收后必须经过消毒，方可再利用，以防止污染饲料。

（2）饲料消毒。对粗饲料要通风干燥，经常翻晒和日光照射消毒，对青饲料防止霉烂，最好当日割当日用。精饲料要防止发霉，应经常晾晒，必要时进行紫外线消毒。

（3）土壤消毒。消灭土壤中病原微生物时，主要利用生物学和物理学方法。疏松土壤可增强微生物间的拮抗作用，使受到紫外线充分照射。必要时可用漂白粉或5%~10%漂白粉澄清液、4%甲醛溶液、1%硫酸苯酚合剂溶液、2%~4%氢氧化钠热溶液等进行土壤消毒。

（4）羊体表消毒。主要方法有药浴、涂擦、洗眼、点眼、阴道子宫冲洗等。

（5）医疗器械消毒。各种诊疗器械及用器在使用完毕后要及时消毒，尽量推广使用一次性医疗卫生器械，避免各种病原菌交叉传播感染。

（6）疫源地消毒。包括病羊的肉羊舍、隔离场地、排泄物、分泌物及被病原微生物污染和可能污染的一切场所、用具和物品等，可使用2%~3%氢氧化钠溶液消毒。地面可撒生石灰消毒。

（三）羊场消毒注意事项

1. 合理选取消毒药 尽可能选用广谱的消毒剂或根据特定的病原体选用对其作用最强的消毒药。消毒药的稀释度要准确，应保证消毒药能有效杀灭病原微生物，并要防止腐蚀、中毒等问题的发生。

2. 监测消毒质量 有条件或必要的情况下，应对消毒质量进行监测，检测各种消毒药的使用方法和效果，并注意消毒药之间的相互作用，防止互作使药效降低。

3. 注意事项 不准随意将两种不同的消毒药物混合使用或消毒同一种物品，因为两种消毒药合用时常因物理或化学配伍禁忌而使药物失效。

4. 消毒药物应定期替换 不要长时间使用同一种消毒药物，以免病原菌产生耐药性，影响消毒效果。

5. 消毒记录 羊场除常规出入车辆、人员消毒外，场区、圈舍等消毒，要做好消毒记录，以备后续消毒药物购置、消毒计划完善等工作参考（表7-1）。

表7-1　消毒记录

日期	消毒对象	消毒剂	剂量（mg 或 mL）	消毒方法	消毒人员

三、羊群保健措施

（一）羊的剪毛

如果饲养的是细毛肉羊或细毛改良肉羊，肉羊身上会长很厚的羊毛，在夏季高温季节会升高肉羊的体温，对肉羊的度夏生长非常不利，因此进入夏季要及时为肉羊剪毛，为羊只创造一个良好的散热环境。细毛羊、半细毛羊和杂种羊，一年剪一次毛，粗毛羊一年剪两次毛。剪毛时间与当地气候和羊群膘情有关，最好在气候稳定和羊只体力恢复之后进行，一般北方地区在每年5~6月进行。肉用品种羊一年剪毛2~3次。3月第一次，8月末第二次；或3月、6月、9月剪3次。

1. 剪毛方法　肉羊剪毛有手工剪毛和机械剪毛两种，羊群较小时多用手工剪毛，如果用剪刀修剪的羊毛不够平整，也可用电动羊毛剪进行修平。羊群较大时采用电动羊毛剪剪毛，剪羊毛注意工具，要是普通羊毛剪子就没有区别了，要是羊毛推子的话，最好第一次剪羊毛不要使用，比较浪费推子，第二、第三次都可以使用电动羊毛推子，比较省时间，伤害羊的机会也小。

2. 剪毛顺序　剪毛应从低价值羊开始，同一品种羊，按羯羊、试情羊、幼龄羊、母羊和种公羊的顺序进行。不同品种羊，按粗毛羊、杂种羊、细毛羊或半细毛羊的顺序进行。患皮肤病和外寄生虫病的羊最后剪，以免传染。

3. 剪毛过程　剪毛时，先用绳子把羊的左侧前后肢捆住，使羊左侧卧地，剪毛人蹲在羊背后，从羊后肋向前肋直线开剪，然后按与此平行方向剪腹部及胸部的毛，再剪前、后腿毛，最后剪头部毛，一直把羊的半身毛剪至背中线，再用同样的方法剪另一侧的毛。最后检查全身，剪去遗留下的羊毛（图7-1）。

图7-1　电动剪羊毛

4. 剪毛注意事项

（1）剪毛要选择在无风的晴天，以免羊着凉感冒。

（2）剪毛前12h停止放牧、饮水和喂料，以免剪毛时粪便污染羊毛和发生伤亡事故。

（3）剪毛时剪刀放平，紧贴羊的皮肤剪，留茬要低而齐，若毛茬过高也不要重复剪。

（4）保持毛被完整，不要让粪土、草屑等混入毛被，以利于羊毛分级分等。

（5）剪毛动作要快，翻羊要轻，时间不宜拖得太久。

（6）注意不要剪破皮肤，万一剪破要及时消毒、涂药或缝合。

（7）剪毛后要防止绵羊暴食，并在剪毛后的最初几天内防止雨淋和暴晒，以免引起疾病。

（二）羊的药浴

羊群进行药浴，主要是为了预防或治疗羊只体外寄生虫病，如疥螨病或疥癣病。

1. 药浴时间 羊群剪毛后的 10~15d 内，应及时组织药浴，以防疥癣病的发生。如间隔时间过长，则毛长长不易洗透。药浴要选择在晴朗、无风、温暖的天气进行，第一次药浴后间隔 1 周再药浴 1 次。

2. 使用药物 药浴使用的药剂有 0.05%辛硫磷乳油、1%敌百虫溶液、速灭菊酯（80~200mg/kg）、溴氢菊酯（50~80mg/kg），也可用石硫合剂。石硫合剂配方：生石灰 7.5kg，硫黄粉末 12.5kg，用水拌成糊状，加水 300kg，边煮边搅拌，煮至浓茶色为止，沉淀后取上清液加温水 1 000kg 即可。

3. 药浴方法与步骤 药浴分池浴（图 7-2）、淋浴（图 7-3）和盆浴三种。盆浴适合羊只较少的养殖户使用，两个人配合把羊腹部向上头部外露浸入药液桶 2~3min，头部迅速浸入 2~3次，每次 2~3s。池浴和淋浴适合规模较大的养殖场使用，池浴在专门建造的药浴池进行，最常见的药浴池为水泥沟形池，药液的深度以没及羊体为原则，羊出浴后在滴流台上停留 10~20min。淋浴在特设的淋浴场进行，淋浴时把羊赶入，开动水泵喷淋，经 3min 淋透全身后关闭，将喷淋过的羊赶入滤液栏中，经 3~5min 后放出。

图 7-2 池浴药浴

图 7-3 淋浴药浴

2. 药浴注意事项

（1）药浴前检查羊群，体表有伤口的羊只不能药浴，2 月龄以内的羔羊、妊娠两个月以上的母羊不能药浴。

（2）药浴前 8h 羊停止喂料，药浴前 2~3h 给羊饮足水，以防止羊喝药液。

（3）浴液温度保持在 30℃左右，先浴健康羊，后浴患羊。为保证药浴安全，先用 2 只体弱的羊试浴，没问题后再组织大群羊药浴。一旦出现中毒个体，应及时解毒抢救。

（4）公羊、母羊和大羔羊要分别入浴，以免相互碰撞而发生意外。羊在药浴池停留过程中用压扶杆将羊头压入药液中 2~3次，使其周身都受到药液浸泡。

（5）工作人员要穿防水服，戴口罩和橡皮手套，以免药液腐蚀人手或发生中毒现象。工作人员应随时捞除池内粪便污物，保持药液清洁。

（6）药浴后把羊赶入棚舍或庇荫之处休息晾干，严防日光直射引起中毒及冷风吹袭感冒。同时，也禁止密集在高温、不通风的场所并停留，以免吸入药物中毒。应待羊全身干燥后再出牧或喂饲，以免羊只吃入混有药液的草料发生中毒。药浴后要注意观察，羔羊因毛较长，药液在毛丛中存留时间长，药浴后 2~3d仍可发生中毒现象。

（7）药浴结束后，药液不能乱倒，要及时清出后深埋地下，以防残药引起人畜中毒。

（三）羊的驱虫

在肉羊养殖中，寄生虫病（体外寄生虫和体内寄生虫）比较多发，即使羊群未发现有寄生虫，也要进行预防。

1. 中部地区羊群驱虫参考

（1）驱虫药物。驱虫药物可用阿维菌素或伊维菌素、阿苯达唑，均按用量计算。阿苯达唑或阿苯达唑+盐酸左旋咪唑。阿苯达唑 10mg/kg 体重，盐酸左旋咪唑 8mg/kg 体重。

（2）驱虫时间和方法。在 3~10 月期间，每 1.5~2 个月拌料驱虫 1 次。羔羊在 1 月龄驱虫 1 次，隔 15d 再驱 1 次，用法用量按各药品说明计算。

羊的驱虫时间和药物使用可参考表 7-2。

表 7-2　羊的驱虫时间和药物使用（仅供中部地区肉羊参考）

次数	时间	药物	用量及备注
第一次	2 月 15 日	阿苯达唑	10mg/kg 体重
第二次	4 月 1 日	左旋咪唑	8mg/kg 体重
第三次	5 月 15 日	阿苯达唑	10mg/kg 体重
第四次	7 月 1 日	阿苯达唑	10mg/kg 体重
第五次	8 月 15 日	左旋咪唑	8mg/kg 体重
第六次	10 月 1 日	阿苯达唑	10mg/kg 体重

注：怀孕羊另外执行。如遇到天气变化等情况，时间的前后变更控制在 1 周之内。

2. 北方地区规模羊场舍饲养羊驱虫方法

（1）驱虫时间。根据寄生虫病季节动态调查确定，一般每年对全群羊进行春、秋两季驱虫。3~4 月进行 1 次，防止春季寄生虫高潮出现；9~10 月再普遍驱虫 1 次，以利于羊的抓膘和安全越冬。在寄生虫病严重的地区，可在夏季 6~7 月增加 1 次驱虫。

（2）体内寄生虫的驱除药物和方法。

1）敌百虫。敌百虫是国内广泛应用的广谱驱虫药。内服可配成 2%~3% 水溶液灌服，剂量为绵羊 0.07~0.1g/kg 体重。山羊 0.05~0.07g/kg 体重，治疗羊鼻蝇蛆病，按绵羊 0.1g/kg 体重，颈部皮下注射。外用，1%~2% 水溶液，局部涂擦或喷洒，可防治蜂、蜱、虱等。杀灭蚊、蝇、蠓等外寄生虫，可用 0.1%~0.5% 溶液喷洒环境。

2）阿苯达唑。对羊群常见胃肠道线虫、肺线虫、肝片吸虫和绦虫均有效。预防性驱虫，10～15mg/kg体重，1次口服，对吸虫、绦虫、线虫都有驱杀作用。胃肠道线虫的驱除，10～20mg/kg体重，1次口服。绦虫的驱除，10～16mg/kg体重，1次口服。

3）伊维菌素。用于驱除羊多种线虫和体外寄生虫，对成虫、幼虫均有高效；毒性和副作用很小。预防和治疗均按0.2mg/kg体重，内服或皮下注射，必要时间隔7～10d，再用药1次。

4）左旋咪唑。主要用于羊的消化道线虫病。内服、混饲、皮下或肌内注射等给药均可，不同给药途径驱虫效果相同。内服8～10mg/kg体重，溶入水中灌服或者混入饲料中喂服；皮下或肌内注射，8～10mg/kg体重，配成5%的注射液。

（2）体外寄生虫的驱除。当羊体局部出现疥癣等皮肤病时，可采用局部涂抹法治疗；但当羊体普遍发生疥癣病或用于预防疥螨病时，可采用药浴法。

（3）体内外驱虫法。体内外驱虫法主要是利用肌内注射药物后防治体内外寄生虫，使用伊维菌素注射液（0.2mg/kg体重，皮下注射）。

3. 羊驱虫注意事项

（1）羊驱虫往往是成群进行，在查明寄生虫种类后，根据羊的发育状况、体质、季节特点用药。羊群驱虫应先搞小群试验，用新驱虫剂或新驱虫法更应如此，无不良反应后方可进行大群羊驱虫。

（2）驱虫必须是健康羊只，对于病羊要将病治愈后再驱虫，严格药品剂量使用，不可随意加大给药量。

（3）妊娠母羊可安排在产前1个月、产后1个月各驱虫1次，不仅能驱除母羊体内外寄生虫，而且有利于哺乳，并减少寄生虫对幼羔的感染。剂量按正常剂量的2/3给药。

（4）驱虫后要密切观察羊只是否有中毒反应，尤其是大规模驱虫时要特别注意。出现中毒反应时，要及时采取有效措施抢救和解毒。

（四）修蹄

蹄是皮肤的衍生物，羊只无论是舍饲还是放牧，若长期不修蹄，不仅影响行走，而且会引起蹄病，使蹄尖上卷、蹄壁开裂、四肢变形，从而影响采食，严重时公羊不能配种，失去种用价值，母羊生产性能下降，所以，经常修蹄对蹄的保护十分重要。

修蹄可在春、秋季，最好在雨后天晴时进行，这时蹄质柔软，易修剪。修蹄时让羊坐在地上，羊背部靠在修蹄人员的两腿间，将肉羊的后腿跷起来，使羊不能挣扎。大公羊修蹄时需两人将羊按在地上修整。从前蹄开始，用修蹄剪或快刀将过长的蹄尖剪掉，然后将蹄底的边缘修整和蹄底一样平齐。蹄底修到可见淡红色的血管为止，千万不可修剪过度，以防出血。如果有出血，可涂碘酊消炎。若出血不止，可用烧红的烙铁很快烙一下，但动作要轻，防止烫伤。整形后的羊蹄，蹄底平整，前蹄是方圆形。严重变形的羊蹄需多次修剪，逐步校正（图7-4）。

图7-4　羊修蹄

为了避免羊发生蹄病，平时应注意休息场所的干燥和通风，勤打扫和勤垫圈，或撒草木灰于圈内和门口，进行消毒。如发现羊蹄趾间、蹄底或蹄冠部皮肤红肿，跛行甚至分泌有臭味的黏液，应及时检查治疗。轻者可用10%硫酸铜溶液或10%甲醛溶液洗蹄1~2min，或用2%来苏儿溶液洗净蹄部并涂以碘酊。

第二节　羊群免疫与检疫

一、羊群免疫

畜牧兽医行政管理部门应根据《中华人民共和国动物防疫法》及其配套法规的要求，结合当地实际情况，制定羊场疫病的免疫规划。羊饲养场根据免疫规划制定本场的免疫程序，并认真实施，注意选择适宜的疫苗和免疫方法。

羊的免疫程序和免疫内容，不能照抄、照搬，而应根据各地的具体情况制定。羊接种疫苗时要详细阅读说明书，查看有效期。记录生产厂家和批号。并严防接种过程中通过针头传播疾病。

（一）羊群免疫程序的制定

根据本地区常发生传染病的种类及当前疫病流行情况，制定切实可行的免疫程序。按免疫程序进行预防接种，使羊只从出生到淘汰都可获得特异性抵抗力，增强羊对疫病的抵抗力。羔羊的免疫程序在羔羊的管理章节已经述及，表7-3主要介绍成年羊免疫程序。

表7-3　成年羊免疫程序

疫苗名称	预防疫病种类	免疫剂量	注射部位
春季免疫			
三联四防灭活苗	快疫、猝狙、肠毒血症、羔羊痢疾	1头份	皮下或肌内注射

续表

疫苗名称	预防疫病种类	免疫剂量	注射部位
春季免疫			
羊痘弱毒疫苗	羊痘	1头份	尾根内侧皮内注射
小反刍兽疫疫苗	小反刍兽疫	1头份	肌内注射
羊传染性胸膜肺炎氢氧化铝菌苗	羊传染性胸膜肺炎	1头份	皮下或肌内注射
羊口蹄疫苗	羊口蹄疫	1头份	皮下注射
秋季免疫			
三联四防灭活苗	快疫、猝狙、肠毒血症、羔羊痢疾	1头份	皮下或肌内注射
羊传染性胸膜肺炎氢氧化铝菌苗	羊传染性胸膜肺炎	1头份	皮下或肌内注射
羊口蹄疫苗	羊口蹄疫	1头份	皮下注射

注：（1）本免疫程序供生产中参考。

（2）每种疫苗的具体使用以生产厂家提供的（说明书）为准。

（3）疫苗间隔5~7d，按顺序接种。

（二）免疫接种前的注意事项

1. 疫苗必须根据其性质妥善保管　油乳剂灭活苗、氢氧化铝等灭活苗、类毒素、血清及诊断液要保存在低温、干燥、阴暗的地方，温度维持在2~8℃，防止冻结、高温和阳光直射。冻干弱毒疫苗最好在−15℃或更低的温度下保存，才能更好地保持其效力。在不同温度下保存的期限，不得超过该制品所规定的有效保存期。

2. 羊的用药　冻干弱毒疫苗在接种前后5~7d不应使用有损疫苗效价的药物。饮水和饲料中也不应含有这些药物和消毒剂。

3. 疫苗的检查　疫苗在使用之前，要逐瓶检查。发现盛药的玻璃瓶破损、瓶塞松动、没有瓶签或瓶签不清、过期失效、制品的色泽和形状与制品说明书不符或没有按规定方法保存的，都不能使用。

（三）免疫接种操作注意事项

1. 兽医人员注意事项 兽医人员接种时需穿工作服和胶鞋，必要时戴口罩，工作前后均需洗手消毒，工作中不得吸烟和吃食物。

2. 疫苗使用 疫苗使用前必须充分振荡，使其均匀混合才能应用。免疫血清则不应振荡，沉淀不应吸取，并须随吸随注射。必须稀释后才能使用的疫苗，应按说明书要求进行稀释。

3. 接种 接种前应对接种部位严格消毒。接种时，吸取疫苗的针头要固定，每注射 1 只羊换 1 个针头，以避免从带菌（毒）羊人为将病原体通过针头传给健康羊。疫苗的用法、用量，按该制品的说明书进行，开封后当天用完。

4. 时间限制 已经打开或稀释过的疫苗，必须当日用完，隔夜不能再用。未用完的处理后弃去。弱毒疫苗稀释后在低于 15℃ 条件下 4h 内用完；15~25℃ 条件下 2h 内用完；25℃ 以上条件下 1h 内用完。

5. 疫苗应避免阳光照射和高温高热 天气炎热时活疫苗可以用棉花包好放在保温瓶里，以免气温过高影响免疫效果。

6. 喷雾事宜 喷雾免疫时，喷雾人员应戴防毒面具或眼镜，要严格控制雾滴的大小，清洗喷雾器的蒸馏水中应无消毒剂。

（四）免疫接种后的注意事项

1. 接种后疫苗和器械等的处理 免疫接种结束后，使用过的注射器、针头、镊子及接触过疫苗液的瓶等用完后浸泡于消毒液中至少 1h，洗净擦干后放入消毒盒中备用。

2. 器具处理 装疫苗的小瓶、一次性注射器要妥善收集集中处理。

3. 废弃苗处理　废弃的活疫苗必须煮沸或倒入火内烧掉，死疫苗倒入深坑内埋掉。

4. 做好免疫记录　每次免疫接种后应详细记录，记录内容包括接种疫苗的名称、类型、规格、生产厂名、有效期、批号，疫苗稀释情况，免疫对象及只数，以及接种人员姓名及接种日期等，都应详细登记在记录本上，以便事后总结经验教训（表7-4、表7-5）。

表7-4　羊只个体防疫档案记录表

羊基本情况				
羊号		羊场编号		登记日期
品种		来源		出生日期
毛色		初生重（kg）		外貌
免疫记录				
日期	疫苗名称	接种剂量（mg或mL）	接种方法	接种人员

表7-5　羊群免疫档案记录表

免疫日期	疫苗名称/厂家/批号	疫苗稀释情况	免疫对象（种羊/商品羊，年龄）	免疫只数	接种人员

5. 接种后的羊群观察　接种疫苗后，在反映期内应注意观察羊群，少数羊只注射疫苗后会出现以下反应。

（1）全身反应。由于羊的个体差异等原因，有少数羊只在注射疫苗后会出现体温升高、不吃、精神委顿，有的产生过敏性休克、震颤、腹胀、肺水肿和流产等，有时还会出现皮下水肿、瘙痒、皮肤出疹或渗出性湿疹、淋巴结肿大。另外，还有部分疫苗存在残余致病力。

（2）局部反应。在使用灭活疫苗时多见，以注射部位水肿为特征，但很快消失。有炎症反应的病例，根据所用油剂的性质，以及疫苗成分对注射部位的刺激作用，可不同程度地表现出坏死和化脓。油佐剂可引起肌肉变性、肉芽肿、纤维化或脓肿。

若出现以上反应，应及时进行对症治疗，若表现出某传染病的症状时，必须立即隔离进行治疗。

二、羊的检疫和疫病控制

羊从生产到出售，要经过出入场检疫、收购检疫、运输检疫和屠宰检疫。羊场或养羊专业户引进羊时，只能从非疫区购入，经当地兽医检疫部门检疫，并签发检疫合格证明书；运抵目的地后，再经本场或专业户所在地兽医验证、检疫并隔离观察1个月以上，确认为健康的羊只，经驱虫、消毒，没有注射过疫苗的还要补注疫苗，方可混群饲养。羊场采用的饲料和用具，也要从安全地区购入，以防疫病传入。

（一）疫病监测

1. 依照法规 当地畜牧兽医行政管理部门必须依照《中华人民共和国动物防疫法》及其配套法规的要求，结合当地实际情况，制订疫病监测方案，由当地动物防疫监督机构实施，羊饲养场应积极予以配合。

2. 监测疾病 羊饲养场常规监测的疾病至少应包括口蹄疫、羊痘、蓝舌病、炭疽、布鲁杆菌病。同时需注意监测外来病的传入，如痒病、小反刍兽疫、梅迪/维斯纳病、山羊关节炎/脑炎等。除上述疫病外，还应根据当地实际情况，选择其他一些必要的疫病进行监测。

3. 监督抽查 根据实际情况由当地动物防疫监督机构定期或不定期对羊饲养场进行必要的疫病监督抽查，并将抽查结果报告当地畜牧兽医行政管理部门，必要时还应反馈给羊场。

（二）发生疫病羊场的防疫措施

1. 及时发现，快速诊断，立即上报疫情 确诊病羊，迅速隔离。如发现一类和二类传染病暴发或流行（如口蹄疫、痒病、蓝舌病、羊痘、炭疽等）应立即采取封锁等综合防疫措施。

2. 及时防疫 对健康羊和可疑感染羊进行紧急免疫接种或药物预防。接种疫苗越快越好，其所用的疫苗剂量应为正常剂量的 1~2 倍。对于发病前与病羊有过接触的羊（无临床症状）一般称为可疑感染羊，不能与其他健康羊饲养在一起，必须单独圈养，派专人饲养管理，经过 20d 以上的观察，确认不发病才能与健康羊合群。如有出现病状的羊，则按病羊处理。对已隔离的病羊，要及时进行药物治疗，争取早日康复，减少经济损失。治愈后的羊，应在用药后 10~14d 再用疫苗免疫 1 次。没有治疗价值的病羊，由兽医师根据国家规定进行严格处理。

3. 及时隔离 隔离场所，禁止人、畜出入和接近，工作人员出入应遵守消毒制度。隔离区污染的圈、舍、运动场及病羊接触过的物品和用具都要进行彻底消毒和焚烧处理，对传染病的病死羊和淘汰羊严格按照传染病羊尸体的卫生消毒方法，进行焚烧后深埋，不得随意抛弃。

（三）疫病控制和扑火

当发现疫病是来势凶猛、症状严重、大量死亡的急性传染病，或发现类似口蹄疫、羊痘等烈性传染病时，应立即报告有关部门，划定疫区，采取严格的隔离封锁措施，并组织力量尽快扑灭。

1. 尽快确诊 发现疫情后立即封锁现场，驻场兽医应及时进行诊断，并尽快向当地动物防疫监督机构报告疫情，送检病料，争取尽快确诊。

2. 确诊后措施 确诊为重大疫情以后，对发病羊场进行全面封锁和消毒，对发病羊要专人专室管理。没有发病的羊群应进行紧急预防接种，或用抗生素及磺胺类药物预防。

（1）发生口蹄疫、小反刍兽疫时，羊饲养场应配合当地动物防疫监督机构，对羊群实施严格的隔离、扑灭措施。

（2）发生痒病时，除了对羊群实施严格的隔离、扑杀措施外，还需追踪调查病羊的亲代和子代。

（3）发生蓝舌病时，应扑杀病羊；如只是血清学反应呈现抗体阳性，并不表现临床症状时，需采取清群和净化措施。

（4）发生炭疽时，应焚毁病羊，并对可能的污染点彻底消毒。

（5）发生羊痘、布鲁杆菌病、梅迪/维斯纳病、山羊关节炎/脑炎等疫病时，应对羊群实施清群和净化措施。

（6）全场进行彻底的清洗消毒，对传染病患病羊或可疑传染病患病羊，不能恢复的应全部淘汰。要在兽医监督下加工处理病死羊，其尸体必须采用深埋或焚烧等方法进行无害化处理，严防扩大传染源。

3. 封锁羊场 发病羊场必须立即停止出售其产品或向外调出种羊，谢绝外人参观。等待患病羊全部治愈或全部处理完毕，经过2周严格消毒后，再无疫情出现时，进行彻底消毒2次后方可解除封锁。

4. 疫病监测记录 羊场应有疫病监测相关的生产记录，其内容包括：羊只来源，饲料消耗情况，发病率、死亡率及发病死亡原因，无害化处理情况，实验室检查及其结果，用药及免疫接种情况，消毒情况，羊只发运目的地等。所有记录应妥善保存。所有记录应在清群后保存2年以上。建立羊卡，做到一羊一卡一号，记录羊只的编号、出生日期、外表、生产性能、免疫、检疫、病历等原始资料（表7-6）。

表7-6　羊场疫病监测记录表

日期	小反刍兽疫	口蹄疫	羊痘	羊口疮	羊传染性胸膜肺炎	其他

羊病史记录					
发病日期	病名	预后情况	实验室检查	原因分析	使用兽药

无害化处理记录					
处理日期	处理对象	处理数量（只）	处理原因	处理方法	处理人员

第三节　肉羊疾病诊断与治疗

随着我国肉羊养殖业的迅速发展，集约化、规模化程度越来越高，疾病也较以前小规模散养时发生率增加了，并且疾病种类多而复杂，疾病因素对效益的影响占据了很大的比例。常说养重于防、防重于治，所以在养殖过程中首先应加强饲养管理，保证肉羊吃得健康营养，住得干净整洁，做好防疫、检疫工作，坚持定期驱虫、预防中毒等综合性防治措施。但是，对常见羊病及时、准确的诊断和防治也是保证规模化羊场健康养殖的前提。

一、羊的临床检查及用药方法

（一）临床检查方法

1. 问诊　了解羊群和病羊的生活史与患病史，着重了解：患羊发病时间和病后主要表现，群体内其他羊只有无类似疾病发生；问询饲养管理情况，主要了解饲料种类和饲喂量；问询诊断、治疗经过，用药种类和效果。

2. 视诊 视诊是用眼睛或借助器械观察病羊的各种异常现象，尤其是从羊群中观察、发现病羊这种方法非常有效。视诊时，先观察羊只全貌，如精神状态、营养情况、行走趴卧姿势等。然后再由前向后查看，即从头部、颈部、胸部、腹部、臀部及四肢等处，注意观察体表有无创伤、肿胀等现象。

3. 触诊 触诊是利用手的感觉进行检查的一种方法。根据病变的深浅和触诊的目的可分为浅部触诊和深部触诊。浅部触诊的方法是检查者的手放在被检部位上轻轻滑动触摸，可以了解被检部位的温度、湿度和疼痛等；深部触诊是用不同的力量对病羊进行按压，以了解病变的性质。

4. 叩诊 叩诊就是叩打动物体表某部，使之振动发出声音，按其声音的性质以推断被叩组织、器官有无病理改变的一种诊断方法。对羊常用手指做叩诊。根据被叩组织是否含有气体，以及含气量的多少，可出现清音、浊音、半浊音和鼓音。

5. 听诊 直接用耳朵听取音响的称为直接听诊，主要用于听取病羊的呻吟、喘息、咳嗽、喷嚏、嗳气、磨牙及高朗的肠音等。用听诊器进行听诊的称为间接听诊，主要用于心、肺及胃肠检查。

6. 嗅诊 嗅诊是借助嗅觉器官闻病畜的排泄物、分泌物、呼出气体、口腔气味及深入畜舍了解卫生状况，检查饲料是否霉败等的一种方法。

（二）临床检查指标

在对羊进行临床检查时，最直接关注的生理指标有体温、脉搏和呼吸；最直接关注的行为指标是饮食和排泄。

1. 临床常用生理指标 羊常用生理指标正常值见表 7-7。

（1）体温。不同年龄、不同性别的羊只体温会在一个正常范围内波动，超出这个范围就判定为体温不正常。

1）发热。体温高于正常范围，并伴有各种症状称为发热，根据发热不同的程度和表现又可以细分：如体温升高 0.5~1℃ 称为微热；体温升高 1~2℃ 称为中热；体温升高 2~3℃ 称为高热；体温升高 3℃ 以上称为过高热；体温高热持续 3d 以上，上午、下午温差 1℃ 以内称为稽留热（常见于纤维素性肺炎）；体温日差在 1℃ 以上而不降至常温的称弛张热（见于支气管肺炎、败血症等）；体温有热期与无热期交替出现称为间歇热（见于血孢子虫病、锥虫病）；还有一种无规律发热，发热的时间不定，变动也无规律，而且体温的温差有时相差不大，有时出现巨大波动（见于渗出性肺炎等）。

2）低体温。体温在常温以下。常见于产后瘫痪、休克、虚脱、极度衰弱和濒死期等。

表 7-7　羊的体温、呼吸、脉搏（心跳）数值

年龄	性别	体温（℃）		呼吸（次/min）		脉搏（次/min）	
		范围	平均	范围	平均	范围	平均
3~12 月龄	公	38.4~39.5	38.9	17~22	19	88~127	110
	母	38.1~39.4	38.7	17~24	21	76~123	100
1 岁以上	公	38.1~38.8	38.6	14~17	16	62~88	78
	母	38.1~39.6	38.6	14~25	20	74~116	94

（2）脉搏。通常用右手的食指、中指及无名指先找到羊股动脉管后，用三指轻压动脉管，以感觉动脉搏动，计算 1min 的脉搏数。发热性疾病、各种肺脏疾病、严重心脏病及贫血等均能引起脉搏数增多。

（3）呼吸。检查羊的呼吸情况主要看呼吸次数、呼吸方式及呼吸困难的状态。

1）呼吸次数。呼吸次数不正常的表现有单位时间内呼吸次数增多和呼吸次数减少两种情况。临床上常见能引起脉搏数增多

的疾病，多能引起呼吸数增多。再者，呼吸疼痛性疾病如胸膜炎、肋骨骨折、创伤性网胃炎、腹膜炎等也可导致呼吸数增多。呼吸数减少，常见于脑积水、产后瘫痪和气管狭窄等。

2）呼吸方式。在病理状态下可出现胸式呼吸（吸气时胸壁运动比较明显）或腹式呼吸（吸气时腹壁的运动比较明显）。吸气后紧接呼气，经短暂间歇，又进行下一次呼吸。如呼吸运动长时间变化，则是病理状态。临床上常见的呼吸节律变化有潮式呼吸、间歇呼吸和深长呼吸三种。

3）呼吸困难。呼吸困难可分为吸气性呼吸困难、呼气性呼吸困难和混合性呼吸困难。其中吸气性呼吸困难是指吸气用力，时间延长，羊的鼻孔开张，头颈伸直，肘向外展，肋骨上举，肛门内陷，并常听到类似哨声样的狭窄音，主要是气息通过上呼吸道发生障碍的结果，见于鼻腔、喉、气管狭窄的疾病和咽淋巴结肿胀等；呼气性呼吸困难是指呼气用力，时间延长，羊背部拱起，肷窝变平，腹部容积变小，肛门突出，呈明显的二段呼气，于肋骨和软肋骨的结合处形成一条喘沟，呼气越困难喘沟越明显，是由于肺内空气排出发生障碍的结果，见于细支气管炎和慢性肺气肿等；混合性呼吸困难是指吸气和呼气都困难，而且呼吸加快，主要由于肺呼吸面积减少，或肺呼吸受限制，肺内气体交换障碍，致使血中二氧化碳蓄积和缺氧而引起，见于肺炎、胸膜炎等疾病。心源性、中毒性等呼吸困难也属于混合性呼吸困难。

2. 饮食和排泄

（1）采食。

1）采食障碍。表现为采食方法异常，唇、齿和舌的动作不协调，很难把食物纳入口内，或刚纳入口内，未经咀嚼即吐出。见于唇、舌、牙、颌骨的疾病及各种脑病，如慢性脑水肿、脑炎、破伤风、面神经麻痹等。

2）咀嚼障碍。表现为咀嚼无力或咀嚼疼痛。常于咀嚼突然张口，上下颌不能充分闭合，致使咀嚼不全的食物掉出口外，见于佝偻病、骨软症、放线菌病等。此外，由于咀嚼的齿、颊、口腔黏膜、下颌骨和咬肌等的疾病，咀嚼时引起疼痛而出现咀嚼障碍。神经障碍也可出现咀嚼困难或完全不能咀嚼。

3）吞咽障碍。吞咽时或吞咽稍后，羊只摇头伸颈、咳嗽，由鼻孔逆流出混有食物的唾液和饮水。见于咽喉炎、食管阻塞及食管炎。

（2）饮水。在生理情况下撮水多少与气候、运动和饲料的含水量有关。在病理状态下，饮欲可发生变化，出现饮欲增加或饮欲减退。饮欲增加见于热性病、腹泻、大出汗以及渗出性胸膜炎的渗出期；饮欲减退见于伴有昏迷的脑病及某些胃肠病。

（3）瘤胃状态。羊的䏎窝深陷见于饥饿和长期腹泻等。瘤胃鼓胀时上部腹壁紧张而有弹性，用力强压也难以感知瘤胃内容物性状；前胃弛缓时内容物柔软；瘤胃积食时感觉内容物坚实；胃黏膜有炎症时触诊有疼痛反应；瘤胃收缩无力、次数减少、收缩持续时间短促，表示其运动机能减退，见于前胃弛缓、创伤性网胃炎、热性病以及其他全身性疾病。听诊瘤胃蠕动音加强，表示瘤胃收缩增强；蠕动音减弱或消失，表示前胃弛缓或瘤胃积食等（表7-8）。

表7-8 羊的反刍情况和瘤胃蠕动次数

年龄	每个食团咀嚼次数		每个食团反刍时间（s）		反刍间歇时间（s）		瘤胃蠕动次数（5min）	
	范围	平均	范围	平均	范围	平均	范围	平均
4~12月龄	54~100	81	33~58	44	4~8	6	9~12	11
1岁以上	69~100	76	34~70	47	5~9	6	8~14	11

（4）排粪。羊的粪便稀软甚至水样表明肠消化机能障碍，蠕动加强，见于肠炎等；粪便硬固或粪便球干小表明肠管运动机

能减退，或肠肌弛缓，水分大量被吸收，见于便秘初期。粪便褐色或黑色表明前部肠管出血，粪便表面附有鲜红色血液表明后部肠管出血。阻塞性黄疸时由于粪胆素减少粪便呈灰白色。肠内容物强烈发酵和腐败导致粪便酸臭、腐败，见于胃肠炎、消化不良等。腐败中混有虫体见于胃肠道寄生虫病。

（5）排尿。

1）尿失禁。羊未取排尿姿势，而经常不自主地排出少量尿液为尿失禁，见于腰荐部脊髓损伤和膀胱括约肌麻痹。

2）尿淋漓。尿液不断呈点滴状排出时称为尿淋漓，是由于排尿机能异常亢进和尿路疼痛刺激而引起，见于急性膀胱炎和尿道炎等。

3）排尿痛。动物排尿时表现为痛苦不安、努责、呻吟、回顾腹部和摇尾等。排尿后仍长时间保持排尿姿势。排尿疼痛见于膀胱炎、尿道炎和尿路结石等。

（三）羊常见用药途径及方法

临床上肉羊场治疗和预防用药，往往根据药物的种类、性质、使用目的及羊只的饲养方式，选择适宜的用药途径和方法。

1. 群体给药途径和方法

（1）混饲给药法。将药物均匀混入饲料中，羊吃料时同时吃进药物，这种给药方法适用于大群长期投药，不溶于水或适口性差的药物用此法更为恰当。投药时应准确掌握饲料中药物的浓度，药物与饲料必须混合均匀。

（2）混水给药法。将药物溶解于水中让羊自由饮用。此法适用于因病不能吃食但还能饮水的羊。采用此法须注意根据羊可能的饮水量来计算药量与药液浓度；限制时间饮用药液，以防止药物失效或增加毒性等。

（3）气雾给药法。将药物以气雾剂的形式喷出，让羊经呼吸道吸入而在呼吸道发挥局部作用，或使药物经肺泡吸收进入血液而发挥全身治疗作用。若喷雾于皮肤或黏膜表面，则可发挥保护创面、消毒、局麻、止血等局部作用。本法也可供室内空气消毒和杀虫之用。气雾吸入要求药物对羊呼吸道无刺激性，且药物应能溶于呼吸道的分泌液中。

（4）药浴法。采用药浴方法杀灭体表寄生虫，但须用药浴的设施。药浴用的药物最好是水溶性的，药浴应注意掌握好药液浓度、温度和浸洗的时间。

2. 个体给药的途径和方法

（1）口服给药法。口服给药简便，适合大多数药物，可发挥药物在胃肠道的作用，如肠道抗菌药、驱虫药、止酵药、泻药等，常常采用口服。常用的口服方法有灌服、饮水、混到饲料中喂服、舔服等。应在饲喂前服用的药物有苦味健胃药、收敛止泻药、胃肠解痉药、肠道抗感染药、利胆药。应空腹或半空腹服用的药物有驱虫药、盐类泻药。刺激性强的药物应在饲喂后服用。

（2）注射给药法。不宜口服的药物，大都可以注射给药。常用的注射方法有皮下注射、肌内注射、静脉注射、静脉滴注，此外还有气管注射、腹腔注射，以及瘤胃、直肠、子宫、阴道、乳管注入等。皮下注射将药物注入颈部或股内侧皮下疏松结缔组织中，经毛细血管吸收，一般 10~15min 即可出现药效，但刺激性药物及油类药物不宜皮下注射；肌内注射将药物注入富含血管的肌肉（如臀肌）中，吸收速度比皮下快，一般经 5~10min 即可出现药效，油剂、混悬剂也可肌内注射，刺激性较大的药物，可注于肌肉深部，药量大的应分点注射；静脉注射将药物注入体表明显的静脉中，作用最快，适用于急救、注射大量或刺激性强的药物。

（3）灌肠法。灌肠法是将药物配成液体，直接灌入直肠内。羊可用小橡皮管灌肠，先将直肠内的粪便清除，然后在橡皮管前端涂上凡士林插入直肠内，把橡皮管的盛药部分提高到超过羊的背部。灌肠完毕后拔出橡皮管，用手压住肛门或拍打尾根部以防药物排出。灌肠药液的温度应与体温一致。

（4）胃管法。给羊插胃管可以经鼻腔插入，也可以经口腔插入，胃管正确插入后接上漏斗灌药，药液灌完后再灌少量清水，然后去掉漏斗，用嘴吹气或用橡皮球打气，使胃管内残留的液体完全入胃，用拇指堵住胃管管口或折叠胃管慢慢抽出。该法适用于灌服大量水剂及有刺激性的药液，患咽炎、咽喉炎和咳嗽严重的病羊，不可用胃管灌药。

（5）皮肤、黏膜给药法。通过皮肤和黏膜吸收药物，使药物在局部或全身发挥治疗作用。常用的给药方法有滴鼻、点眼、刺种、毛囊涂擦、皮肤局部涂擦、药浴、埋藏等。刺激性强的药物不宜用于黏膜给药。

二、羊常见病诊断及治疗

（一）羊传染性疾病

1. 口蹄疫　口蹄疫是由口蹄疫病毒引起的以偶蹄动物为主的急性、热性、高度传染性疫病，临床上以口腔黏膜、蹄部、乳房皮肤发生水疱和溃烂为主要特征。世界动物卫生组织（OIE）将其列为必须报告的动物传染病，中国规定为一类动物疫病。

【病原】口蹄疫病毒（FMDV）属于微核糖核酸病毒科口蹄疫病毒属。病毒颗粒呈圆形，其最大颗粒直径为23nm，最小颗粒直径为7~8nm。目前已知口蹄疫病毒在全世界有七个主型：A、O、C、南非1、南非2、南非3和亚洲1型。

【流行特点】本病无明显的季节性，一旦发生流行快、传播广、发病急、危害大，病畜和潜伏期动物是最危险的传染源。病畜的水疱液、乳汁、尿液、口涎、泪液和粪便中均含有病毒，病毒入侵途径主要是消化道，也可经呼吸道、生殖道和伤口传染，病毒可随风远距离传播。羊对口蹄疫病毒的易感性仅次于牛，幼龄羊较成年羊易感。

【临床症状】该病潜伏期1~
7d，病初体温升高、精神沉郁，食
欲下降、流涎，唇部、舌面、齿
龈、鼻镜、蹄踵、蹄叉、乳房等部
位出现水疱；发病后期，水疱破
溃、结痂，严重者蹄壳脱落，羊跛
行；恢复期可见瘢痕、新生蹄甲。
成年羊死亡率低，幼羊常突然死亡
且死亡率高（图7-5）。

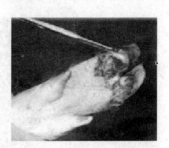

图7-5 患病羊蹄甲脱落

【病理变化】除口腔和蹄部病变外，还可见到食管和瘤胃黏
膜有水疱和烂斑，胃肠有出血性炎症，肺呈浆液性浸润，心包内
有大量混浊而黏稠的液体。恶性口蹄疫可在心肌切面上见到灰白
色或淡黄色条纹与正常心肌相伴而行，如同虎皮状斑纹，俗称
"虎斑心"。

【临床诊断】口蹄疫病变典型易辨认，结合临床病学调查可
以做出初步诊断，为进一步确诊可采用动物接种试验、血清学诊
断及鉴别诊断等。

【防治措施】目前该病没有特效药治疗，主要通过隔离、消
毒、疫苗接种预防该病的发生，国家对口蹄疫实行强制免疫。一
旦发现疫情立即向当地动物防疫监督机构报告，处死病羊并深埋
或焚烧。用强力消毒剂加强羊群、圈舍的防护消毒，对疫区周围
的易感动物接种流行毒株灭活疫苗。

2. 羊痘 羊痘是一种急性接触性传染病，以皮肤、黏膜上
出现丘疹和疱疹为主要特征，是绵羊普遍发生的疾病（图7-6）。

【病原】羊痘病原为痘病毒科的羊痘病毒，绵羊痘病原为绵
羊痘病毒，山羊痘病原为山羊痘病毒。羊痘病毒是对乙醚敏感的
DNA病毒，3%石炭酸、2%甲醛、0.1%升汞都有良好的消毒效

果，直射阳光和紫外线也能迅速杀灭该病毒。

图7-6　羊痘症状

【流行特点】羊痘潜伏期2~12d，平均6~8d，该病全年均可发生，但以春、秋两季多发，传播很快。病羊是主要传染源，病羊呼吸道分泌物、痘疹渗出液、脓汁、痘痂及脱落的上皮内都含有病毒，病期的任何阶段都有传染性。该病的天然传染途径为呼吸道、消化道和受损伤的表皮。受到污染的饲料、饮水、羊毛、羊皮、草场、初愈的羊，以及接触的人畜等都能成为传播的媒介。但病愈的羊能获得终身免疫。

【临床症状】该病有一定的病程，发痘前可见病羊体温升高到41~42℃，食欲减少，结膜潮红，从鼻孔流出黏性或脓性鼻漏，呼吸和脉搏增快，1~4d后开始发痘，通常都是由丘疹到水疱，再到脓疱，最后结痂。发痘时，痘疹大多发生于皮肤无毛或少毛部分，如眼的周围、唇、鼻翼、颊、四肢和尾的内面、阴唇、乳房、阴囊及包皮上。山羊大多发生在乳房皮肤和乳头上。开始为红斑，1~2d形成丘疹，突出皮肤表面，随后丘疹渐增大，变成灰白色水泡，内含清亮的浆液。此时病羊体温下降。

在羊痘流行中，有的病羊呈现非典型经过，如在形成丘疹后，不再出现其他各期变化；有的病羊经过很严重，痘疹密集，互相融合连成一片，由于化脓菌侵入，皮肤发生坏死或坏疽，全身病状严重；甚至有的病羊，在痘疹聚集的部位或呼吸道和消化道发生出血。这些重病例多死亡。一般典型病程需 3~4 周，冬季较春季为长。如有并发肺炎（羔羊较多）、胃肠炎、败血症等时，病程可延长或早期死亡。

【病理变化】 特征性的病理变化主要见于皮肤及黏膜，尸体腐败迅速，在皮肤（尤其是毛少的部分）上可见到不同时期的痘疮。呼吸道黏膜有出血性炎症，有圆形或椭圆形灰白色增生性病灶，气管及支气管内充满混有血液的浓稠黏液。有继发病症时，肺有肝变区。消化道黏膜亦有出血性发炎，特别是肠道后部，常可发现不深的溃疡，有时有脓疮。病势剧烈时，前胃及真胃有水疱，间或在瘤胃有丘疹出现。淋巴结水肿、多汁而发炎。肝脏有脂肪变性病灶。

【临床诊断】 症状典型的情况下，可根据标准病程（红斑、丘疹、水疱、脓疱及结痂）确定诊断。当症状不典型时，可用病羊的痘液接种给健羊进行诊断。区别诊断：在液疱及结痂期间，可能误认为是皮肤湿疹或疥癣病，但此两种病均无发热等全身症状，而且湿疹并无传染性；疥癣病虽能传染，但发展很慢，并不形成水疱和脓疱，在镜检刮屑物时可以发现螨虫。

【防治措施】 应采用综合性防治措施，平时做好羊的饲养管理，增强羊只抵抗力。不到疫区引种，引种羊只规范检疫和隔离。

（1）羊痘常发地区，每年定期预防注射羊痘鸡胚化弱毒疫苗，大小羊一律尾内或股内皮下注射 0.5mL，山羊皮下注射 2mL。

（2）发生羊痘时，立即将病羊隔离，羊圈及用具等进行消毒。对尚未发病羊群，用羊痘鸡胚化弱毒苗进行紧急接种。

（3）在隔离和加强饲养管理的情况下对病羊的处置。

1）对于绵羊痘采用自身血液疗法能刺激淋巴、循环系统及器官，特别是网状内皮系统，使其发挥更大的作用，促进组织代谢，增强机体全身及局部的反应能力。

2）对皮肤病变酌情进行对症治疗，如用0.1%高锰酸钾洗后，涂碘甘油、紫药水。对细毛羊、羔羊为防止继发感染，可以肌内注射青霉素80万~160万IU，每日1~2次；或用10%磺胺嘧啶10~20mL，肌内注射1~3次。用痊愈血清治疗，大羊为10~20mL，小羊为5~10mL，皮下注射，预防量减半。用免疫血清效果更好。

3. 布鲁杆菌病 布鲁杆菌病（布氏杆菌病，简称布病）是由布鲁杆菌属细菌引起的人兽共患的常见传染病。主要侵害生殖系统，羊感染后以母羊发生流产和公羊发生睾丸炎为特征。中国将其列为二类动物疫病。

【病原】布鲁杆菌是一种细胞内寄生的病原菌，是革兰氏阴性需氧杆菌。分类上属于布鲁杆菌属，为非抗酸性、无芽孢、无荚膜、无鞭毛，呈球杆状。组织涂片或渗出液中常集结成团，且可见于细胞内，培养物中多单个排列。布鲁杆菌在皮肤里能生存45~60d，土壤中存活40d，乳中存活数周。对热抵抗力弱，一般消毒药能很快将其杀死。

【流行特点】本病常呈地方流行，发病无季节性，以春、夏两季发病概率较高。新疫区常出现大量母羊流产，老疫区流产比例较少。病菌存在于流产胎儿、胎衣、羊水、流产母羊阴道分泌物及公羊的精液中。母羊较公羊易感性高，成年畜比幼年畜发病多，性成熟后对本病极为易感。消化道是主要感染途径，也可经配种感染（图7-7）。人主要通过皮肤、黏膜、消化道和呼吸道感染。

【临床症状】该病潜伏期一般为14~180d，最显著症状是怀孕母羊发生流产，流产后可能发生胎衣滞留和子宫内膜炎，从阴道流出污秽不洁、恶臭的分泌物。公羊往往发生睾丸炎、附睾炎

图7-7　布鲁杆菌病引起的流产胎儿

或关节炎。

【病理变化】主要病变为生殖器官的炎性坏死，脾、淋巴结、肝、肾等器官形成特征性肉芽肿（布病结节），有的可见关节炎。胎儿主要呈败血症病变，浆膜和黏膜有出血点和出血斑，皮下结缔组织发生浆液性、出血性炎症。

【防治措施】该病无治疗价值。主要采取环境净化和预防接种方式预防该病。

（1）非疫区以监测为主，引入羊只必须检疫，阳性个体隔离扑杀、淘汰，定期复检。病羊污染过的圈舍、用具、饲料、草场要进行严格消毒、净化。

（2）健康羊群切实做好免疫接种工作，疫苗选择布病疫苗 S_2 株（以下简称 S_2 疫苗）、M_5 株（以下简称 M_5 疫苗）、S_{19} 株（以下简称 S_{19} 疫苗），以及经农业农村部批准生产的其他疫苗。菌苗稀释至 50 亿/mL，一般采用气溶胶喷雾免疫法，每只羊吸入 50 亿菌体的剂量，也可以股部内侧皮下注射 1mL。

（3）接触羊群的工作人员也要进行检测和免疫，以保证人身安全。

4. 小反刍兽疫　小反刍兽疫（Peste des Petits Ruminants，PPR）是由小反刍兽疫病毒（PPRV）引起的山羊和绵羊的急性接触性传染病。以发热、口炎、腹泻、肺炎为特征。世界动物卫生组织（OIE）将其列为必须报告的动物疫病，中国将其列为一类动物疫病。

【病原】小反刍兽疫病毒属副黏病毒科麻疹病毒属，病毒呈多形性，通常为粗糙的球形，核衣壳为螺旋中空杆状并有特征性的亚单位，有囊膜。病毒可在胎绵羊肾、胎羊及新生羊的睾丸细胞、非洲绿猴肾细胞上增殖，并产生细胞病变，形成合胞体。

【流行特点】小反刍兽疫一年四季均可发生，在多雨季节和干燥寒冷季节多发，发病率和死亡率高，山羊和绵羊是该病的自然宿主，山羊比绵羊更易感染且临床症状更为严重，小反刍兽疫不属于人畜共患传染病。患病羊和隐性感染羊的鼻液、粪尿等分泌物和排泄物中含有大量的病毒，通过呼吸道和消化道感染，与被病毒污染的饲料、饮水、衣物、工具、圈舍和牧场等接触也可发生间接传播，易感羊群发病率通常达60%以上，病死率可达50%以上。

【临床症状】本病潜伏期一般为4~6d，山羊临床症状比较典型，绵羊一般较轻微。主要表现为突然发热，体温可达40~42℃，持续3~5d。病初先是水样鼻液，此后变成大量的黏脓性卡他样鼻液并致使呼吸困难，鼻内膜发生坏死，眼流分泌物，出现眼结膜炎。发热症状出现后，口腔内膜轻度充血，继而出现糜烂。初期多在下齿龈周围出现小面积坏死，严重病例迅速扩展到齿垫、腭、颊、乳头及舌等处，坏死组织脱落形成不规则的浅糜烂斑。多数病羊发生严重腹泻或下痢，造成迅速脱水、消瘦。怀孕母羊可发生流产。病羊死亡多集中在发热后期，特急性病例发热后突然死亡（图7-8、图7-9）。

【病理变化】剖检病变可见口腔和鼻腔黏膜糜烂坏死及支气管肺炎、肺尖肺炎；有时可见坏死性或出血性肠炎，盲肠、结肠近端和直肠出现特征性条状充血、出血，呈斑马状条纹；淋巴结特别是肠系膜淋巴结水肿，脾脏肿大并可出现坏死病变。组织学上可见肺部组织出现多核巨细胞及细胞内嗜酸性包含体。

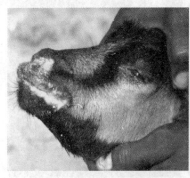 

图7-8　患小反刍兽疫的羊　　图7-9　病羊口腔和鼻腔黏膜糜烂坏死

【临床诊断】　根据临床症状和病理变化可做出初步诊断，确诊需进一步做实验室诊断。实验室诊断方法有琼脂凝胶免疫扩散试验、病毒中和试验和酶联免疫吸附试验等。

【防治措施】　本病尚无有效的治疗方法，发病初期使用抗生素和磺胺类药物可对症治疗并预防继发感染。在本病的洁净地区发现病例，应严密封锁，扑杀患羊，隔离消毒。对本病的防控主要靠疫苗免疫。本病毒与牛瘟病毒的抗原具有相关性，可用牛瘟病毒弱毒疫苗来免疫绵羊和山羊进行小反刍兽疫病的预防，牛瘟弱毒疫苗免疫后产生的抗牛瘟病毒抗体能够抵抗小反刍兽疫病毒的攻击，具有良好的免疫保护效果。目前小反刍兽疫病毒常见的弱毒疫苗为 Nigeria7511 弱毒疫苗和 Sungri/96 弱毒疫苗，该疫苗无任何副作用，能交叉保护其各个群毒株的攻击感染，但其热稳定性差。

5. 羊传染性胸膜肺炎　羊传染性胸膜肺炎又称羊支原体性肺炎，是由支原体引起的羊的一种高度接触性传染病。本病以发热、咳嗽、浆液性和纤维蛋白性肺炎及胸膜炎为特征（图7-10、图7-11）。

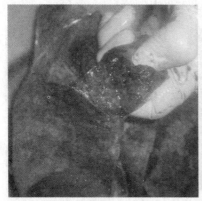

图7-10 肺部病变　　　　　　图7-11 胸膜炎症状

【病原】引起山羊支原体性肺炎的病原体为丝状支原体山羊亚种，丝状支原体为一细小、多形性微生物，革兰氏染色阴性，丝状支原体山羊亚种对理化因素的抵抗力弱，对红霉素高度敏感，四环素和氯霉素也有较强的抑菌作用，但对青霉素、链霉素不敏感；而绵羊肺炎支原体则对红霉素不敏感。

【流行特点】本病常呈地方流行性，接触传染性很强，冬季流行期平均为15d，夏季可维持2个月以上。病羊和带菌羊是本病的主要传染源。病原体存在于病羊的肺脏和胸膜渗出液中，主要通过空气—飞沫经呼吸道感染。本病传染迅速，发病率高，在自然条件下，丝状支原体山羊亚种只感染山羊，3岁以下的山羊最易感染，而绵羊肺炎支原体则可感染山羊和绵羊。

【临床症状】本病潜伏期18~26d，以咳嗽，胸肺粘连等为特征的传染病。病初体温升高到41~42℃，热度呈稽留型或间歇型。有肺炎症状，压迫病羊肋间隙时，感觉痛苦。病程末期，常发展为肠胃炎，伴有带血的急性下痢，渴欲增加。孕羊常发生流产。

【防治措施】提倡自繁自养，确需引羊应隔离观察1个月确认无病后方可混群，每年秋季接种 1 次羊传染性胸膜肺炎氢氧化铝苗。圈舍定期消毒，杜绝羊只、人员互串。

治疗：病初可使用土霉素，以每天 20~50mg/kg 体重剂量分 2 次内服；氟苯尼考 20~30mg/kg 体重肌内注射，2 次/d，连用 3~5d。酒石酸泰乐菌素每天 6~12mg/kg 体重，肌内注射 2 次/d，3~5d 为 1 个疗程。

6. 羊常见细菌性猝死症　引起羊猝死的细菌性疾病较多，常见的有羊快疫、羊猝疽、羊肠毒血症、羊炭疽、羊黑疫、肉毒梭菌和链球菌病等。这些疾病均引起羊在短期内死亡，且症状类似。

（1）羊快疫。羊快疫是由腐败梭菌引起的一种急性传染病。羊突然发病，病程极短，其特征为真胃黏膜呈出血性炎性损害。

【病原】病原体为腐败梭菌，革兰氏阳性、厌氧大肠杆菌，在体内外均能产生芽孢，不形成荚膜，可产生多种外毒素，分类上属于梭菌属。病羊血液或脏器涂片可见单个或 2~5 个菌体相连的粗大杆菌，有时呈无关节的长丝状，其中一些可能断为数段。这种无关节的长丝状形态，在肝被膜触片中更易发现，在诊断上具有重要意义。

【流行特点】发病羊多为 6~18 月龄、营养较好的绵羊，山羊较少发病，本病以散发性流行为主，发病率低而病死率高。本病在自然条件下通过消化道或伤口传染，污染的牧场或饲料都可发生感染。尤其是在寒冷、冰冻饲料、绦虫等不良因素的影响下腐败梭菌即大量繁殖，产生外毒素，使消化道黏膜发炎、坏死并引起中毒性休克，使患羊迅速死亡。

【临床症状】本病的潜伏期只有几小时，突然发病，在 10~15min 内迅速死亡，有时可以延长到 2~12h。死前病羊痉挛、膨胀，结膜急剧充血。常见的现象是羔羊当天表现正常，第 2 天早晨却发现死亡；其发病症状主要表现为体温升高，食欲废绝，离群静卧，磨牙，呼吸困难，甚至发生昏迷，机体无绒毛部位有红色渗出液，头、喉、舌等部黏膜肿胀，呈蓝紫色，口腔流出带血泡沫，有时发生带血下痢，常有不安、兴奋、突跃式运动或其他神经症状。

【防治措施】常发地区定期注射羊快疫、羊猝疽、羊肠毒血症三联苗或羊快疫、羊肠毒血症、羊猝疽、羊黑疫和羔羊痢疾五联苗或羊快疫单苗，皮下或肌内注射 5mL，免疫期半年以上。加强饲养管理，防止严寒袭击，严禁吃霜冻饲料。

羊群中一旦发病，立即将病羊隔离，并给发病羊群全部灌服0.5%高锰酸钾溶液 250mL 或 1%硫酸铜溶液 80~100mL，同时进行紧急接种。病死羊尸体、粪便和污染的泥土一起深埋，以断绝污染土壤和水源的机会。圈舍用 3%氢氧化钠彻底消毒，也可以用 20%漂白粉消毒。

治疗：病羊往往来不及治疗而死亡，对病程稍长的病羊，可治疗。用磺胺嘧啶灌服，按每次 5~6g/kg 体重，连用 3~4 次；或复方磺胺嘧啶钠注射液肌内注射，按每次 0.015~0.02g/kg 体重（以磺胺嘧啶计），2 次/d。

（2）羊猝疽。羊猝疽是羊的一种毒血症，以急性死亡、腹膜炎和溃疡性肠炎为特征。

【病原】本病的病原是 C 型魏氏梭菌，革兰氏染色阳性，是长的大肠杆菌、厌氧菌，能形成芽孢，芽孢大于菌体的宽度，位于菌体中央，呈椭圆形，似梭状，故名梭菌，无鞭毛，不能运动，在动物体内及含血清的培养基中能形成荚膜，是本菌特点之一。

【流行特点】本病主要发生于成年绵羊，以 1~2 岁的绵羊发病较多，也可感染山羊。多发生于冬、春季节，常呈地方性流行性，常见于低洼、沼泽地区。

【临床症状】急性死亡、腹膜炎和溃疡性肠炎为特征，十二指肠和空肠黏膜严重充血糜烂，个别区段有大小不等的溃疡灶。

常在死后 8h 内，由于细菌的增殖，于骨骼肌肌间积聚有血样液体，肌肉出血，有气性裂孔。

【防治措施】常发地区定期注射羊快疫、羊猝疽、羊肠毒血症三联苗或羊快疫、羊肠毒血症、羊猝疽、羊黑疫和羔羊痢疾五联苗。圈舍应建于干燥处，加强饲养管理，防止受寒，避免羊只采食冰冻饲料。

治疗：对病程稍长的病羊可进行治疗。肌内注射青霉素，每次 80 万~160 万 IU，2 次/d。磺胺嘧啶灌服，按每次 5~6g/kg 体重，连用 3~4 次。复方磺胺嘧啶钠注射液，肌内注射，按每次 0.015~0.02g/kg 体重（以磺胺嘧啶计），2 次/d。

（3）羊肠毒血症。羊肠毒血症是毒素引起的绵羊急性传染病。该病以发病急，死亡快，死后肾脏多见软化为特征，又称软肾病、类快疫。

【病原】羊肠毒血症的病原体是魏氏梭菌（产气荚膜梭菌 D 型）。

【流行特点】本病在牧区以春夏之交抢青时和秋季牧草结籽后的一段时间发病为多，农区则多见于收割抢茬季节或羊食入大量富含蛋白质饲料时，多呈散发流行。发病以绵羊为多，山羊较少，通常以 2~12 月龄膘情好的羊为主。本菌常见于土壤中，经消化道而发生内源性感染，产生大量毒素，毒素被机体吸收后，可使羊体发生中毒而引起发病。

【临床症状】最急性病羊死亡很快，个别呈现疝痛症状，步态不稳，呼吸困难，有时磨牙，流涎，短时间内倒地死亡。急性的表现为病羊食欲消失，下痢，粪便恶臭，带有血液及黏液，意识不清，常呈昏迷状态，经过 1~3d 死亡。有的病程可能延长，表现特点有时兴奋，有时沉郁，黏膜有黄疸或贫血，这类病羊虽然可能痊愈，但大多数失去利用价值。

【防治措施】春、夏之际少抢青、抢茬，秋季避免吃过量结籽饲草；发病时搬圈至高燥地区。常发区定期注射羊厌氧菌病三联苗或五联苗，大小羊只一律皮下或肌内注射 5mL。

（4）炭疽。炭疽病是由炭疽杆菌引起的一种急性、热性、败血性人畜共患传染病。

【病原】该病是由炭疽杆菌引起的传染病，炭疽杆菌革兰氏阳性杆菌，在培养基中形成长链状，不形成荚膜，可形成圆形或卵圆形芽孢。

【流行特点】常呈散发性或地方性流行，绵羊最易感染。病羊体内及排泄物、分泌物中含有大量的炭疽杆菌。健康羊采食了被污染的饲料、饮水或通过皮肤损伤感染了炭疽杆菌，或吸入带有炭疽芽孢的灰尘，均可导致发病。

【临床症状】潜伏期 1～5d。根据病程，可分为最急性型、急性型、亚急性型。羊发生该病多为最急性或急性经过，表现为突然倒地，全身抽搐、颤抖，磨牙，呼吸困难，体温升高到 40～42℃，黏膜蓝紫色。从眼、鼻、口腔及肛门等天然孔流出带气泡的暗红色或黑色血液，血凝不全，尸僵不全。

【防治措施】未发生过本病的地区在引进羊时要严格检疫，不要买进病羊。经常发生炭疽的地区，每年 6～7 月进行预防注射炭疽芽孢苗。发病羊尸体要焚烧、深埋，严禁食用；对病羊污染的环境可用 20% 漂白粉彻底消毒。疫区应封锁，疫情完全消灭后 14d 才能解除。2～3 年内在炭疽疫病发生地域工作过的人员每年 4～5 月用人用皮上划痕炭疽减毒活菌苗免疫接种，连续 3 年。

（5）羊黑疫。羊黑疫又称"传染性坏死性肝炎"，是由 B 型诺维梭菌引起的绵羊、山羊的一种急性高度致死性毒血症。本病以肝实质发生坏死性病灶为特征。

【病原】诺维梭菌分类上属于梭菌屑，为革兰氏阳性的大肠杆菌。本菌严格厌氧，可形成芽孢，不产生荚膜，具有周身鞭毛，能运动，通常分为 A、B、C 型。诺维梭菌广泛存在于自然界特别是土壤之中。

【流行特点】本病主要发生于低洼、潮湿地区，以春、夏季节多发，发病常与肝片吸虫的感染侵袭密切相关。以 2~4 岁、营养好的绵羊多发，山羊也可发生。

【临床症状】临床症状与羊肠毒血症、羊快疫等极其相似，病程短促。病程长的病例 1~2d。病羊常食欲废绝，反刍停止，精神不振，放牧掉群，呼吸急促，体温 41℃ 左右，昏睡俯卧而死。病羊尸体皮下静脉显著淤血，使羊皮呈暗黑色外观（黑疫之名由此而来）。

【防治措施】控制肝片吸虫的感染，常发病地区定期接种"羊快疫、肠毒血症、羊猝疽、羔羊痢疾、黑疫"五联苗，每只羊皮下或肌内注射 5mL，注苗后 2 周产生免疫力，保护期达半年。

治疗：对于病程稍缓病羊，肌内注射青霉素 80 万~160 万 IU，2 次/d。也可静脉或肌内注射抗诺维梭菌血清，一次 50~80mL，连续用 1~2 次。发病时，一般圈至高燥处，也可用抗诺维梭菌血清早期预防，皮下或肌内注射 10~15mL，必要时重复 1 次。

（6）肉毒梭菌中毒症。它是由肉毒梭菌所产生的毒素引起的一种中毒性疾病，其主要特征是运动神经和延脑麻痹。

【病因】肉毒梭菌存在于家畜尸体内和被污染的草料中，该菌在适宜的条件下（潮湿、厌氧，18~37℃）能够繁殖，产生外毒素。羊只吞食了含有毒素的草料或尸体后，即会引起中毒。

【临床症状】羊中毒后一般表现为吞咽困难，卧地不起，头向侧弯，颈、腹部和大腿肌肉松弛。一般体温正常，多数 1d 内死亡。最急性的，不表现任何症状，突然死亡；慢性的，继发肺炎，消瘦死亡。

【防治措施】不用腐败发霉的饲料喂羊，清除牧场、羊舍和周围的垃圾、尸体。定期预防注射类毒素。注射肉毒梭菌抗毒素6万~10万IU；投服泻剂清理肠胃；配合对症治疗。

（7）羊链球菌病。它是由溶血性链球菌引起的一种急性热性传染病，以发热，下颌和咽喉部肿胀，胆囊肿大和纤维素性肺炎为主要特征。

【病原】病原体为C型溶血性链球菌，革兰氏染色阳性，无运动性，不形成芽孢。

【流行特点】当天气寒冷，饲料不好时容易发病，在牧草青黄不接时最容易发病和死亡。新发地区多呈流行性，常发地区则呈地方流行性或散发性，病羊的各个组织器官中均含有病原体，在鼻液、鼻腔和肺中最多，主要经呼吸道感染，其次是皮肤创伤。

【临床症状】本病病程短，最急性病例24h内死亡，一般为2~3d。病初体温高达41℃以上；结膜充血，有脓性分泌物；鼻孔有浆液、黏液脓性鼻汁；有时唇舌肿胀流涎，并混有泡沫；颌下淋巴结肿大，咽喉肿胀，呼吸急促，心跳加快；排软便，带黏液或血；最后衰竭卧地不起。

【防治措施】加强饲养管理，圈舍定期消毒，保证羊体健壮。每年秋季接种羊链球菌氢氧化铝甲醛菌苗，羊只不分大小，一律皮下注射3mL，3月龄内羔羊14~21d后再免疫注射1次。治疗每只病羊用青霉素30万~60万IU肌内注射，每日1次，连用3d；或肌内注射10mL 10%的磺胺噻唑，每日1次，连用3d。也可用磺胺嘧啶或氯苯磺胺4~8g灌服，每日2次，连用3d。

羊快疫、羊猝疽、羊肠毒血症、羊炭疽的鉴别：羊快疫病原体为腐败梭菌、羊猝疽病原体为C型魏氏梭菌、羊肠毒血症病原体为D型魏氏梭菌、炭疽病原为炭疽杆菌。这些传染病羊易感，对养羊业危害较大，且症状有些相似，应注意鉴别（表7-9）。

表7-9　羊快疫、羊猝狙、羊肠毒血症、羊炭疽的鉴别

鉴别要点	羊快疫	羊肠毒血症	羊猝狙	羊炭疽
发病年龄	6~18个月	2~12个月	1~2岁	成年羊
营养状况	膘情好者多发	膘情好者多发	膘情好者多发	营养不良多发
发病季节	秋季和早春多发	春夏之交和秋季多发	冬、春多发	夏、秋多发
发病诱因	气候骤变	采食精料过多	多见阴洼沼泽地区	气温高、雨水多、吸血昆虫活跃
高血糖和尿糖	无	有	无	无
胸腺出血	无	有	无	
皱胃出血性炎症	很显著、弥漫性、斑块状	不特征	轻微	较显著，小点状
小肠溃疡性炎症	无	无	有	无
骨骼肌气肿出血	无	无	死后8h出现	无
肾脏软化	少有	死亡时间较久者多见	少有	一般无
急性脾肿	无	无	无	有
抹片检查	肝被膜触片常有无关节长丝状的腐败梭菌	血液和脏器组织一般不见细菌	体腔渗出液和脾脏抹片中可见C型魏氏梭菌	血液和脏器涂片见有荚膜的炭疽杆菌

7. 蓝舌病　蓝舌病是由蓝舌病病毒引起反刍动物的一种严重传染病，以口腔、鼻腔和胃肠道黏膜发生溃疡性炎症变化为特征。主要侵害绵羊，世界动物卫生组织将其列为A类疫病。

【病原】蓝舌病病毒属呼肠孤病毒科环状病毒属，是一种虫媒病毒，病毒抵抗力很强，在50%甘油中可存活多年，对3%氢氧化钠溶液很敏感。已知本病毒有多种血清型，各型之间无交互免疫力。

【流行特点】本病的发生具有明显的季节性，多发生于湿热的夏季和早秋，特别多见于池塘河流多的低洼地区。绵羊易感，山羊的易感性较低，绵羊是临床症状表现最严重的动物。本病主要由各种库蠓昆虫传播，分布与这些昆虫的分布、习性和生活史密切相关。

【临床症状】本病潜伏期为 3~8d，病初羊体温升高达 40.5~41.5℃，稽留热 5~6d。病羊表现为厌食、委顿、流涎，口唇水肿延到面部和耳部，甚至颈部和腹部。口腔黏膜充血，呈青紫色。在发热几天后，口腔连同唇、齿龈、颊、舌黏膜糜烂，致使吞咽困难；随着病情的发展，在溃疡损伤部位渗出血液，唾液呈红色，口腔发臭。鼻流炎性、黏液性分泌物，鼻孔周围结痂，引起呼吸困难和鼾声。有时蹄冠、蹄叶发生炎症，触之敏感，呈不同程度跛行，甚至膝行或卧地不动。病羊消瘦、衰弱，有的便秘或腹泻，有时下痢带血，早期有白细胞减少症（图 7-12）。病程一般为 6~14d，发病率一般为 30%~40%，病死率 2%~3%，有时高达 90%，患病不死的羊经 10~15d 症状消失。6~8 周后蹄部也恢复。怀孕 4~8 周的母羊遭受感染时，其分娩的羔羊约 20% 具有发育缺陷，如脑积水、小脑发育不足、回沟过多等。

【防治措施】本病目前尚无有效治疗方法，对病羊应加强营养，对症治疗，口腔用清水、食醋或 0.1% 的高锰酸钾液冲洗；再用 1%~3% 硫酸铜、1%~2% 明矾或碘甘油涂糜烂面；或用冰硼散外用治疗。蹄部患病时可先用 3% 来苏儿洗涤，再用木焦油凡士林（1∶1）、碘甘油或土霉素软膏涂拭，以绷带包扎。预防继发感染可用磺胺药或抗生素，有条件的地区或单位，发现病羊或分离出病毒的阳性羊予以扑杀，消灭昆虫媒介；血清学阳性个体，要定期复检，限制其流动，就地饲养使用，不能留作种用。必要时进行预防免疫，在免疫接种前应确定当地流行的病毒血清型，选用相应血清型的疫苗，才能收到满意的免疫效果。

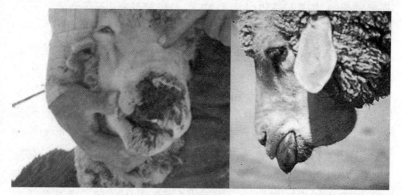

图 7-12　蓝舌病

无本病发生的地区禁止从疫区引进易感动物，在邻近疫区地带，避免在媒介昆虫活跃的时间内放牧，加强防虫、杀虫措施。

8. 羊口疮　羊口疮又称羊传染性脓疱，是由病毒引起的一种急性、接触性人畜共患病，以口唇、舌、鼻、乳房等部位形成丘疹、水疱、脓疱和结成疣状结痂为特征。

【病原】羊传染性脓疱病毒属痘病毒科，副痘病毒属，其形态与羊痘病毒相似。其对常用消毒剂敏感，但对外界环境具有较强的抵抗力，自然条件下，羊舍、羊毛上的病毒可存活半年，其在牧场上可存活 2 个月，干燥痂皮内的病毒在低温下能长期存活，在炎热的夏季经过 30~60d 即失去传染力，但在秋冬季节散播在土壤里的病毒，到第二年春季仍有传染性。不同地区分离的病毒抗原性不完全一致。

【流行特点】本病无明显季节性，但以春、秋产羔季发病较多，主要危害山羊、绵羊，以 6 月龄内的羔羊或幼羊最为易感，常呈群发性流行。羔羊发病率高达 100%，1 周龄内幼羔发病后病死率高达 90%；成年羊发病较少，多为散发。病羊是主要传染源，特别是病羊的痂皮带毒时间较长，健康羊常因皮肤、黏膜擦伤处接触到病原而感染发病。羊群一旦被感染则不易清除，可持续危害羊群多年。

【临床症状】本病的潜伏期一般为2~3d。其临床症状可分为三型，即唇型、蹄型、外阴型，偶见有混合型。

（1）唇型：最为常见，病羊首先在口角、上唇或鼻镜上发生散在的小红斑点，继而发展成水痘或脓疱，脓疱破溃后，形成黄色或棕色的疣状硬痂。若为良性经过，痂垢就逐渐扩大、加厚、干燥，1~2周内脱落而恢复正常。严重病例波及整个唇部、面部、眼睑和耳郭，形成大面积皲裂和易出血的污秽痂垢，痂垢下往往伴有肉芽组织增生，使得整个嘴唇肿大外翻呈桑葚状突起（图7-13），严重影响采食，病羊逐渐衰弱死亡。病程长达2~3周。有的病例伴有化脓菌和坏死杆菌等继发感染，使病情加重。口腔黏膜也常受害，在唇内面、齿龈、颊部、舌及软腭上形成脓疱和溃烂，伴有恶臭味。少数病例可因继发性肺炎而死亡。通过病羔羊的传染，母羊乳头皮肤也

图7-13　羊口疮——唇型

可发生上述病变。继发性感染还会蔓延至喉肺及第四胃。

（2）蹄型：多发生于绵羊，山羊极少见，多见一肢患病，有时也有多肢甚至全部蹄端患病，常在蹄叉、蹄冠或系部皮肤上形成水疱或脓疱，破裂后形成溃疡。继发感染病羊跛行，长期卧地，严重者因衰弱或败血症而死亡。

（3）外阴型：较少见，患羊阴道出现黏性或脓性分泌物，阴唇和附近的皮肤肿胀、疼痛，出现溃疡；乳房、乳头的皮肤发生脓疱、烂斑和痂垢，还会发生乳腺炎。公羊阴鞘肿胀，阴鞘口和阴茎上发生小脓疱和溃疡。

【防治措施】加强羊的饲养管理，防止皮肤黏膜损伤，特别是幼羔口腔黏膜娇嫩，在出牙阶段，易致外伤，应避免饲喂带刺的草或在有带刺植物的草地放牧，尽量不喂干硬的饲草，可适当加喂食盐，减少羊啃土啃墙，防止发生外伤。注意羊舍清洁消毒，定期清扫羊舍并用2%~3%的氢氧化钠溶液对羊舍及饲饮用具进行彻底消毒。初生的羔羊用口疮弱毒细胞冻干苗在羊只口腔黏膜内接种免疫。

对病羊进行隔离治疗，可用食醋或1%高锰酸钾溶液冲洗创面，涂以碘甘油，或涂抹土霉素、四环素、红霉素等软膏，每天2次。对重症羊只要注意继发感染，可用抗生素或磺胺类药物和抗病毒类药物进行对症治疗。

9. 羊衣原体病　衣原体病是由鹦鹉热衣原体引起羊、牛等多种动物的传染病，临诊病理特征为流产、肺炎、肠炎、多发性关节炎和脑炎。

【病原】鹦鹉热衣原体属于衣原体科、衣原体属，革兰氏染色阴性。在生活周期的不同阶段，其形态不同，染色反应也不一样。吉姆萨染色，形态较小、具有传染性的原生小体被染成紫色；形态较大、无传染性的繁殖性初体被染成蓝色。受感染的细胞可见由原生小体组成的包涵体，对疾病诊断有特异性。衣原体对青霉素、四环素、氯霉素、红霉素等抗生素敏感，而对链霉素有抵抗力。对磺胺类药物，沙眼衣原体敏感，而鹦鹉热衣原体有抗药性。

【流行特点】本病一般呈散发性或地方性流行，羊、牛较为易感，禽类感染后称为"鹦鹉热"或"鸟疫"，患病动物和带菌动物为主要传染源，可通过粪便、尿液、乳汁、泪液、鼻分泌物及流产的胎衣、羊水排出病原体污染水源、饲料及环境，经呼吸道、消化道及损伤的皮肤、黏膜感染；也可通过交配或用患病公畜的精液人工授精而感染，子宫内感染也有可能；蜱、螨等吸血昆虫叮咬也可能传播本病。密集饲养、营养缺乏、长途运输或迁徙、寄生虫侵袭等应激因素可促使本病的发生和流行。

【临床症状】临诊上羊常表现为以下几型。

（1）流产型。流产多发生于孕期最后 1 个月，病羊流产、死产和产出弱羔，胎衣往往滞留，排流产分泌物可达数日之久，流产过的母羊一般不再流产。

（2）关节炎型。主要发生于羔羊，引起多发性关节炎。病羔体温升至 41~42℃，食欲丧失，离群，肌肉僵硬、疼痛，一肢或四肢跛行，有的则长期侧卧，体重减轻，并伴有滤泡性结膜炎，病程 2~4 周。羔羊痊愈后对再感染有免疫力。

（3）结膜炎型。结膜炎主要发生于绵羊特别是羔羊。病羊单眼或双眼均可发生，病眼流泪，结膜充血、水肿，角膜混浊，有的出现血管翳，甚至糜烂、溃疡或穿孔，一般经 2~4d 开始愈合。数日后，在瞬膜和眼睑上形成 1~10mm 的淋巴样滤泡。部分病羔发生关节炎、跛行。病程一般 6~10d 或数周。

【防治措施】加强饲养、卫生管理，消除各种诱发因素，防止寄生虫侵袭，避免羊群与鸟类接触，杜绝病原体传入。国内外已研制出用于绵羊、山羊的衣原体疫苗，可用作免疫接种。发生本病时，流产母羊及其所产羔羊应及时隔离，流产胎盘及排出物应予销毁，污染的圈舍、场地等环境用 2%氢氧化钠溶液、2%来苏儿溶液等进行彻底消毒。

患病羊只在隔离状态下治疗，可肌内注射氯霉素 20~40mg/kg 体重，1 次/d，连用 1 周；或肌内注射青霉素，每次 160 万~320 万 IU，2 次/d，连用 3d。也可将四环素族抗生素混于饲料，连用 1~2 周。

10. 羔羊痢疾　羔羊痢疾是初生羔羊的一种急性传染病，以羔羊腹泻、持续下痢为主要特征。

【病原】羔羊痢疾一类是厌氧性羔羊痢疾，病原体为产气荚膜梭菌；另一类是非厌氧性羔羊痢疾，病原体为大肠杆菌。

【流行特点】本病的发生和流行与怀孕母羊营养不良、羔羊护理不当、产羔季节天气突变、羊舍阴冷潮湿有很大关系，主要危害7d以内的羔羊，死亡率很高。病原微生物可混合感染或单独感染而使羔羊发病。传染途径主要通过消化道，但也可经脐带或伤口传染。

【临床症状】本病潜伏期为1～2d。病羔体温微升或正常，精神不振，被毛粗乱，孤立在羊舍一边，低头弓背，不想吃奶，眼睑肿胀，呼吸、脉搏增快，不久则发生持续性腹泻，粪便恶臭，开始为糊状，后变为水样，含有气泡、黏液和血液。粪便颜色不一，有黄、绿、黄绿、灰白等色。病后期常因虚弱、脱水、酸中毒而死亡，病程一般2～3d。也有的病羔腹胀、排少量稀粪，主要表现为神经症状，四肢瘫软，卧地不起，呼吸急促，口流白沫，头向后仰，体温下降，最后昏迷死亡。剖检主要病变在消化道，肠黏膜有卡他出血性炎症，内有血样内容物，肠肿胀，小肠溃疡（图7-14、图7-15）。

图7-14 羔羊痢疾　　　　图7-15 羔羊痢疾（黄色）

【防治措施】加强怀孕母羊及哺乳期母羊的饲养管理，保持怀孕母羊的良好体质，以便产出健壮的羔羊。做好接羔护羔工作，产羔前对产房做彻底消毒，冬春季节做好新生羔羊的保温工作。在羔羊痢疾常发地区，可用羔羊痢疾菌苗给妊娠母羊进行2次预防接种，第一次在产前25d，皮下注射2mL，第二次在产前15d，皮下注射3mL，可获得5个月的免疫期。病羔隔离状态下进行药物治疗，灌服土霉素，每次0.3g，连用3d或口服土霉素、链霉素各0.125~0.25g，也可再加乳酶生1片，2次/d。

（二）羊寄生虫病

1. 螨病 羊的一种慢性寄生性皮肤病，由疥螨和痒螨寄生在体表而引起，短期内可引起羊群严重感染，危害严重。

【病原】疥螨寄生于皮肤角化层下，虫体在隧道内不断发育和繁殖，成虫体长0.2~0.5mm，肉眼不易看见；痒螨寄生在体表有毛部的皮肤表面，尤其在被毛稠密的长毛处更容易发生，吸取组织液和淋巴液为营养。虫体长0.5~0.9mm，长圆形，肉眼可见。

【流行特点】本病主要发生于冬季和秋末春初。发病时，疥螨病一般始于羊皮肤柔软且短毛的部位，如嘴唇、口角、鼻面、眼圈及耳根部，以后皮肤炎症逐渐向周围蔓延；痒螨病则起始于被毛稠密和温度、湿度比较恒定的皮肤部分，如绵羊多发生于背部、臀部及尾根部，以后才向体侧蔓延。

【临床症状】病初，虫体刺激神经末梢，引起剧痒，羊不断在圈墙、栏柱等处摩擦；阴雨天气、夜间、通风不好的圈舍会加重病情，痒觉表现更加剧烈，继而皮肤出现丘疹、结节、水疱，甚至脓疱；以后形成痂皮和龟裂。特别是绵羊患疥螨病时，病变主要局限于头部，病变处如干涸的石灰；绵羊感染痒螨后，可见患部有大片被毛脱落，患羊因终日啃咬和摩擦患部，烦躁不安，影响采食和休息，日渐消瘦，最终可极度衰竭而死亡（图7-16、图7-17）。

图 7-16　羊感染痒螨

图 7-17　羊局部感染疥螨

【防治措施】

（1）预防。羊舍要保持干燥、透光，通风良好，定期清扫羊舍、消毒，饲养密度不要过大；经常观察羊群中有无发痒和掉毛现象，发现可疑病羊及时隔离、治疗；每年夏季给羊剪毛后及时进行药浴预防。

（2）治疗。①涂药疗法：病羊数量少、患部面积小、寒冷季节可以采用此法，每次涂擦面积不超过体表面积的 1/3。涂药用克辽宁擦剂（克辽宁 1 份、软肥皂 1 份、酒精 8 份，调和即成）、5%敌百虫溶液（来苏儿 5 份，溶于温水 100 份中，再加入 5 份敌百虫配成）。②药浴疗法：适用于病羊数量多且气候温暖的季节，药浴液用 0.05%蝇毒磷乳剂水溶液，0.5%~1%敌百虫水溶液，0.05%辛硫磷乳油水溶液。

2. 羊肠道线虫病

【病原】一般以捻转血矛线虫为主，混合其他线虫感染。羊通过采食被线虫虫卵污染的牧草或饮水而感染。

【流行特点】羊的发病多在 4~10 月，尤以 5~6 月和 8~10 月多发，7 月发病略减少，冬季极少有发病。羔羊和青年羊发病率及死亡率最高，成年羊抵抗力较强，被感染羊有"自愈"现象。低湿的草地有利于本病的传播，在露水草和阴天、小雨后放牧，最易感染线虫病。

【临床症状】羊消化道线虫感染的临床症状以贫血，消瘦，下痢、便秘交替和生产性能降低为主要特征。表现为患病动物结膜苍白、下颌间和下腹部水肿，拉稀或便秘，体质瘦弱，严重时造成死亡（图7-18、图7-19）。

图7-18　羊感染捻转血矛线虫　　图7-19　寄生虫性顽固性拉稀

【防治措施】

（1）预防。加强饲养管理及卫生消毒工作，进行计划性驱虫，也可用噻苯唑进行药物预防。

（2）治疗。阿苯达唑，按5~20mg/kg体重，口服。吩噻唑，按0.5~1.0mg/kg体重，混入稀面糊中或用面粉做成丸剂使用。噻苯唑，按50~100mg/kg体重，口服，对成虫和未成熟虫体都有良好的效果。驱虫净，按10~15mg/kg体重，配成5%的水溶液灌服。

3. 绦虫病　绦虫病是由绦虫寄生于羊的小肠中引起的寄生虫病，主要危害羔羊，能引起羔羊发育不良，大量感染可引起羊只死亡。

【病原】本病的病原为绦虫，比较常见的有扩展莫尼茨绦虫和贝氏莫尼茨绦虫，是一种长带状而由许多扁平体节组成的蠕虫，寄生在羊的小肠中，羊放牧时吞食含有绦虫卵的地螨而引起感染。

【临床症状】感染绦虫的病羊一般表现为食欲减退、饮欲增加、精神不振、虚弱、发育迟滞，严重时病羊下痢，粪便中混有成熟绦虫节片，病羊迅速消瘦、贫血，有时出现回旋运动或头部后仰的神经症状，有的病羊因虫体成团引起肠阻塞产生腹痛甚至肠破裂，因腹膜炎而死亡。后期经常作咀嚼运动，口周围有许多泡沫，最后死亡（图7-20）。

图7-20 粪便中的绦虫节片

【防治措施】

（1）预防。采取圈养的饲养方式，以免羊吞食地螨而感染；放牧饲养的羊群避免在低湿地放牧，避免在清晨、黄昏和雨天放牧以减少感染。舍饲改放牧前对羊群驱虫，放牧1个月内2次驱虫，1个月后3次驱虫，驱虫后的羊粪要及时集中堆积发酵或沤肥，至少2~3个月才能杀灭虫卵。经过驱虫的羊群，不要到原地放牧，及时转移到清净的安全牧场，可有效预防绦虫病的发生。

（2）治疗。阿苯达唑，15~20mg/kg体重内服；苯硫咪唑，60~70mg/kg体重内服；硝氯酚，3~4mg/kg体重内服（肝片吸虫病）；三氯苯唑（肝蛭净），10~12mg/kg体重内服（肝片吸虫病）；硫溴酚（蛭得净），10~12mg/kg体重内服（肝片吸虫病）；氯硝柳胺，75~80mg/kg体重内服（前后盘吸虫）。

4. 焦虫病 焦虫病是一种原虫病，临床上以高热稽留、贫血和体表淋巴结肿大为特征。

【病原】焦虫病是巴贝斯克德莫氏巴贝斯虫和泰勒科的山羊泰勒虫寄生于羊的巨噬细胞、淋巴细胞和红细胞内引起的血液原虫病。莫氏巴贝斯虫寄生于羊的红细胞中，虫体形态为梨子形、椭圆形或不定形等，其典型虫体形态为双梨子形，每个红细胞中有 1~2 个虫体。山羊泰勒虫寄生于羊红细胞中，形态以圆形、卵圆形为主，其次为杆状，每个红细胞中有 1~4 个虫体。

【流行特点】这种病是一种季节性很强的地方性流行病，其传播媒介是硬蜱科的蜱，发病率和死亡率都很高。

【临床症状】病羊精神沉郁，食欲减退或废绝，体温升高到 40~42℃，呈稽留热型。呼吸促迫，喜卧地。反刍及胃肠蠕动减弱或停止。初期便秘，后期腹泻，粪便带血丝。尿液混浊或血尿。可视黏膜充血、部分有眼屎，继而出现贫血和轻度黄疸，中后期病羊高度贫血、血液稀薄，结膜苍白。肩前淋巴结肿大，有的颈下、胸前、腹下及四肢发生水肿（图 7-21、图 7-22）。

图 7-21　血液寄生虫引起的
消瘦和淋巴肿胀

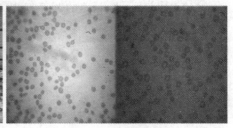

图 7-22　血细胞异常

【防治措施】

（1）预防。秋冬季节搞好圈舍卫生，消灭越冬硬蜱的幼虫；春季刷拭羊体时，要注意观察和抓蜱，可向羊体喷洒敌百虫；不从疫区引羊，新引进羊要隔离观察，严格把好检疫关；在本病流行地区，于发病季节前，每隔 15d 用三氮脒按 2mg/kg 体重配成 7% 水溶液肌内预防注射 1 次。

（2）治疗。贝尼尔（三氮脒，血虫净），3.5~3.8mg/kg 体重，配成 5% 水溶液，分点深部肌内注射，1 次/1~2d，连用 2~3

次；阿卡普啉（硫酸喹啉脲），0.6~1mg/kg 体重，配成 5%水溶液，分 2~3 次间隔数小时皮下或肌内注射，1 次/d，连用 2~3d；对症治疗，强心、补液、缓泻、灌肠等。

5. 羊鼻蝇蛆病 羊鼻蝇蛆病是羊鼻蝇幼虫寄生在羊的鼻腔或额突里，并引起慢性鼻炎的一种寄生虫病。

【病原及流行特点】 鼻蝇成虫多在春、夏、秋季出现，尤以夏季为多。成虫在 6、7 月开始接触羊群，雌虫在牧地、圈舍等处飞翔，钻入羊鼻孔内产幼虫。经 3 期幼虫阶段发育成熟后，幼虫从深部逐渐爬向鼻腔，当患羊打喷嚏时，幼虫被喷出，落于地面，钻入土中或羊粪堆内化为蛹，经 1~2 个月后成蝇。雌雄交配后，雌虫又侵袭羊群再产幼虫。

【临床症状】 患羊表现为精神萎靡不振，可视黏膜淡红，鼻孔有分泌物、摇头、打喷嚏，运动失调，头弯向一侧旋转或发生痉挛、麻痹，听、视力降低，后肢举步困难，有时站立不稳，跌倒而死亡。

【防治措施】 用 1%~2%敌百虫 5~10mL 鼻腔注入，或用长针头穿刺骨泪泡，注入敌百虫水溶液 0.02g/kg 体重，或作颈部皮下注射。

（三）羊普通病

1. 食管阻塞 食管阻塞是羊食管被草料或异物所堵塞，以咽下障碍为特征的疾病。

【病因】 由于过度饥饿的羊吞食了过大的块状饲料，未经咀嚼而吞咽，阻塞于食管造成。

【临床症状】 突然发生，病羊采食停止，头颈伸直，伴有吞咽和作呕动作，或因异物吸入气管引起咳嗽。当阻塞物发生在颈部食管时，局部突起形成肿块，手触感觉到异物形状；当发生在胸部食管时，病羊疼痛明显，可继发瘤胃臌气。

【防治措施】 阻塞物塞于咽或咽后时，可装上开口器，保定好病羊，用手直接掏取或用铁丝圈套取。阻塞物在近贲门部时，可先将2%普鲁卡因溶液5mL、液状石蜡30mL混合，用胃管送至阻塞物部位，然后再用硬质胃管推送阻塞物进入瘤胃。当阻塞物易碎、表面圆滑且阻塞于颈部食管时，可在阻塞物两侧垫上布鞋底，将一侧固定，在另一侧用木锤打砸，使其破碎，咽入瘤胃。

2. 前胃弛缓　前胃弛缓是前胃兴奋性和收缩力降低的疾病。

【病因】有原发性和继发性两种，原发于长期饲喂粗硬难以消化的饲草，突然更换饲养方法，供给精料过多，运动不足等；饲料品质不良，霉败冰冻，虫蛀染毒或长期饲喂单调缺乏刺激性的饲料。继发于瘤胃臌气、瘤胃积食、肠炎等其他疾病等。

【临床症状】急性前胃弛缓表现为食欲废绝，反刍停止，瘤胃蠕动力量减弱或停止；瘤胃内容物腐败发酵，产生多量气体，左腹增大，叩触不坚实。慢性前胃弛缓表现为精神沉郁，倦怠无力，喜卧地；被毛粗乱；体温、呼吸、脉搏无变化，食欲减退，反刍缓慢；瘤胃蠕动力量减弱，次数减少。诊断中必须区别该病是原发生性还是继发性。

【防治措施】首先应消除病因，采用饥饿疗法或禁食2~3次，然后供给易消化的饲料等。

治疗：①先投泻剂，兴奋瘤胃蠕动，防腐止酵。成年羊可用硫酸镁20~30g或人工盐20~30g、石蜡油100~200mL、番木鳖酊2mL、大黄酊10mL，加水500mL，一次灌服。10%氯化钠20mL、生理盐水100mL、10%氯化钙10mL，混合后一次静脉注射。也可用酵母粉10g、红糖10g、酒精10mL、陈皮酊5mL，混合加水适量灌服。瘤胃兴奋剂，可用2%毛果芸香碱1mL，皮下注射。②防止酸中毒，可灌服碳酸氢钠10~15g。

3. 瘤胃积食　瘤胃积食是瘤胃充满多量饲料，致使胃体积增大，食糜滞留在瘤胃引起严重消化不良的疾病。

【病因】羊吃了过多的质量不良、粗硬易膨胀的饲料，如块根类、豆饼、霉败饲料等，或采食干料而饮水不足等。当前胃弛缓、瓣胃阻塞、创伤性网胃炎、腹膜炎、真胃炎、真胃阻塞等也可导致瘤胃积食的发生。

【临床症状】发病较快，采食反刍停止，病初不断嗳气，随后嗳气停止，腹痛摇尾，或后蹄踏地，拱背，咩叫，病后期精神萎靡，呆立，不吃，不回嚼，鼻镜干燥，耳根发凉，口出臭气，有时腹痛用后蹄踢腹，排粪量少而干黑，左肷窝部膨胀。

【防治措施】应消导下泻，止酵防腐，纠正酸中毒，健胃补充体液。①消导下泻，可用液状石蜡100mL、人工盐50g或硫酸镁30g、芳香氨醋10mL，加水1 000mL，一次灌服。②解除酸中毒，可用5%碳酸氢钠100mL灌入输液瓶，另加5%葡萄糖200mL，静脉一次注射；或用11.2%乳酸钠30mL，静脉注射。③防止酸中毒，可用2%石灰水洗胃。洗胃后灌服健康羊的瘤胃液体。食醋100~200mL，一次内服。

4. 急性瘤胃臌气 急性瘤胃臌气是羊胃内饲料发酵，迅速产生大量气体导致的疾病。

【病因】羊吃了大量易发酵的饲料而致病。采食霜冻饲料、酒糟或霉败变质的饲料，也易发病；冬、春两季给怀孕母羊补饲饲料，群羊抢食，羊抢食过量可发生瘤胃臌气；秋季绵羊易发肠毒血症，也可出现急性瘤胃臌气；每年剪毛季节若发生肠扭转也可致瘤胃臌气。

【临床症状】初期病羊表现为不安，回顾腹部，拱背伸腰，肷窝突起，有时左、右肷窝向外突出高于髋关节或背中线；反刍和嗳气停止。黏膜发绀，心律增快，呼吸困难，严重者张口呼吸，步态不稳，如不及时治疗会迅速发生窒息或心脏麻痹而死亡。

【防治措施】胃管放气，防腐止酵，清理胃肠。①可插入胃导管放气，缓解腹压；或用5%碳酸氢钠溶液1 500mL洗胃，以排出气体及胃内容物。②用液状石蜡100mL、鱼石脂2g、酒精10mL，加水适量，一次灌服；或用氧化镁30g，加水300mL，或用8%的氢氧化镁混悬液100mL灌服。③必要时可行瘤胃穿刺放气，方法是在左肷部剪毛，消毒，然后用兽用16号针头刺破皮肤，插入瘤胃放气。在放气中要紧压腹壁使腹壁紧贴瘤胃壁，边放气边下压，以防胃液漏入腹腔引起腹膜炎。

5. 瓣胃阻塞 瓣胃阻塞又称瓣胃秘结，在中兽医称为"百叶干"，是由于羊瓣胃收缩力量减弱，食物排出不充分，通过瓣胃的食糜积聚，充满于瓣叶之间，水分被吸收，内容物变干而致病（图7-23）。

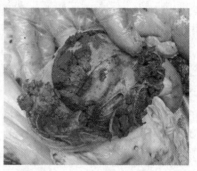

图7-23　瓣胃干结阻塞

【病因】本病主要是由于饲喂过多秕糠、粗纤维饲料且饮水不足所致；或饲料和饮水中混有过多泥沙混入食糜，沉积于瓣胃瓣叶之间而发病。瓣胃阻塞还可继发于前胃弛缓、瘤胃积食、皱胃阻塞和皱胃与腹膜粘连等疾病。

【临床症状】病初期与前胃弛缓症状相似，瘤胃蠕动减弱，瓣胃蠕动消失，瓣胃容积增大、坚硬，腹部胀满，排粪干少，色泽暗黑，后期排粪停止，可继发瘤胃臌气和瘤胃积食。触压病羊右侧7~9肋间，肩关节水平线，羊表现痛苦不安，有时可以在右肋骨弓下摸到阻塞的瓣胃。如病程延长瓣胃小叶发炎或坏死，常可继发败血症，病羊体温升高，呼吸和脉搏加快，全身衰弱，卧地不起，最后死亡。

【防治措施】

（1）预防。避免给羊过多饲喂秕糠和坚韧的粗纤维饲料，防止导致前胃弛缓的各种不良因素。注意运动和饮水，增进消化机能，防止本病的发生。

（2）治疗。①病初可用硫酸钠或硫酸镁 80～100g，加水 1 500～2 000mL，一次内服；或石蜡油 500～1 000mL，一次内服。同时静脉注射促反刍注射液 200～300mL，增强前胃神经兴奋性，促进前胃内容物的运转与排除。②对顽固性瓣胃阻塞，可用瓣胃注射疗法：于右侧第 9 肋间隙和肩关节水平线交界处，选用 12 号 7cm 长针头，向对侧肩关节方向刺入约 4cm 深，刺入后可先注入 20mL 生理盐水，感到有较大压力，并有草渣流出，表明已刺入瓣胃，然后注入 25%硫酸镁溶液 30～40mL，石蜡油 100mL（交替注入瓣胃），于第二日再重复注射 1 次。瓣胃注射后，可用 10%氯化钙 10mL、10%氯化钠 50～100mL、5%葡萄糖生理盐水 150～300mL，混合 1 次静脉注射。待瓣胃松软后，皮下注射 0.1%氨甲酰胆碱 0.2～0.3mL，兴奋胃肠运动机能，促进积聚物排出。③内服中药：大黄9g、枳壳6g、二丑9g、玉片3g、当归 12g、白芍2.5g、番泻叶6g、千金子3g、山枝2g煎水一次内服。

6. 皱胃阻塞 皱胃阻塞是皱胃内积满多量食糜，使胃壁扩张，体积增大，胃黏膜及胃壁发炎，食物不能进入肠道所致。

【病因】因羊的消化机能紊乱，胃肠分泌、蠕动机能降低造成；或者因长期饲喂细碎的饲料；亦见于因迷走神经分支损伤，创伤性网胃炎使肠与真皱胃粘连，幽门痉挛，幽门被异物或毛球阻塞等所致。

【临床症状】病程较长，初期似前胃弛缓症状，病羊食欲减退，排粪量少，以至停止排粪，粪便干燥，其上附有多量黏液或血丝；右腹皱胃区增大，充满液体，冲击皱胃可感觉到坚硬的皱胃体。

【防治措施】先给病羊输液，可试用 25%硫酸镁溶液 50mL、甘油 30mL，生理盐水 100mL，混合后做真皱胃注射；10h 后，可选用胃肠兴奋剂，如氨甲酰胆碱注射液，少量多次皮下注射。

7. 胃肠炎 胃肠炎是胃肠黏膜及其深层组织的出血性或坏死性炎症。

【病因】采食了大量冰冻或发霉的饲草、饲料，或料中混有化肥或具有刺激性的药物也可致病。

【临床症状】病羊食欲废绝，口腔干燥发臭，舌面覆有黄白苔，常伴有腹痛。肠音初期增强，以后减弱或消失，不断排稀便或水样粪便，气味腥臭或恶臭，粪中混有血液及坏死的组织片。由于下泻，可引起脱水。

【防治措施】口服磺胺脒 4~8g、小苏打 3~5g；或用青霉素 40 万~80 万 IU、链霉素 50 万 IU，一次肌内注射，连用 5d。治疗可用 5% 葡萄糖 150~300mL、10% 樟脑磺酸钠 4mL，维生素 C 100mg 混合，静脉注射，每日 1~2 次。亦可用土霉素或四环素 0.5g，溶解于 100mL 生理盐水中，静脉注射。

8. 瘤胃酸中毒

【病因】羊饲料精粗比例失调，精料过多导致羊瘤胃酸中毒。

【临床症状】瘤胃酸中毒急性发作病羊，一般喂料前食欲、泌乳正常，喂料后羊不愿走动，行走时步态不稳，呼吸急促、气喘，心跳增速，常于发病的 3~5h 内死亡。死前张口吐舌，甩头蹬腿，高声哞叫，从口内流出泡沫样含血液体。发病较缓病羊，病初兴奋甩头，后转为沉郁，食欲废绝，目光无神，眼结膜充血，眼窝下陷，呈现严重脱水症状。部分母羊产羔后瘫痪卧地、呻吟、流涎、磨牙、眼睑闭合，呈昏睡状态；左腹部膨胀、用手触之，感到瘤胃内容物较软，犹如面团。多数病羊体温正常，少数病羊发病初期或后期体温稍有升高。大部分病羊表现为口渴，喜饮水，尿少或无尿，并伴有腹泻症状（图 7-24）。

图7-24 瘤胃酸中毒症状

【防治措施】

（1）预防。羊瘤胃酸中毒最有效的预防方法是精料喂量不超标，对易于发病的产前、产后母羊或哺乳母羊，应多喂品质优良的青干饲料，混合精料喂量每顿不宜超过250～500g，对急需补喂多量精料增膘或催奶的母羊，日粮中可按补喂精料总量混合2%碳酸氢钠饲喂。

（2）治疗。静脉注射生理盐水或10%的葡萄糖氯化钠500～1 000mL；静脉注射5%碳酸氢钠20～30mL。肌内注射抗生素类药物。当患羊表现出兴奋甩头等症状时，可用20%甘露醇或25%山梨醇25～30mL给羊静脉滴注，使羊安静。患羊中毒症状减轻时，脱水症状缓解，仍卧地不起的患羊，可静脉注射葡萄糖酸钙20～30mL。

9. 羔羊佝偻病 羔羊佝偻病又称为小羊骨软症，俗称弯腿症，是羔羊迅速生长时期的一种慢性维生素缺乏症。其特征为钙磷代谢紊乱，骨的形成不正常。严重时骨骼发生特殊变形。多发生在冬末春初季节，绵羊羔和山羊羔都可发生（图7-25）。

【病因】饲料中钙、磷及维生素 D 中任何一种的含量不足，或钙、磷比例失调，都能够影响骨骼的形成。因此，先天性佝偻

图 7-25　羔羊佝偻病

病起因于妊娠母羊矿物质（钙、磷）或维生素 D 缺乏。出生后紫外线照射不足、饲料本身维生素的含量低、哺乳小羊的奶量不足、断奶后的小羊饲料太单纯、钙与磷缺乏或比例失衡、维生素 D 缺乏、内分泌腺（如甲状旁腺及胸腺）的机能紊乱等均也能引起羔羊佝偻病。

【临床症状】先天性佝偻病，羔羊生后衰弱无力，经数天仍不能自行起立；后天性佝偻病，发病缓慢，最初症状不太明显，只是食欲减退，腰部膨胀，下痢，生长缓慢。病羊行走不稳，病情发展则前肢一侧或两侧发生跛行。病羊不愿起立和运动，长期躺卧，有时长期弯着腕关节站立。骨骼变形前，如果触摸和叩诊骨骼会发现疼痛反应。在起立和运动时，心跳与呼吸加快。典型症状为管状骨及扁骨的形态渐次发生变化，关节肿胀，肋骨下端出现佝偻病性念珠状物。膨起部分在初期有明显疼痛。骨质发生变化，表现为各种状态的弯曲，足的姿势改变，呈狗熊足或短腿狗足。

【防治措施】

（1）预防。改善和加强母羊的饲养管理，加强运动和放牧，应特别重视饲料中矿物质的平衡，多给青饲料，补喂骨粉，增加幼羔的日照时间。给母羊精饲料中加入骨粉和干苜蓿粉，可以防止羔羊发病。

（2）治疗。可用维生素 A、维生素 D 注射液 3mL，肌内注射；精制鱼肝油 3mL 灌服或肌内注射，每周 2 次。补钙可静脉注射 10%葡萄糖酸钙液 5～10mL，也可肌内注射维丁胶性钙 2mL，每周 1 次，连用 3 次。也可喂给三仙蛋壳粉：神曲 60g、焦山楂 60g、麦芽 60g、蛋壳粉 120g，混合后每只羔羊 12g，连用 1 周。

10. 羔羊白肌病 羔羊白肌病也称肌营养不良症，是伴有骨骼肌和心肌变性，并发生运动障碍和急性心肌坏死的一种微量元素缺乏症。常见于降水多的地区或灌溉地区，多发生于饲喂豆科牧草的羔羊、早期补饲的羔羊和高水平日粮的羔羊。常在 3~8 周龄急性发作（图 7-26）。

图 7-26 羔羊白肌病

【病因】缺硒、维生素 E 是发生本病的主要原因，与母乳中钴、铜和锰等微量元素的缺乏也有关。

【临床症状】症状首先出现在四肢肌肉，肌肉迟缓、运动无力，初期时可能影响到心肌而猝死。慢性常伴有肺水肿引发的肺炎，临床症状有后肢僵直、弓背，有时卧倒，仍思食，有哺乳或进食愿望。有时呈现强直性痉挛状态，随即出现麻痹、血尿；死亡前昏迷，呼吸困难。死后剖检骨骼肌苍白，营养不良。

【防治措施】

（1）预防。加强母羊饲养管理，供给豆科牧草，母羊产羔前补硒。在母羊怀孕期间可注射 0.1%亚硒酸钠，成年母羊 1 次注射 4~6mL，也可配合维生素 E 同时注射，每隔 15~30d 注射 1 次，共注射 2~3 次即可。初生后 5~7 日龄羔羊可全部进行预防性注射亚硒酸钠 1.5mL，7d/次，共注射 2 次，即可起到预防作用。

（2）治疗。对发病羔羊用硒制剂治疗，如 0.2% 亚硒酸钠溶液 2mL，每月肌内注射 1 次，连用 2 次。与此同时，应用氯化钴 3mg、硫酸铜 8mg、氯化锰 4mg、碘盐 3g，加水适量内服。如辅以维生素 E 注射液 300mg 肌内注射，则效果更佳。

11. 流产　流产又称为妊娠中断，是指由于胎儿或母体的生理过程发生紊乱，或它们之间的正常关系受到破坏而导致的妊娠中断（图 7-27）。

【病因及分类】流产的类型极为复杂，可以概括分为 3 类，即传染性流产、寄生虫性流产和普通流产（非传染性流产或散发性流产）。

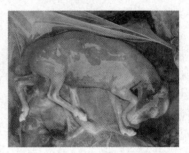

图 7-27　流产胎儿

（1）传染性和寄生虫性流产。传染性和寄生虫性流产主要是由布鲁杆菌、沙门杆菌、绵羊胎儿弯曲菌、衣原体、支原体、边界病及寄生虫等传染病引起的流产。这些传染病往往是侵害胎盘及胎儿引起自发性流产，或以流产作为一种症状，而发生症状性流产。

（2）普通流产（非传染性流产）。普通流产又有自发性流产和症状性流产。自发性流产主要是胚胎或胎盘胎膜异常导致的流产，是由内因引起；症状性流产主要是由于饲养管理利用不当，损伤及医疗错误引起的流产，属于外因造成的流产。

【防治措施】

（1）生产中对于非传染性、营养不良或代谢障碍引起的流产，应加强饲养管理，增强母羊营养，维持母羊好的身体状况，除去容易造成母羊流产的因素是预防的关键。当发现母羊有流产预兆时，应及时采取制止阵缩及努责的措施，可注射镇静药物，如苯巴比妥、黄体酮等进行保胎，黄体酮 10～30mg/kg 体重肌内注射，每日或隔日 1 次，连用数次。胎儿死亡滞留时，则需要采用助产或引产措施，并对母羊对症治疗。

（2）传染性疾病引起流产的地区用疫苗进行免疫，如在流行地区分娩前 4 个月和 2 个月分别免疫衣原体和弧菌病（可能还有其他疾病），如果以前免疫过，免疫一次即可；怀孕期间，饲喂四环素（200～400mg/d），将药物混在矿物质混合物中。

12. 难产　难产是指分娩过程胎儿排出困难，不能由产道将胎儿顺利产出。

【病因】难产按其直接原因可以分为产力性难产、产道性难产及胎儿性难产三类，其中前两类又可合称为母体性难产，如阵缩无力、子宫颈及骨盆狭窄等。胎儿性难产如胎儿过大、胎位不正等。

【临床症状】母羊已到预产期，出现明显的分娩表现，如母羊不断努责，子宫颈口已开张或产道有胎水排出，母羊极度不安，但仍排不出胎儿，这些表现是难产发生的基本预兆。对于疑似难产的母羊，一般在胎水排出后的 40min 后做产道检查予以确诊；或当母羊阵缩超过 4h 以上，仍未见胎儿或胎囊排出时，应进行产道检查（图 7-28）。

图 7-28　羊难产

【防治措施】

（1）对临近产期的羊群应加强监视，并进行分栏饲养。注意临产期母羊特殊临床症状的出现，如骨盆狭窄、胎位异常、宫口不完全扩张、阵缩无力等。对于较轻微的产道开张不全、较轻的胎儿胎势异常和产力不足及胎儿稍大，助产者可用消毒过的手或器械配合母羊努责向外牵引胎儿（图7-29）。

图7-29　羊的助产

（2）对于因产力不足或努责、阵缩微弱而引起的难产，可给母羊注射催产素、垂体后叶素等药物。还可采用辅助加压的方法进行治疗，即在羊努责时，助产人员双手搂住羊腹，配合努责，按压腹部，以增加羊努责的力量。

（3）对于因胎位、胎向、胎势异常而引起的难产，用消毒过的手或器械，在子宫内将胎儿矫正成正常胎位、胎势、胎向，然后再行牵引助产。

（4）对于因严重的产道开张不全、产道狭窄、胎儿畸形或过大、胎儿矫正困难而引起的难产，应实施剖宫产手术。

13. 胎衣不下　胎儿出生以后，母羊排出胎衣的正常时间绵羊为3.5（2~6）h，山羊为2.5（1~5）h，如果在分娩后超过12h胎衣仍不排出，即称为胎衣不下。此病在山羊和绵羊都可发生（图7-30）。

图7-30　胎衣不下

【病因】本病多因孕羊饲养管理不当，饲料中缺乏矿物质、维生素，运动不足，体质瘦弱或过度肥胖，胎水过多，怀羔数过多，饮饲失调等，均可造成子宫收缩力量不够，使羔羊胎盘与母体胎盘黏在一起而致发病。此外，子宫炎、胎膜炎，布鲁杆菌病也可引起胎衣不下。

【临床症状】胎衣可能全部不下，也可能是一部分不下。病羊常表现为拱腰努责，食欲减少或废绝，精神较差，喜卧地，体温升高，呼吸及脉搏增快，胎衣久久滞留不下，可发生腐败，从阴户中流出污红色腐败恶臭的恶露，其中掺杂有灰白色未腐败的胎衣碎片或脉管。当全部胎衣不下时，部分胎衣从阴户中垂露于跗关节部。

【防治措施】

（1）预防。主要是加强孕羊的饲养管理。饲料的配合应以不使孕羊过肥为原则，补喂青绿多汁饲料，每天必须保证适当的运动。可用硒维生素 E 制剂在妊娠期注射 3 次，作为预防。

（2）治疗。在产后 14h 以内，可待其自行脱落。如果超过 14h，必须采取适当措施，防止胎衣腐败引起子宫黏膜发炎，预防暂时的或永久的不孕，应用垂体后叶素注射液，催产素注射液或麦角碱注射液 0.8~1.0mL，1 次肌内注射。或者辅以防腐消毒药或抗生素，让胎膜自溶排出，可达到自行剥离的目的，可于子宫内投放土霉素 0.5g。中药疗法：当归 9g、白术 6g、益母草 9g、桃仁 3g、红花 6g、川芎 3g、陈皮 3g，共研细末，开水调后灌服。结合临床表现，及时进行对症治疗，如给予健胃剂、缓泻剂、强心剂等。

14. 乳腺炎　乳腺炎是指乳腺、乳池、乳头的炎症。

【病因】本病多因挤乳方法不妥而损伤乳头、乳体腺，放牧、舍饲时划破乳房皮肤，病菌通过乳孔或伤口感染；母羊护理不当、环境卫生不良给病菌侵入乳房创造了条件。病菌主要有葡萄球菌、链球菌和肠道杆菌等。某些传染病如口蹄疫、放线菌病也可引起乳腺炎。本病以产奶量高和经产的舍饲羊多发。

【临床症状】患侧乳房疼痛，发炎部位红肿变硬并有压痛，乳汁色黄甚至血性，以后形成脓肿，时间愈久则乳腺小叶的损坏就愈多。贻误治疗的乳房脓肿，最后穿破皮肤而流脓，创口经久不愈，导致母羊终身失去产乳能力（图7-31、图7-32）。

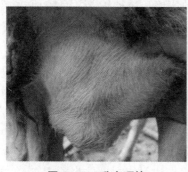

图7-31　乳房硬块

图7-32　乳房肿胀

【防治措施】

（1）注意卫生。注意保持乳房的清洁卫生，经常用肥皂水和温清水擦洗乳房，羊圈舍要勤换垫土并经常打扫，防止羊躺卧在泥污和粪尿上。羊羔吸乳损伤了乳头，暂停哺乳2~3d，将乳汁挤出后喂羊羔，局部贴创可贴或涂紫药水，能迅速治愈。

（2）按摩乳房。每日轻揉按摩乳房1~2次，随即挤净乳头孔及乳房瘀汁，激活乳腺产乳和排乳的新陈代谢过程，消除隐性乳腺炎的隐患。

（3）增加挤奶次数。改变传统的每日挤奶1次为2~3次，减轻乳房的内压及负荷量，可有效防止乳汁凝结引发乳腺炎。

（4）及时做好羊舍的防暑降温工作，及时搭盖宽敞、隔热通风的凉棚，保持圈舍通风凉爽，经常给羊调喂蒲公英、紫花地丁、薄荷等清凉草药，可清热泻火，凉血解毒，防治乳腺炎。

【治疗】

（1）一般治疗。时常检查乳房的健康状况，发现乳汁色黄，乳房有结块，即可采取相应治疗措施：

1）患部敷药。用50℃的热水将毛巾蘸湿，上面撒适量硫酸镁粉，外敷患部。亦可用鱼石脂软膏或中药芒硝200g调水外敷，可渗透软化皮下细胞组织，活血化瘀，消肿散结。

2）通乳散结。①给羊多饮0.02%高锰酸钾溶液水，可稀释乳汁的黏稠度，使乳汁变稀，易于挤出，并能消毒防腐，净化乳腺组织。②注射"垂体后叶素"10万IU。③增加挤奶次数，急性期挤奶1次/h，最多不超过2h，可边挤边由下而上地按摩乳房，用手指不停地揉捏乳房凝块处，直至挤净瘀汁、肿块消失。

（2）控制感染。

1）病初向乳房内注入抗生素效果好，在挤乳后将消毒过的乳导管轻插进乳头孔内，用青霉素40万IU，链霉素0.5g，溶于5mL注射用水中注入。注后轻揉乳房腺体部，使药液均匀分布其中。也可采用青霉素普鲁卡因封闭疗法，在乳房基部多点注入药液，进行封闭治疗。为促进炎症吸收，先冷敷2~3d，然后进行热敷，可用10%硫酸镁水溶液1 000mL，加热至45℃左右，热敷1~2次/d，连用4次。

2）对于化脓性乳腺炎，应排脓后再用3%过氧化氢或0.1%高锰酸钾水冲洗，消毒脓腔，再以0.1%~0.2%雷夫奴尔纱布引流，同时以抗生素做全身治疗。

15. 公羊睾丸炎 主要是由损伤和感染引起的各种急性和慢性睾丸炎症（图7-33）。

图7-33 公羊睾丸炎

【病因】

（1）损伤引起感染。常见损伤为打击、啃咬、蹴踢、尖锐硬物刺伤和撕裂伤等，继之由葡萄球菌、链球菌和化脓棒状杆菌等引起感染，多见于一侧，外伤引起的睾丸炎常并发睾丸周围炎。

（2）血行感染。某些全身感染如布鲁杆菌病、结核病、放线菌病、鼻疽、腺疫沙门杆菌病、乙型脑炎等可通过血行感染引起睾丸炎症。另外，衣原体、支原体、脲原体和某些疱疹病毒也可以经血流引起睾丸感染。在布鲁杆菌病流行地区，布鲁杆菌感染可能是睾丸炎最主要的原因。

（3）炎症蔓延。睾丸附近组织或鞘膜炎症蔓延，副性腺细菌感染沿输精管道蔓延均可引起睾丸炎症。附睾和睾丸紧密相连，常同时感染和互相继发感染。

【临床症状】

（1）急性睾丸炎。睾丸肿大、发热、疼痛，阴囊发亮，公羊站立时拱背、后肢广踏、步态拘强，拒绝爬跨。触诊可发现睾丸紧张、鞘膜腔内有积液、精索变粗，有压痛。病情严重者体温升高、呼吸浅表、脉频、精神沉郁、食欲减少。并发化脓感染者，局部和全身症状加剧，个别病例脓汁可沿鞘膜管上行入腹腔，引起弥漫性化脓性腹膜炎。

（2）慢性睾丸炎。睾丸不表现明显热痛症状，睾丸组织纤维变性、弹性消失、硬化、变小，产生精子的能力逐渐降低或消失。

【防治措施】

（1）预防：

1）建立合理的饲养管理制度，使公羊营养适当，不要交配过度，尤其要保证足够的运动。

2）对布鲁杆菌病定期检疫，并采取检疫规定的相应措施。

（2）治疗：

1）急性睾丸炎病羊应停止使用，安静休息；早期（24h 内）

可冷敷，后期可温敷，加强血液循环使炎症渗出物消散；局部涂擦鱼石脂软膏、复方醋酸铅散；阴囊可用绷带吊起；全身使用抗生素药物；局部可在精索区注射盐酸普鲁卡因青霉素溶液（2%盐酸普鲁卡因 20mL，青霉素 80 万 IU），隔日注射 1 次。急性炎症病例由于高温和压力的影响可使生精上皮变性，长期炎症可使生精上皮的变性不可逆转，睾丸实质可能坏死、化脓。转为慢性经过者，睾丸常呈纤维变性、萎缩、硬化，生育力降低或丧失。

2）无种用价值者可去势。单侧睾丸感染而欲保留作种用者，可考虑尽早将患侧睾丸摘除；已形成脓肿摘除有困难者，可从阴囊底部切开排脓。

3）由传染病引起的睾丸炎，应首先考虑治疗原发病。

参考文献

［1］赵有璋．中国养羊学．北京：中国农业出版社，2013．

［2］权凯．肉羊标准化生产技术．北京：金盾出版社，2011．

［3］张英杰．羊生产学．北京：中国农业大学出版社，2010．

［4］权凯．牛羊人工授精技术图解．北京：金盾出版社，2009．

［5］权凯，赵金艳．肉羊养殖实用新技术．北京：金盾出版社，2016．

［6］王建辰，曹光荣．羊病学．北京：中国农业出版社，2002．